"十四五"国家重点出版物出版规划项目

航天发动机技术丛书

连续旋转爆震稳定性及调控机制

王 兵 闻浩诚 危 伟 谢峤峰 著

科学出版社

北 京

内 容 简 介

连续旋转爆震燃烧技术及其发动机是未来空天动力的重要技术之一。本书总结了作者多年来在连续旋转爆震领域的研究成果，涵盖了近年来在该领域学术界和工业界十分关心的多个前沿问题，基于大量翔实的实验数据和精细的数值仿真结果，重点讨论了旋转爆震稳定性及调控机制，这也是当前连续旋转爆震推进装置应用中的核心问题之一。全书共 5 章，第 1 章介绍了连续旋转爆震及其推进技术基本概念；第 2 章介绍了环形燃烧室连续旋转爆震燃烧模态及稳定性分析；第 3 章介绍了环形燃烧室连续旋转爆震燃烧调控；第 4 章介绍了环形燃烧室液雾两相连续旋转爆震稳定性分析；第 5 章简要讨论了连续旋转爆震研究中亟待解决的难题和未来应用前景。

本书适合从事旋转爆震基础和应用研究的科研人员、教师、研究生阅读或参考。

图书在版编目(CIP)数据

连续旋转爆震稳定性及调控机制 / 王兵等著.
北京：科学出版社，2025.9 .--（航天发动机技术丛书）. -- ISBN 978-7-03-083199-6

Ⅰ．V43

中国国家版本馆 CIP 数据核字第 2025QC2460 号

责任编辑：徐杨峰　纪四稳／责任校对：谭宏宇
责任印制：黄晓鸣／封面设计：殷　靓

科学出版社 出版
北京东黄城根北街 16 号
邮政编码：100717
http://www.sciencep.com

南京展望文化发展有限公司排版
苏州市越洋印刷有限公司印刷
科学出版社发行　各地新华书店经销

*

2025 年 9 月第　一　版　　开本：B5(720×1000)
2025 年 9 月第一次印刷　　印张：12 1/2
字数：242 000

定价：**120.00 元**
(如有印装质量问题，我社负责调换)

航天发动机技术丛书
专家委员会

顾 问
朱森元　张贵田　龙乐豪
包为民　尹泽勇　姜　杰
侯　晓　朱广生　张卫红

主任委员
谭永华

副主任委员
李　斌　蔡国飙　吴建军　丰镇平

委 员
(以姓名笔画排序)

丰镇平　王　兵　王　珏　王成刚　厉彦忠
石保禄　刘平安　刘昌国　刘树红　杜飞平
李　斌　李小明　吴建军　沈瑞琪　张金容
张晓军　陈建华　林庆国　周　晋　徐自力
高玉闪　曹宏瑞　康小录　梁纪秋　程玉强
蔡国飙　谭永华

丛书序

航天科技与工程是我国科技强国征程的一颗耀眼明珠。导航卫星、载人飞船、空间站、探月工程、火星探测等重大任务顺利实施,体现了航天强国建设的巨大成就!

航天技术是一个国家综合实力的重要体现。西方发达国家对中国在航天技术领域实行了严厉的封锁政策。航天发展,动力先行。动力系统一直承载着人类进入太空、探索宇宙的梦想,被称为人类空间探索事业发展的基石。航天技术的日趋成熟,在很大程度上取决于动力技术的发展。事实证明,航天发动机技术领域要不断取得突破,跻身世界先进行列,必须依靠自主创新,掌握核心技术,实现自主可控。

航天发动机技术,作为人类探索宇宙奥秘、开拓太空领域的基石,其研制历程充满困难与挑战,是一部孕育智慧与勇气的史诗。在液体火箭发动机的轰鸣声中,运载火箭一次次成功将卫星、空间站等载荷送入太空;固体火箭发动机的迅猛发展,让导弹与小型运载火箭的发射更加便捷高效;空间电推进技术的悄然兴起,为航天器的长期驻留与深空探测铺设了高效节能的航道;而组合动力技术的创新探索,更是开启了航天动力及航天运输多元化发展的新纪元。

液体火箭发动机以其高能量密度、推力可调及可重复使用等优势,始终是航天发射领域的核心动力。从早期的有毒、小推力发动机到如今的绿色、大推力、高性能型号,科研人员不断突破技术瓶颈,提升发动机性能,为航天器的成功发射与运行提供了坚实保障。

固体火箭发动机则以其结构简单、反应迅速、维护方便等特点,在导弹武器系统大放异彩。随着材料科学与制造工艺的进步,固体火箭发动机的推力与燃烧效率不断提升,为快速响应与高效发射提供了有力支撑。

空间电推进技术的出现标志着航天动力技术的革命性飞跃。通过电场或磁场加速离子或电子,产生持续而稳定的推力,空间电推进技术显著降低了航天器的燃料消耗，延长了其在轨运行时间，为深空探测与星际旅行奠定了基础。

组合动力技术则是航天发动机技术发展的又一重要方向。通过将不同类型的发动机进行优化组合，实现优势互补。组合动力技术为航天任务提供了更加灵活、高效的动力解决方案，将极大地拓展航天器的任务范围与适应能力，推动航天事业迈向新的高度。

科技人才是航天发动机技术自主创新和技术发展的主体，知识的传承和发扬至关重要。在此背景下，科学出版社邀请中国航天推进技术研究院牵头，联合国内知名院所和高校，组织召集了相关型号总师及高校教授、科研院所专业人士等知名专家共同编写一套"航天发动机技术丛书"。丛书围绕"航天发动机"这一主题，既从理论高度关注航天动力基础科学问题，又密切结合航天动力领域发展的前沿成果，更难得的是融入了行业专家的工程设计经验，具有很高的理论和工程价值。丛书突出航天动力系统的特色，体现学科交叉融合，确保具有前瞻性、原创性、专业性、学术性、实用性和创新性。

丛书于2021年正式启动，入选了"十四五"国家重点出版物出版规划项目。丛书涉及火箭发动机总体设计、部件设计、结构与材料、推进剂、燃烧学、空间特种动力及相关基础和前沿成果，凝聚了众多学者和科研人员的智慧，希望通过系统全面总结我国航天发动机技术及其相关领域近二十年成果，吸收及融合当前技术发展成果，阐述航天动力的新型交叉技术和设计方法，形成一套完善的知识体系，促进航天人才培养和技术创新发展，为我国航天强国之路奠定坚实基础！

是为序！

2024年7月

前　言

爆震(detonation)作为一种典型的燃烧模式，已被广大科研工作者所深入了解，在自然界及工业工程领域中也时常见到，虽然它未必像人们所预期的那样带来"益处"。旋转爆震是爆震燃烧的一种方式，是在特定的物理空间约束下形成的一种特殊燃烧形态，旋转意味着运动，且能够围绕着某个确定的方向运动。连续旋转爆震，与脉冲爆震对应，实际上以旋转爆震波为特征的燃烧方式并不能真正意义上满足"连续性"，本质上是爆震波以极高的频率运动，人们在考察宏观参数时，更多的是获得一种稳定特性。

连续旋转爆震是一种实现"增压"(pressure gain)燃烧的重要方式，基于连续旋转爆震的相关推进技术可以大幅提高传统航空航天动力装置的性能，近年来已经成为国际研究热点。本书追踪领域内的前沿问题，结合作者多年的研究经验，对连续旋转爆震的燃烧模态和稳定性规律、多种稳定性调控技术，以及两相喷雾连续旋转爆震传播稳定性的参数影响机制等问题进行讨论。

稳定性与调控(stability and modulation)是连续旋转爆震技术的关键问题。本书系统地介绍连续旋转爆震稳定性所涉及的多个物理过程，阐释不稳定现象的形成机制，介绍研究中采用的实验测试、数值仿真、数据分析及非线性分析等多种方法，力图提供新的研究视角，为连续旋转爆震推进装置的工程设计提供理论支撑。

本书共5章，第1章介绍连续旋转爆震及其推进技术基本概念；第2、3章分别介绍氢气-空气和煤油气-空气气相介质形成的连续旋转爆震燃烧模态及稳定性分析，以及环形燃烧室连续旋转爆震燃烧调控；第4章重点阐述环形燃烧室液雾两相连续旋转爆震稳定性问题，涉及液雾弥散特性、液雾预混燃烧、液雾非预混燃烧等内容；第5章讨论连续旋转爆震推进系统的潜在应用与技术展望。

由于作者水平有限，书中疏漏或不足之处在所难免，敬请读者批评指正。

作者
2024年12月于清华园

目 录

第 1 章　连续旋转爆震及其推进技术基本概念

1.1　爆震现象 ………………………………………………………… 001
　　1.1.1　爆燃和爆震 ……………………………………………… 001
　　1.1.2　爆震的 ZND 模型 ……………………………………… 003
　　1.1.3　爆震的胞格结构 ………………………………………… 003
　　1.1.4　爆燃到爆震转捩 ………………………………………… 004
1.2　爆震发动机 ……………………………………………………… 005
　　1.2.1　脉冲爆震发动机 ………………………………………… 006
　　1.2.2　斜爆震发动机 …………………………………………… 007
　　1.2.3　旋转爆震发动机 ………………………………………… 008
参考文献 ………………………………………………………………… 009

第 2 章　环形燃烧室连续旋转爆震燃烧模态及稳定性分析

2.1　氢气-空气环形燃烧室内旋转爆震燃烧模态 ……………………… 012
　　2.1.1　快速爆燃模态 …………………………………………… 013
　　2.1.2　不稳定旋转爆震模态 …………………………………… 018
　　2.1.3　准稳定旋转爆震模态 …………………………………… 021
　　2.1.4　稳定旋转爆震模态 ……………………………………… 023
　　2.1.5　一种宽当量宽流量条件的燃烧室工作图谱 …………… 024
2.2　氢气-空气环形燃烧室内连续旋转爆震稳定性规律及分析 …… 026
　　2.2.1　质量流量变化对连续旋转爆震稳定性的影响 ………… 026
　　2.2.2　当量比变化对连续旋转爆震稳定性的影响 …………… 030

2.3 煤油气-空气连续旋转爆震燃烧特性数值分析 ············· 040
    2.3.1 煤油气-空气旋转爆震流场基本结构 ············· 041
    2.3.2 来流总温的影响 ············· 046
    2.3.3 来流总压的影响 ············· 050
    2.3.4 来流当量比的影响 ············· 054

参考文献 ············· 059

第3章 环形燃烧室连续旋转爆震燃烧调控

3.1 富氧空气的燃烧模态及极限扩展 ············· 060
    3.1.1 不同流量和当量比条件下的燃烧模态 ············· 060
    3.1.2 富氧空气连续旋转爆震燃烧室工作图谱 ············· 068
    3.1.3 富氧空气质量流量对爆震波特性的影响 ············· 070
    3.1.4 氧气体积分数对爆震波传播稳定性的影响 ············· 074

3.2 等离子体调控技术 ············· 076
    3.2.1 低温等离子体点火起爆特性 ············· 076
    3.2.2 嵌入式低温等离子体发生器及其点火助燃特性 ············· 081

3.3 多孔壁面调控技术 ············· 090
    3.3.1 旋转爆震燃烧室中的声学不稳定性 ············· 091
    3.3.2 多孔壁面对旋转爆震燃烧的调控规律 ············· 093
    3.3.3 多孔壁面的调控机制 ············· 098

参考文献 ············· 099

第4章 环形燃烧室液雾两相连续旋转爆震稳定性分析

4.1 液雾两相旋转爆震场中的液雾弥散特性 ············· 100
    4.1.1 不同粒径的影响 ············· 101
    4.1.2 质载比的影响 ············· 110

4.2 液雾两相预混燃烧特性 ············· 114
    4.2.1 液滴初始直径的影响 ············· 115
    4.2.2 预蒸发度的影响 ············· 123
    4.2.3 液雾两相连续旋转爆震燃烧稳定工作边界 ············· 128

4.3 液雾两相非预混燃烧特性 ··· 130
　　4.3.1 液滴初始直径的影响 ··· 131
　　4.3.2 雾化角的影响 ·· 136
参考文献 ··· 138

第 5 章　展　望

5.1 连续旋转爆震发动机关键技术及展望 ··· 139
　　5.1.1 喷注与掺混 ··· 140
　　5.1.2 液雾两相雾化喷注 ··· 142
　　5.1.3 点火起爆 ··· 144
　　5.1.4 燃烧室结构 ··· 146
　　5.1.5 压力反传 ··· 147
　　5.1.6 旋转爆震燃烧模式 ··· 148
5.2 连续旋转爆震发动机应用展望 ··· 149
　　5.2.1 旋转爆震火箭发动机 ··· 149
　　5.2.2 旋转爆震涡轮发动机和燃气轮机 ······························· 150
　　5.2.3 旋转爆震冲压发动机 ··· 151
参考文献 ··· 152

附录 A　连续旋转爆震燃烧实验技术

A.1 实验系统及测试台架 ·· 157
　　A.1.1 燃料/氧化剂供给系统 ··· 158
　　A.1.2 点火起爆系统 ·· 159
　　A.1.3 时序控制系统 ·· 160
　　A.1.4 数据采集系统 ·· 162
A.2 高频压力传感器及光学测试技术 ·· 162
　　A.2.1 高频压力传感器 ·· 162
　　A.2.2 高速摄像技术 ·· 163
　　A.2.3 平面激光诱导荧光技术 ·· 164
参考文献 ··· 165

附录 B 连续旋转爆震燃烧数值模拟技术

B.1 气液两相强可压缩数值模拟方法及验证 …………………… 167
    B.1.1 气相控制方程及数值离散算法 …………………………… 167
    B.1.2 液雾相控制方程及数值离散方法 ………………………… 173
    B.1.3 验证算例 …………………………………………………… 178
B.2 连续旋转爆震数值模拟初边值条件 …………………………… 182
    B.2.1 边界条件 …………………………………………………… 182
    B.2.2 初始条件 …………………………………………………… 184
参考文献 …………………………………………………………………… 184

第 1 章
连续旋转爆震及其推进技术基本概念

本章首先讨论爆震现象的基本概念和理论,分别介绍爆震的 Chapman - Jouguet(C-J)理论、ZND(Zeldovich-von Neumann-Döring)模型和胞格结构三种经典理论模型,以及爆燃到爆震转捩这一重要过程。随后简述爆震燃烧在航空宇航推进领域的三种重要应用形式,介绍它们的基本工作原理和特点。

1.1 爆 震 现 象

1.1.1 爆燃和爆震

数千年以来,燃烧一直是人类通过化石燃料获取能量的重要方式。现在人们已经认识到燃烧波有两种基本形式,即爆燃波(deflagration wave)和爆震波(detonation wave)[①]。爆燃波通常以较低的亚声速传播,燃烧过程近似等压。爆燃在工业和工程应用中广泛存在,现有的典型推进系统大多基于爆燃燃烧室构建,如航空喷气发动机、冲压发动机、火箭发动机等。与爆燃不同,爆震是一种激波与火焰耦合、以超声速传播的自增压燃烧形式,其传播马赫数可达 4~5。表 1.1 中对比列出了典型气相混合物爆燃和爆震过程的一些基本参数比较。

表 1.1 爆燃和爆震过程的基本参数比较

基本参数	爆 燃	爆 震
马赫数(Ma)	0.0001~0.03	4~5
压比(p_1/p_0)	0.98~0.976	13~55
温度比(T_1/T_0)	4~16	8~21
密度比(ρ_1/ρ_0)	0.06~0.25	1.4~2.6

注:下标 0 表示波前参数,下标 1 表示波后参数。

---

① 由于燃烧过程中燃料与氧气迅速反应,压力会产生波动,并进行传播,同时剧烈燃烧会释放大量的能量,通常伴随着燃烧波,形成爆燃波或爆震波这两种基本形式。

爆震的相关研究始于18世纪60年代，Able[1]、Berthelot等[2]相继成功测量了几种反应物的爆震波速。1900年左右，Chapman[3]和Jouguet[4]先后发表了关于爆震波的一维理论模型，并成功求解了爆震波速，形成了著名的C-J理论。如图1.1(a)所示，C-J理论将爆震波面视为一维无限薄的间断面，且反应在间断处瞬间完成。选取波面为运动坐标系，则描述爆震波两侧流动状态的质量、动量和能量守恒方程写为

$$\dot{m} = \rho_0 u_0 = \rho_1 u_1 \tag{1.1}$$

$$p_0 + \rho_0 u_0^2 = p_1 + \rho_1 u_1^2 \tag{1.2}$$

$$h_0 + q + \frac{1}{2}u_0^2 = h_1 + \frac{1}{2}u_1^2 \tag{1.3}$$

其中，$\dot{m}$ 为单位面积流量；p、ρ、u 和 q 分别为压力、密度、速度和单位释热量；$h = \frac{\gamma}{\gamma-1}\frac{p}{\rho}$ 为显焓；下标0和1分别表示爆震波前和波后的物理量。联立式(1.1)~式(1.3)，可以得到瑞利(Rayleigh)关系式：

$$\frac{p_0 - p_1}{v_0 - v_1} = -\dot{m}^2 \tag{1.4}$$

和于戈尼奥(Hugoniot)关系式：

$$\frac{\gamma_1}{\gamma_1-1}p_1 v_1 - \frac{\gamma_0}{\gamma_0-1}p_0 v_0 - \frac{1}{2}(p_1 - p_0)(v_0 + v_1) - q = 0 \tag{1.5}$$

其中，$v_i = 1/\rho_i (i = 0, 1)$ 为比容。式(1.5)的解可以在Rayleigh-Hugoniot图中表示，如图1.1(b)所示，可能的物理解存在两个区域，即爆震区和爆燃区。一般地，

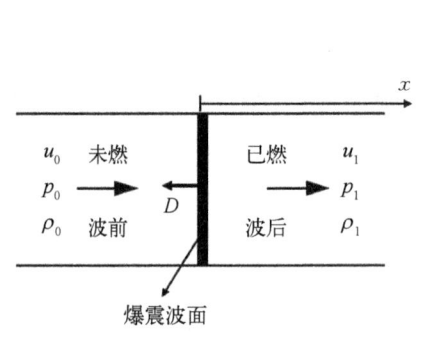

(a) C-J爆震波结构示意图

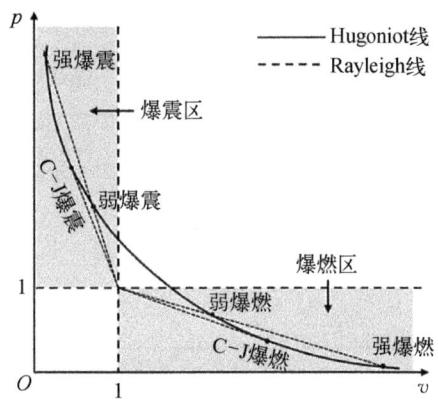

(b) Rayleigh-Hugoniot线及C-J爆震/爆燃解

图1.1 C-J爆震波结构示意图和Rayleigh-Hugoniot线及C-J爆震/爆燃解

每条 Rayleigh 线与 Hugoniot 线有两个交点,分别对应于强或弱爆震/爆燃解。基于最小速度或最小熵准则假设,可确定 C‐J 爆震波或爆燃波对应于 Rayleigh 线和 Hugoniot 线的相切解。

1.1.2 爆震的 ZND 模型

作为爆震波的理想简化模型,C‐J 理论能够精确预测爆震波前后的物理参数,但不能描述爆震波的详细结构。20 世纪 40 年代,Zeldovich[5]、von Neumann[6] 和 Döring[7]等相继建立了描述爆震波的一维结构,即 ZND 模型。如图 1.2 所示,在该模型中,爆震波面由前导激波、诱导区和反应区构成;前导激波后反应物压力和温度急剧上升,达到 VN(von Neumann)状态①,随后在高温高压的诱导区和反应区内,化学反应逐渐完成,温度继续上升,而压力下降,并在反应完全时达到 C‐J 状态。ZND 模型更加准确地描述了爆震的一维结构,并解释了病态爆震(pathological detonation)和非理想爆震的存在机制。

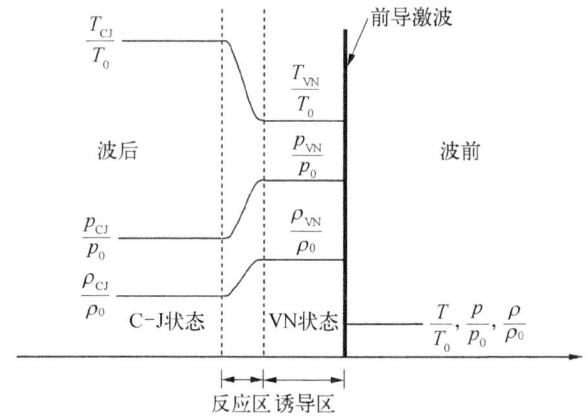

图 1.2 爆震波 ZND 模型流场结构示意图[8]

1.1.3 爆震的胞格结构

然而,进一步的研究发现,实验中观察到的所有真实爆震波都是非定常的。Campbell 等[9]率先在螺旋爆震(spinning detonation)中观察到了爆震波面的横向激波,随后,在远离临界状态的爆震中也观察到了相似的结构。通过烟迹片手段,研究人员得以记录到爆震波面横波扫过的轨迹,如图 1.3(a)所示,这些网格状的结构称为爆震胞格(detonation cell)[10],图 1.3(b)爆震给出了胞格结构示意图[8]。

---

① von Neumann 状态,是指在爆震波结构中,前导激波压缩和加热未反应混合物后达到的热力学状态。它标志着化学反应的开始,但尚未达到最终的化学平衡状态。这个状态以数学家和物理学家 von Neumann 的名字命名。

对于远离临界状态的爆震,胞格尺寸 λ 取决于混合物的组分、当量比、压力和温度等性质。大量研究表明,几何尺寸(管直径或通道宽度)与胞格尺寸的比值是影响爆震波传播的一个重要参数,通常认为爆震波的稳定传播需要高于某一临界值,这一准则在管道爆震[11]和旋转爆震[12-14]的实验中均得到了验证。

 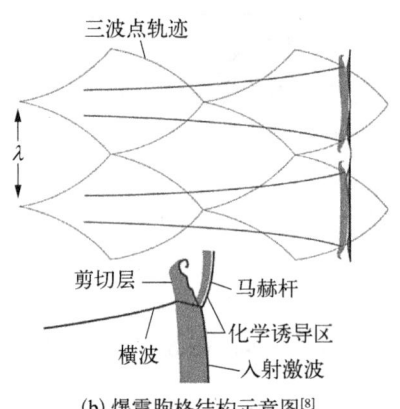

(a) 烟迹片上显示的爆震胞格结构[10]　　　　(b) 爆震胞格结构示意图[8]

图 1.3　烟迹片上显示的爆震胞格结构[10]和爆震胞格结构示意图[8]

1.1.4　爆燃到爆震转捩

爆震的起爆有多种方式。其中,直接起爆需要提供高于临界值的起爆能量,但这一临界条件通常难以满足。在多数情况下,爆震的起爆在点火后经过一段距离的火焰加速、最终触发爆燃到爆震的转捩实现,即爆燃到爆震转捩(deflagration to detonation transition, DDT)过程。在有限约束空间内,反应物点火后,燃烧产物不断推动爆燃波面加速,当波面达到某一临界速度(和 C-J 爆燃速度同量级)时,则可能突然发生向爆震的转变。图 1.4(a)给出了爆燃到爆震转变的典型条纹照片[15],图中可以清楚地观察到点火后 2~5 时刻的爆燃加速过程和 6 时刻的转捩现象。

DDT 过程包括两个独立的过程,即火焰加速和爆震起爆,由于这两个过程都具有很强的随机性,因此难以准确预测转捩距离或转捩时间。此外,两个过程的主导机制也显著不同。其中,火焰加速过程主要取决于火焰表面积增长速率,与 Landau-Darrieus 不稳定性、Richtmyer-Meshkov 不稳定性、Kelvin-Helmholtz 不稳定性及热扩散效应有关[16,17]。对于壁面光滑的管道,Shchelkin[18]认为火焰表面积的增长受未燃反应物湍流度的影响显著。他还证明了壁面粗糙度对火焰加速过程的影响,并提出采用螺旋管可以显著缩短火焰加速距离,这一方法已在实验研究中广泛使用。Urtiew 等[19]在实验中详细研究了多种起爆模式,研究发现,爆震波的起爆可能来自湍流火焰面(图 1.4(b))、前导激波面(图 1.4(c))或两个前导激波的接触面。尽管这些起爆模式的细节不尽相同,但起爆机制通常都是由激波-火焰

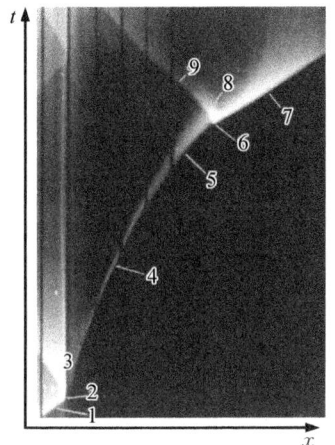 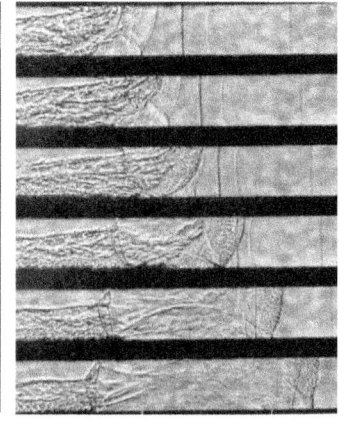 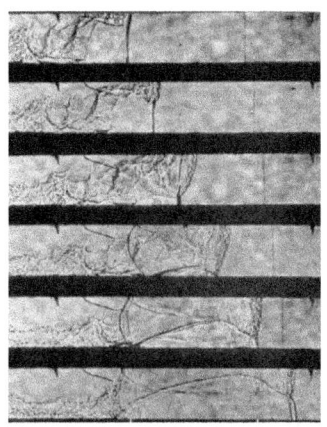

(a) 爆燃到爆震转变的条纹照片[15]　　(b) 来自湍流火焰面的爆震起爆的纹影照片[19]　　(c) 来自前导激波面的爆震起爆的纹影照片[19]

图 1.4 爆燃到爆震转变的条纹照片[15]、来自湍流火焰面的爆震起爆的纹影照片[19]和来自前导激波面的爆震起爆的纹影照片[19]

相互作用中产生的局部爆炸触发。Lee 等[20]认为,爆震在由局部爆炸触发后的初始阶段总是过驱的,并提出了 SWACER(shock wave amplification by coherent energy release)机制以解释从局部爆炸后的弱激波到形成过驱爆震的过程和机理。在爆震燃烧室(如旋转爆震燃烧室)中,DDT 通常不是一个重要的过程,一般只存在于起爆的最初阶段[21]。然而,在某些特定条件下,爆燃状态可能会持续很长时间,甚至会覆盖整个实验过程[22]。

1.2 爆震发动机

目前,主流的动力与推进装置均采用爆燃燃烧的方式,受限于材料性能、部件强度等因素,燃气涡轮喷气发动机、吸气式冲压发动机和火箭发动机的热力循环效率已难以大幅提升,而随着发动机主要性能指标的不断提高,其结构更加复杂、制造成本更高,这些均制约了航空宇航动力与推进系统的进一步发展。

为了突破这些技术瓶颈,实现航空宇航动力系统的跨越式发展,爆震发动机作为一种极具潜力的动力型式获得了广泛关注。得益于爆震燃烧的自增压特性,与基于爆燃燃烧构建的 Brayton 循环(等压循环)和 Humphrey 循环(等容循环)相比,基于爆震燃烧构建的热力学循环(Fickett – Jacobs 循环,F – J 循环)具有更高的循环效率[23],从而可以大幅提升航空宇航动力系统的性能。图 1.5 中分别给出了这三种循环方式,以及不同初始压缩比条件下三种循环的热力学循环效率。过去数十年,脉冲爆震发动机(pulsed detonation engine, PDE)[24–26]、斜爆震发动机

(oblique detonation engine，ODE)[27-29]以及旋转爆震发动机(rotating detonation engine，RDE)[30-32]相继得到关注和研究。

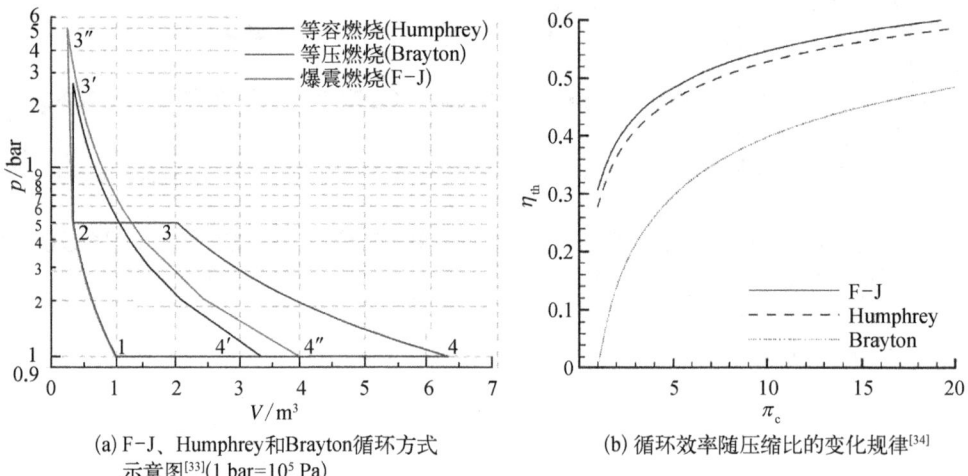

(a) F-J、Humphrey和Brayton循环方式示意图[33](1 bar=10⁵ Pa)

(b) 循环效率随压缩比的变化规律[34]

图1.5　F-J、Humphrey和Brayton循环方式示意[33]以及循环效率随压缩比的变化规律[34]

1.2.1　脉冲爆震发动机

脉冲爆震发动机通常由足够长的爆震管组成,管内充满新鲜的燃料和氧化剂混合物,如图1.6所示。混合物被点燃后,火焰必须在较短的时间内加速到爆震波速,使得DDT过程在较短的距离内发生。之后爆震燃烧产生高压并加速气体,形成推力。当所有可燃混合物被爆震燃烧所消耗后,燃烧产物必须从爆震管中排出,新鲜预混气迅速重新装填,并重复循环。脉冲爆震发动机的工作范围很广,可以从亚声速到高超声速(马赫数可以大于4),在过去30年内是爆震推进的热点,但其主要问题在于需要反复点火,对点火成功率要求很高,并且所获得的推力是脉冲式的,这极大制约了脉冲爆震发动机的进一步发展。

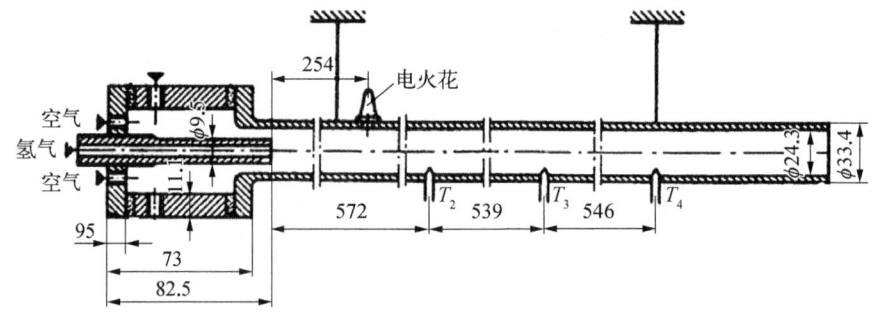

图1.6　脉冲爆震发动机结构示意图[35]（单位：mm）

1.2.2 斜爆震发动机

使爆震波稳定在超声速来流中的某一特定位置,即驻定爆震(standing detonation),是实现超声速燃烧和高超声速飞行器的一种理想方式。驻定爆震发动机的概念在 1958 年已由 Nicholls 等[27]提出,但由于理想的正驻定爆震要求来流速度恰好等于 C-J 爆震波速,一般难以满足。到目前为止,实现驻定爆震的主要方式还是斜爆震,即可燃反应物以高于 C-J 爆震波速的流速冲击楔形或锥形壁面,形成反应面和斜激波耦合的爆震波。斜爆震的理论最早于 20 世纪 60 年代已经建立,Pratt 等[28]对相关理论进行了较为详细的阐述,图 1.7 中给出了斜激波典型流场结构示意图和相应的数值模拟结果[29]。

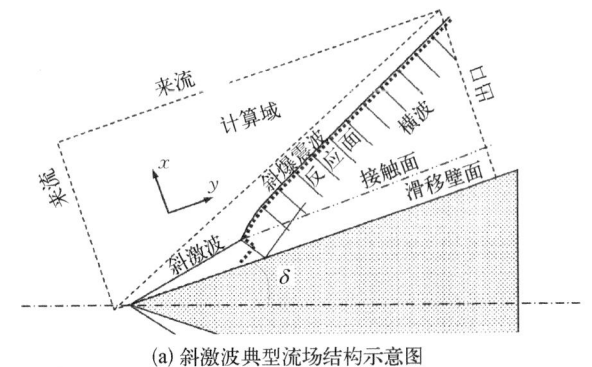

(a) 斜激波典型流场结构示意图

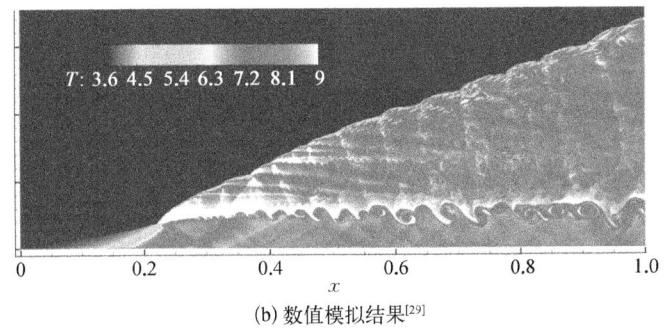

(b) 数值模拟结果[29]

图 1.7 斜激波流场结构示意图和数值模拟结果[29]

理论上,基于斜爆震构建的吸气式斜爆震发动机能够适应较宽范围(大于 C-J 爆震波速)的高超声速飞行,且具有爆震发动机的高热循环效率,相比于传统基于爆燃的超燃冲压发动机具有显著的性能优势。图 1.8 为斜爆震发动机的典型结构示意图[23],主要由进气道、燃料喷注单元、燃烧室和喷管四部分组成,超声速来流经过飞行器进气道的外压缩后与喷入的燃料混合形成可燃混气,进入燃烧室后在楔形壁面上再次压缩并起爆形成驻定的斜爆震波,随后高温燃气在喷管内膨胀产生推力。与传统超燃冲压发动机不同,斜爆震发动机中的燃料在进入燃烧室前即被喷入,如何避免高温高压的可燃混合气体在形成爆震前提前燃烧一直是实现这一技术的重要挑战。因此,部分预混的斜爆震成为一个可行的方案,相关的实验和数值研究还有待进一步开展。

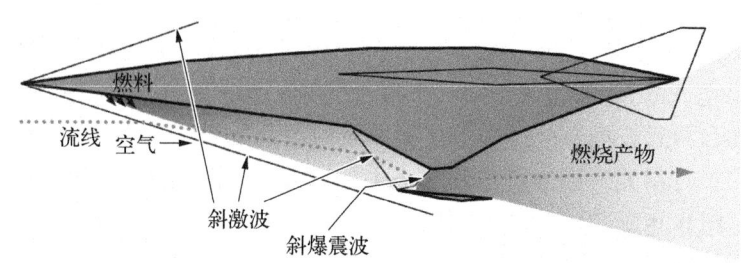

图 1.8　斜爆震发动机结构示意图[23]

1.2.3　旋转爆震发动机

旋转爆震这一燃烧形式最早由苏联科学院 Voitsekhovskii[36]于 1960 年在研究横向爆震波(transverse detonation wave)时发现,他将氩气稀释的 C_2H_2/O_2 预混合气体注入圆盘形燃烧室中点燃,并利用完全补偿条纹摄像方法获得了燃烧室内旋转的爆震波结构(图 1.9(a))。随后在 1966 年,美国 Nicholls 等[37]首次提出了将旋转爆震应用于动力系统的理念并开展了相关实验研究,他们尝试在环形腔室(图 1.9(b))内实现旋转爆震,然而由于组分混合不均匀且燃烧室出口收缩比过大,这

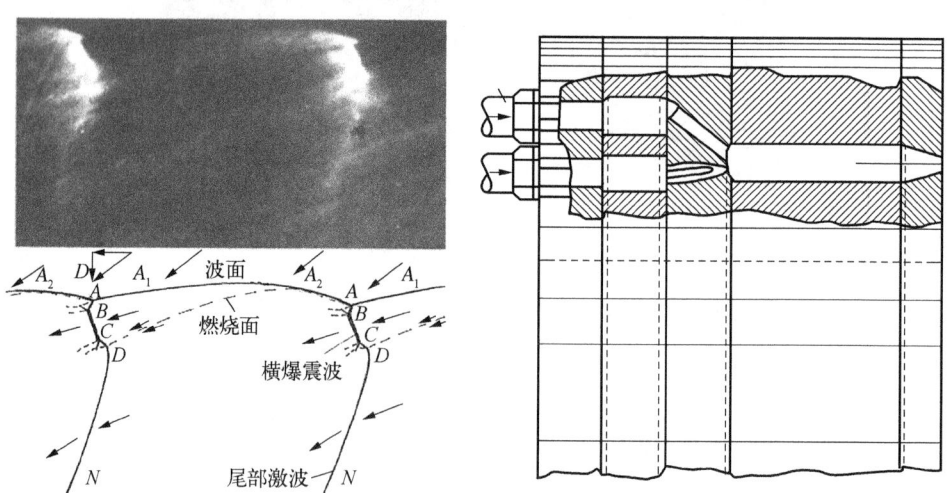

(a) Voitsekhovskii获得的旋转爆震波条纹照片及流场结构示意图

(b) Nicholls等获得的环形旋转爆震燃烧室

图 1.9　Voitsekhovskii 获得的旋转爆震波条纹照片及流场结构示意图[36]和 Nicholls 等获得的环形旋转爆震燃烧室[37]

一尝试并未成功,实验中只获得了爆燃。1975年前后,Bykovskii 等[38]和 Edwards[39]分别在环形燃烧室中成功实现了旋转爆震,Bykovskii 等[40]后续的工作进一步验证了旋转爆震在动力系统中应用的可行性。图1.10给出了目前大多数旋转爆震燃烧室的典型结构,可燃混合气体从环形燃烧室头部进入,爆震在头部起爆并沿周向运动,在向下游膨胀的高温燃气中推动形成一道斜

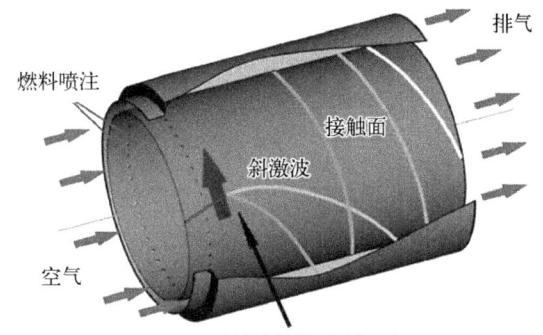

图1.10 旋转爆震燃烧室结构和流场结构示意图[23]

激波;爆震波后压力下降,新鲜混合气体持续注入,从而形成旋转的爆震波。

作为爆震推进装置的一种,旋转爆震发动机除了具有潜在的热力循环效率的增益外,其燃烧室结构简单、适用飞行范围宽等优势使其成为近年来最受关注的爆震发动机。至今,针对旋转爆震现象、机理及稳定性影响因素等关键问题,各国学者已经开展了大量理论和实验研究,取得了显著进展。2011年以来,相关研究结果的发表数量大幅增加,有力支撑了旋转爆震技术的应用前景。目前,包括火箭式、涡轮式和冲压式等在内的多种型式的旋转爆震发动机已经应用于工程实践。

目前,包括美国、中国、俄罗斯、日本、欧洲、新加坡等国家和地区的百余家高校科研机构及组织均在积极开展旋转爆震相关基础理论研究、关键技术攻关和动力装置研制,大大推进了发动机相关技术进展。

参考文献

[1] Abel F A. Contributions to the history of explosive agents [J]. Philosophical Transactions of the Royal Society of London, 1869, 159: 489-516.

[2] Berthelot M, Vieille P. On the velocity of propagation of explosive processes in gases [J]. Comptes Rendus Hebdomadaires des Séances de l'Académie des Sciences, 1881, 93(2): 18-21.

[3] Chapman D L. On the rate of explosion in gases [J]. The London, Edinburgh, and Dublin Philosophical Magazine and Journal of Science, 1899, 47(284): 90-104.

[4] Jouguet E. Sur l'onde explosive [J]. Comptes Rendus de l'Académie des Sciences-Series I-Mathematics, Paris, 1904, 140: 1211.

[5] Zeldovich Y. On the theory of the propagation of detonation in gaseous systems [J]. Physics of the Journal of Experimental and Theoretical Physics, 1940, 10(5): 542-568.

[6] von Neumann J. Theory of Detonation Waves [J]. New York: Macmillan, 1942.

[7] Döring W. Detonation waves [J]. Annalen der Physik, 5th Series, 1943, 43: 421-436.

[8] Lee J H S, Radulescu M I. On the hydrodynamic thickness of cellular detonations [J].

Combustion, Explosion and Shock Waves, 2005, 41(6): 745-765.

[9] Campbell C, Woodhead D W. CCCCI.: The ignition of gases by an explosion-wave. Part I. Carbon monoxide and hydrogen mixtures [J]. Journal of the Chemical Society (Resumed), 1926, 129(0): 3010-3021.

[10] Vasil'ev A A. Cell size as the main geometric parameter of a multifront detonation wave [J]. Journal of Propulsion and Power, 2006, 22(6): 1245-1260.

[11] Vasil'ev A A, Mitrofanov V V, Topchiyan M E. Detonation waves in gases [J]. Combustion, Explosion and Shock Waves, 1987, 23(5): 605-623.

[12] Kindracki J, Kobiera A, Wolański P, et al. Experimental and numerical study of the rotating detonation engine in hydrogen-air mixtures [C]. Progress in Propulsion Physics, Versailles, 2011: 555-582.

[13] St George A, Driscoll R, Anand V, et al. On the existence and multiplicity of rotating detonations [J]. Proceedings of the Combustion Institute, 2017, 36(2): 2691-2698.

[14] Wen H C, Xie Q F, Wang B. Propagation behaviors of rotating detonation in an obround combustor [J]. Combustion and Flame, 2019, 210: 389-398.

[15] Lee B H K, Lee J H, Knystautas R. Transmission of detonation waves through orifices [J]. AIAA Journal, 1966, 4(2): 365-367.

[16] Ciccarelli G, Dorofeev S. Flame acceleration and transition to detonation in ducts [J]. Progress in Energy and Combustion Science, 2008, 34(4): 499-550.

[17] Lee J H S. The Detonation Phenomenon [M]. Cambridge: Cambridge University Press, 2008.

[18] Shchelkin K I. Influence of tube roughness on the formation and detonation propagation in gas [J]. Journal of Experimental and Theoretical Physics, 1940, 10(10): 823-827.

[19] Urtiew P A, Oppenheim A K. Experimental observations of the transition to detonation in an explosive gas [J]. Proceedings of the Royal Society of London Series A Mathematical and Physical Sciences, 1966, 295(1440): 13-28.

[20] Lee J H, Knystautas R, Yoshikawa N. Photochemical Initiation of Gaseous Detonations [M]. Amsterdam: Elsevier, 1980.

[21] Zhang H L, Liu W D, Liu S J. Effects of inner cylinder length on H_2/air rotating detonation [J]. International Journal of Hydrogen Energy, 2016, 41(30): 13281-13293.

[22] Fotia M L, Hoke J, Schauer F. Study of the ignition process in a laboratory scale rotating detonation engine [J]. Experimental Thermal and Fluid Science, 2018, 94: 345-354.

[23] Wolański P. Detonative propulsion [J]. Proceedings of the Combustion Institute, 2013, 34(1): 125-158.

[24] Schauer F, Stutrud J, Bradley R. Detonation initiation studies and performance results for pulsed detonation engine applications [C]. The 39th Aerospace Sciences Meeting and Exhibit, Reno, 2001: AIAA2001-1129.

[25] Eidelman S, Grossmann W. Pulsed detonation engine experimental and theoretical review [C]. The 28th Joint Propulsion Conference and Exhibit, Nashville, 1992: 3168.

[26] Eidelman S, Grossmann W, Lottati I. Review of propulsion applications and numerical simulations of the pulsed detonation engine concept [J]. Journal of Propulsion and Power,

1991, 7(6): 857-865.

[27] Dunlap R, Brehm R L, Nicholls J A. A preliminary study of the application of steady-state detonative combustion to a reaction engine [J]. Journal of Jet Propulsion, 1958, 28(7): 451-456.

[28] Pratt D T, Humphrey J W, Glenn D E. Morphology of standing oblique detonation waves [J]. Journal of Propulsion and Power, 1991, 7(5): 837-845.

[29] Choi J Y, Kim D W, Jeung I S, et al. Cell-like structure of unstable oblique detonation wave from high-resolution numerical simulation [J]. Proceedings of the Combustion Institute, 2007, 31(2): 2473-2480.

[30] Rankin B A, Fotia M L, Naples A G, et al. Overview of performance, application, and analysis of rotating detonation engine technologies [J]. Journal of Propulsion and Power, 2016, 33(1): 131-143.

[31] Yi T H, Lou J, Turangan C, et al. Propulsive performance of a continuously rotating detonation engine [J]. Journal of Propulsion and Power, 2011, 27(1): 171-181.

[32] Shao Y T, Liu M, Wang J P. Numerical investigation of rotating detonation engine propulsive performance [J]. Combustion Science and Technology, 2010, 182(11-12): 1586-1597.

[33] Kindracki J. Badania eksperymentalne i symulacje numeryczne procesu inicjacji wirującej detonacji gazowej [D]. Warsaw: Warsaw University of Technology, 2008.

[34] Wintenberger E, Shepherd J E. Thermodynamic cycle analysis for propagating detonations [J]. Journal of Propulsion and Power, 2006, 22(3): 694-698.

[35] Nicholls J A, Wilkinson H R, Morrison R B. Intermittent detonation as a thrust-producing mechanism [J]. Journal of Jet Propulsion, 1957, 27(5): 534-541.

[36] Voitsekhovskii B V. Stationary spin detonation [J]. Soviet Journal of Applied Mechanics and Technical Physics, 1960, 3: 157-164.

[37] Nlcholls J A, Cullen R E, Ragland K W. Feasibility studies of a rotating detonation wave rocket motor [J]. Journal of Spacecraft and Rockets, 1966, 3(6): 893-898.

[38] Bykovskii F A, Klopotov I D, Mitrofanov V V, et al. Spin detonation of gases in a cylindrical chamber [J]. Akademiia Nauk SSSR Doklady, 1975, 224: 1038-1041.

[39] Edwards B D. Maintained detonation waves in an annular channel: A hypothesis which provides the link between classical acoustic combustion instability and detonation waves [J]. Symposium (International) on Combustion, 1977, 16(1): 1611-1618.

[40] Bykovskii F A, Zhdan S A, Vedernikov E F. Continuous spin detonation in annular combustors [J]. Combustion, Explosion and Shock Waves, 2005, 41(4): 449-459.

第 2 章
环形燃烧室连续旋转爆震燃烧模态及稳定性分析

本章主要基于实验观测数据和数值仿真结果,针对气相连续旋转爆震燃烧模态及其稳定性开展讨论,首先介绍实验中观察到的典型氢气-空气环形燃烧室内旋转爆震燃烧模态,分析其基本传播特征;然后讨论质量流量和当量比对燃烧模态及其稳定性的影响规律;最后,针对吸气式发动机的典型工作状态,结合数值仿真分析总温、总压和当量比等参数对煤油气-空气旋转爆震稳定性的影响。

2.1 氢气-空气环形燃烧室内旋转爆震燃烧模态

随燃烧室流量、当量比等参数变化,旋转爆震燃烧室中可能形成多种燃烧模态。本节介绍的旋转爆震典型燃烧模态主要包括快速爆燃模态、不稳定旋转爆震模态、准稳定旋转爆震模态和稳定旋转爆震模态,并在最后给出宽当量宽流量条件下的燃烧室工作图谱。

本节实验所采用的实验系统和实验技术在附录 A 中进行了详细介绍。图 2.1 为实验中采用的环形旋转爆震燃烧室的三维结构示意图和截面图,其由空气/氢气

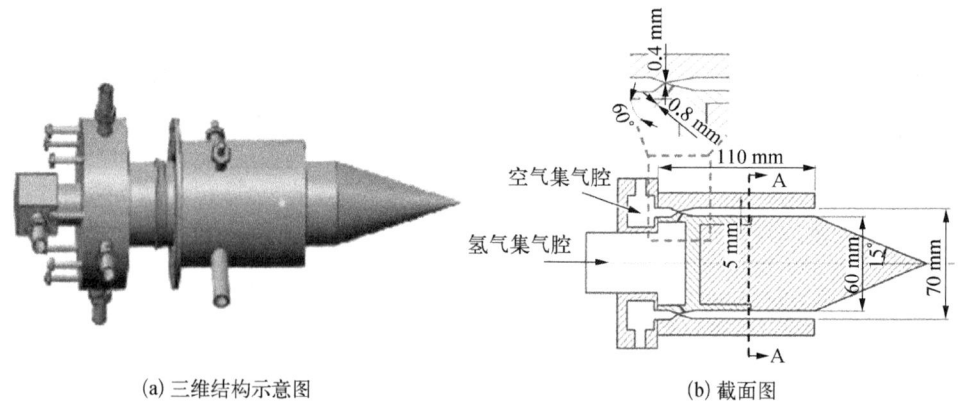

(a) 三维结构示意图　　　　　　　(b) 截面图

图 2.1　环形旋转爆震燃烧室三维结构示意图和截面图

集气腔、空气/氢气喷注单元、燃烧室环腔及中心锥组成,其中燃烧室环腔主要由内圆柱和外筒两个部分组成,燃烧室实物如图 2.2 所示。燃烧室环腔的有效长度为 70 mm,外径为 70 mm,内径为 60 mm,环腔宽度为 5 mm。燃烧室中的空气喷注单元设计为收缩扩张喷注结构,喷注口喉部处的环缝宽度为 0.4 mm,氢气则由沿周向均匀分布的 80 个直径 0.8 mm 的喷注孔进行喷注,氢气喷注小孔与燃烧室轴向的夹角为 60°。图 2.3 给出了高频压力传感器在爆震燃烧室上的位置分布图。PCB1 和 PCB2 传感器沿爆震燃烧室轴向分布,且两个传感器间距为 90°。PCB3 和 PCB4 传感器沿爆震燃烧室轴向均匀分布,且传感器间距 20 mm。

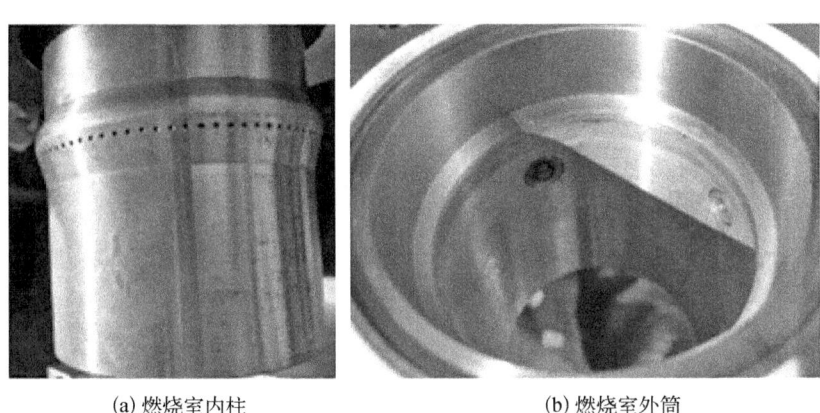

图 2.2 环形旋转爆震燃烧室实物图

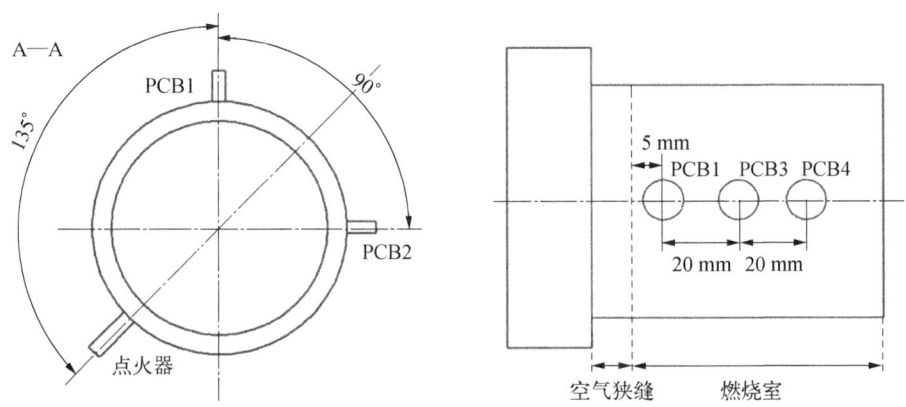

图 2.3 传感器布置示意图

2.1.1 快速爆燃模态

图 2.4(a) 给出了当空气质量流量为 25 g/s 时,沿旋转爆震燃烧室周向布置的 2 个高频压力传感器(PCB1 和 PCB2)测量得到的压力信号。在旋转爆震燃烧室内

的可爆混合气体被点燃后，燃烧室内产生了高幅值的不规则压力振荡。对压力信号进行局部放大，发现两个 PCB 高频压力传感器（PCB1 和 PCB2）测量到的压力信号处于相同的相位，并且压力的振荡幅值在 0.04 MPa 左右变化，如图 2.4(b) 所示。这说明在旋转爆震燃烧室内，燃烧波沿着纵向传播。

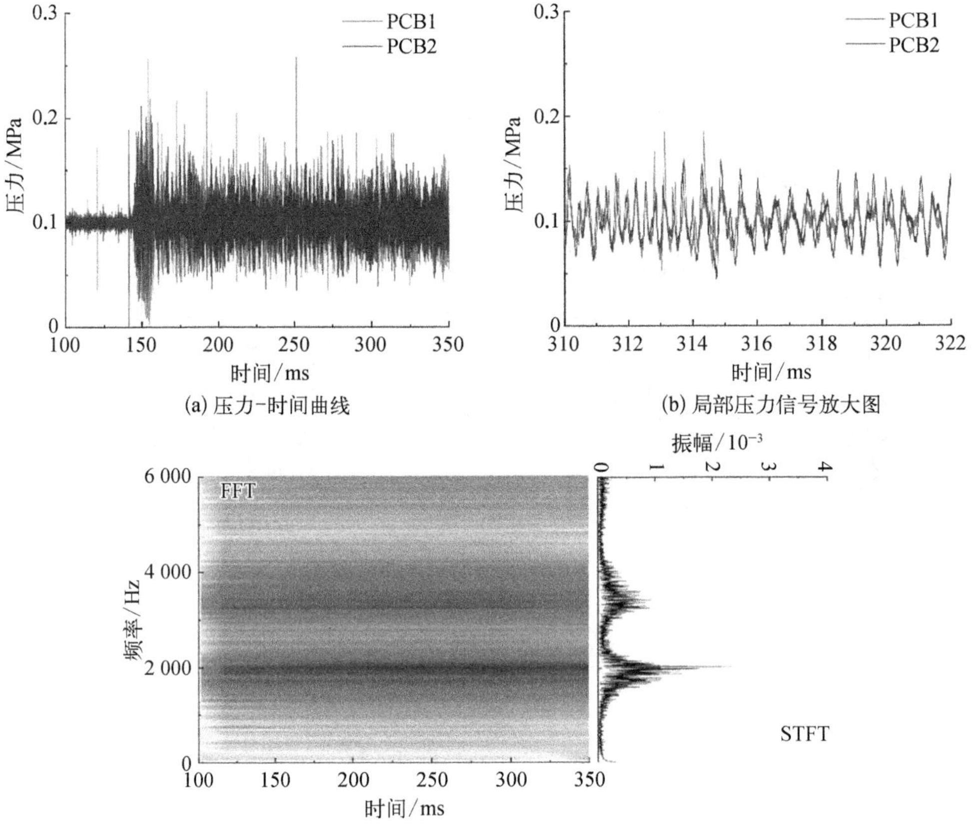

(a) 压力-时间曲线

(b) 局部压力信号放大图

(c) 压力信号的FFT和STFT结果

图 2.4　不稳定纵向快速爆燃工作模式压力信号（$\dot{m}_a$ = 25 g/s，φ = 0.6）

这里，燃烧波压力振荡幅值的变化不规则且没有周期性特征，振荡幅值为平均压力值的 40%。因此，这里将上述燃烧波定义为快速爆燃模式，由于其传播沿着纵向，且瞬时传播速度显著波动，因此称其为不稳定纵向快速爆燃模式。

目前，难以确定旋转爆震燃烧室内出现这种不稳定纵向快速爆燃模式的物理机理。一种可能的解释是由于燃烧室远远偏离了设计点，燃料和空气的流量非常低，两者之间的混合变得特别差，使得燃烧系统出现了稳定的压力振荡。图 2.4(c) 给出了当空气质量流量为 25 g/s 时，压力信号的短时傅里叶变换（short time Fourier transform，STFT）和快速傅里叶变换（fast Fourier transform，FFT）分析结果。

结果表明,旋转爆震燃烧室内形成的不稳定纵向快速爆燃波的频率分布比较分散,难以从 STFT 图谱上对不稳定纵向快速爆燃波的主频进行识别。不稳定纵向快速爆燃波的 FFT 结果也表明,不稳定纵向快速爆燃波的主频条带较宽,带宽范围在 800 Hz 左右。因此,可以进一步说明不稳定纵向快速爆燃波具有显著的高频压力振荡特征,且压力峰值波动也非常剧烈。

图 2.5 给出了不稳定纵向快速爆燃工作模式的高速摄影图像。通过比较不同时间序列的摄影图像后发现,爆震燃烧室内存在沿纵向传播的不稳定的快速爆燃波。验证了在该工况条件下,旋转爆震燃烧室内形成了纵向的不稳定燃烧振荡。

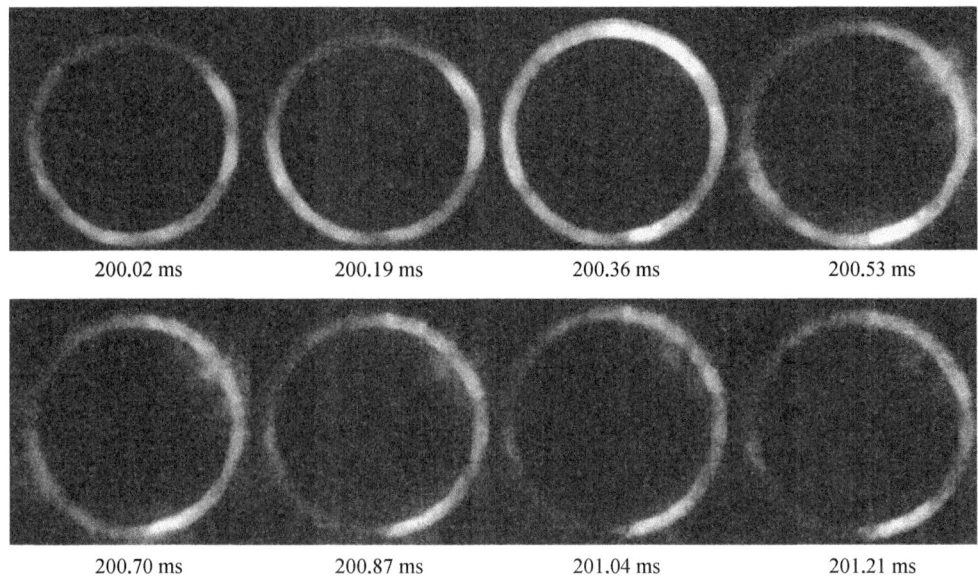

图 2.5　不稳定纵向快速爆燃工作模式高速摄影图像

图 2.6(a)给出了当空气质量流量为 75 g/s 时,沿旋转爆震燃烧室周向布置的 2 个高频压力传感器(PCB1 和 PCB2)测量得到的压力信号;图 2.6(b)所示的压力信号放大图表明两个传感器测量得到的压力振荡保持同步,是一种纵向的振荡。在总体当量比 φ 保持 0.6 不变的情况下,随着空气质量流量的增加,旋转爆震燃烧室内快速爆燃波的压力振幅得到显著提高,压力信号也表现出明显的类周期性正弦振荡的特征。压力振荡幅值的提高主要是由于进入旋转爆震燃烧室内参与反应的氢气质量流量的增加,燃烧过程中的释热率增加。

本节将上述具有规则的类周期性波动特征且沿着纵向传播的振荡燃烧现象称为稳定纵向快速爆燃模式。稳定纵向快速爆燃模式有一个发展过程,从点火开始,爆燃波的振幅持续增加,直至达到饱和,上述称为非线性振荡饱和发展的过程[1]。图 2.6(b)所示的压力振荡幅值为 0.25 MPa。

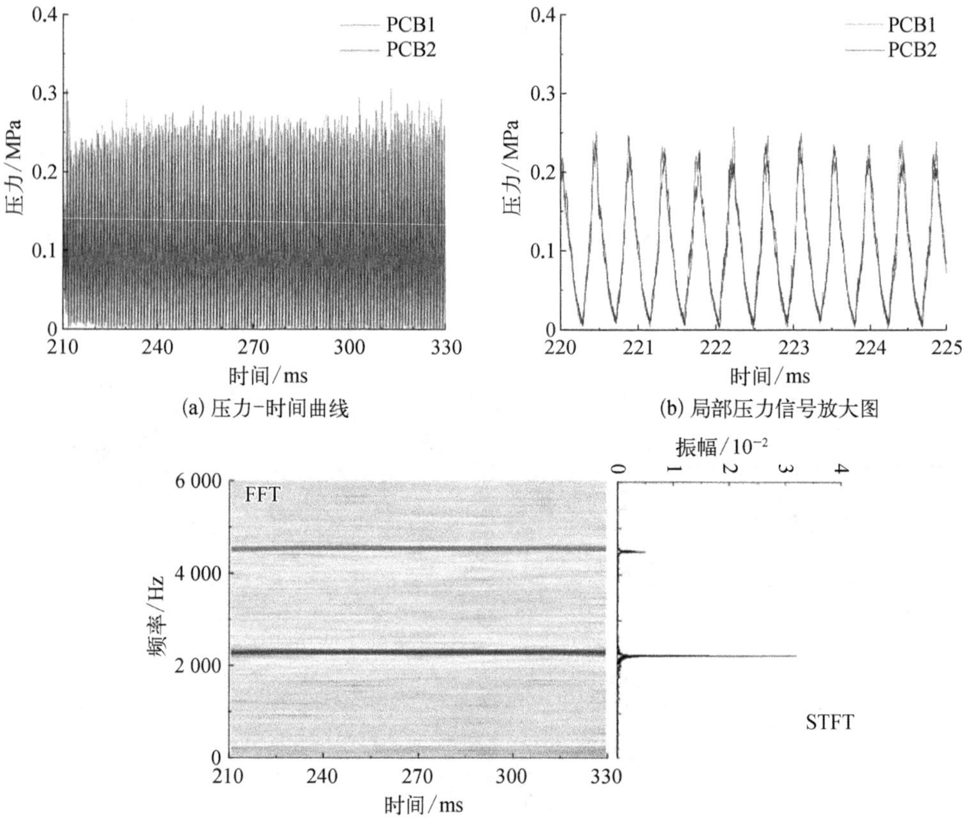

(a) 压力-时间曲线

(b) 局部压力信号放大图

(c) 压力信号的FFT和STFT结果

图 2.6 稳定纵向爆燃工作模式压力信号($\dot{m}_a$ = 75 g/s, φ = 0.6)

图 2.6(c)给出了爆震燃烧室中的快速爆燃波压力信号的 FFT 和 STFT 分析结果。结果表明,旋转爆震燃烧室内压力信号的两个主频分量频率分别为 2 260 Hz 和 4 485 Hz。STFT 结果表明,能量集中的两个频率条带随时间变化保持不变。

在该实验工况条件下,稳定纵向快速爆燃波主频为 2 260 Hz。通过声学理论计算得到的旋转爆震燃烧室一阶纵向固有声学频率为 2 257 Hz,两者基本一致。这说明,旋转爆震燃烧室内燃烧过程中激发的声压振荡频率恰好与旋转爆震燃烧室的一阶纵向结构固有频率相耦合,从而导致旋转爆震燃烧室内出现一段时间稳定的自持振荡燃烧现象。

图 2.7 给出了稳定纵向爆燃工作模式的高速摄影图像。通过比较不同时间序列的摄影图像后发现,爆震燃烧室内存在沿纵向传播的快速爆燃波。

图 2.8 给出了当空气质量流量为 75 g/s 时,沿旋转爆震燃烧室纵向布置的三个高频压力传感器(PCB1、PCB3 和 PCB4)测量的压力信号,这里给出了两个传播周期的快速爆燃波的压力变化规律。3 个 PCB 高频传感器测量的压力信号具有明

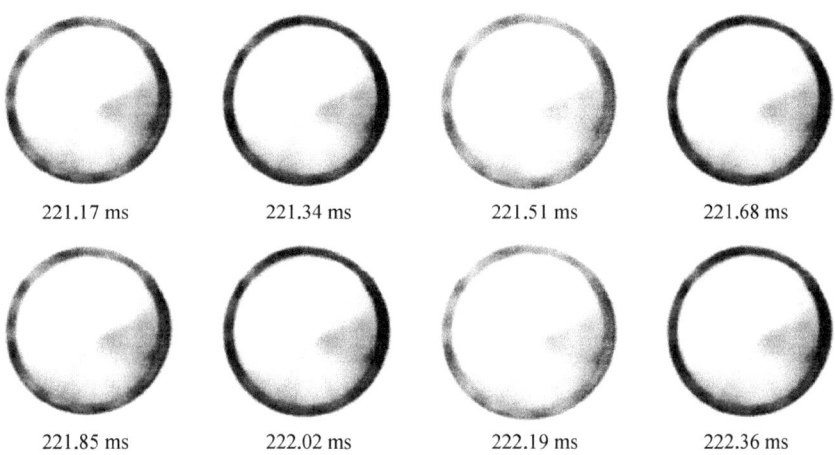

图 2.7　稳定纵向爆燃工作模式高速摄影图像

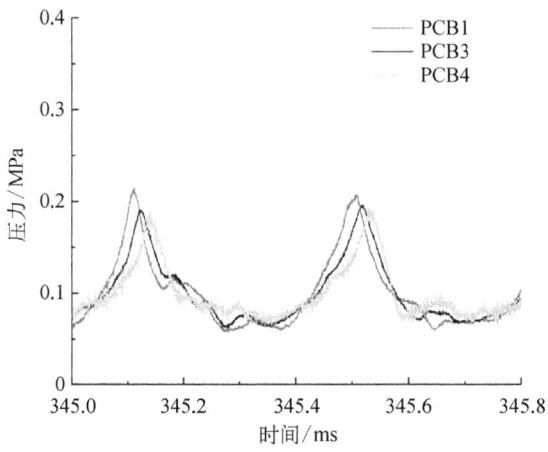

图 2.8　稳定纵向爆燃工作模式中旋转爆震燃烧室不同纵向
位置处的压力变化（$\dot{m}_a = 75\ \mathrm{g/s}$，$\varphi = 0.6$）

显不同的相位关系,且压力峰值沿着旋转爆震燃烧室纵向至下游逐渐降低。这表明,快速爆燃波在旋转爆震燃烧室的头部形成,沿着旋转爆震燃烧室纵向进行传播,强度减弱。

辨识压力信号的波峰,并确定相邻波峰的时间间隔 Δt,那么纵向快速爆燃波的特征速度可由式(2.1)获得:

$$w_{li} = \frac{L}{\Delta t_i} \tag{2.1}$$

其中,L 为压力波传播至燃烧室出口和反向传播至燃烧室入口的距离,即燃烧室长度的 2 倍,在本章中 L 为 200 mm。

对这些瞬态速度进行 n 个时刻的统计平均,得到统计平均的特征速度,如式(2.2)所示:

$$\overline{w}_l = \frac{\sum_{i=1}^{n} w_{li}}{n} \quad (2.2)$$

图 2.9 给出了当量比为 0.6,空气质量流量分别为 25 g/s、55 g/s、75 g/s 和 95 g/s 时不稳定纵向快速爆燃(ULPD)和稳定纵向快速爆燃模式(SLPD)下快速爆燃波特征速度的分布规律。在不稳定纵向快速爆燃模态下,快速爆燃波有接近一半的特征速度点散落分布在 520 m/s 以下。然而,稳定纵向快速爆燃模态下的特征速度点则集中分布在 520 m/s 左右。稳定纵向快速爆燃模式下快速爆燃波的特征速度波动率非常低(低于 5%)。

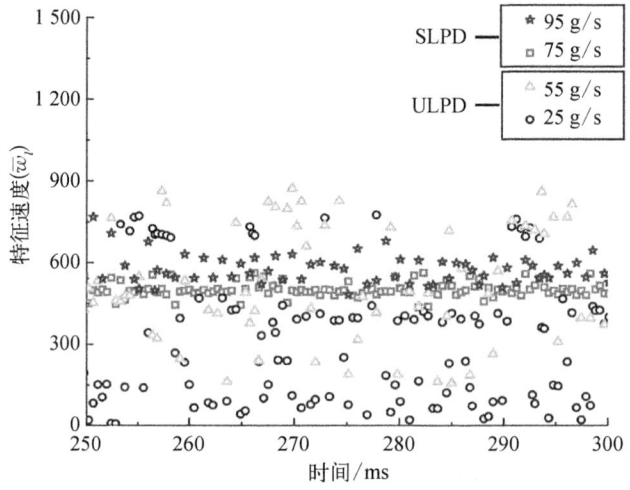

图 2.9　稳定和不稳定纵向快速爆燃工作模式中快速爆燃波特征速度分布($\varphi = 0.6$)

2.1.2　不稳定旋转爆震模态

图 2.10(a)给出了当空气质量流量为 135 g/s 时,旋转爆震燃烧室上布置的高频压力传感器(PCB2)测量得到的压力信号。燃烧室内出现的压力波动具有明显的高频类周期性振荡特征:旋转爆震波逐渐溃灭成快速爆燃波,随后又再次转变成旋转爆震波,且周而复始地持续进行。

对压力信号进行局部放大后发现:燃烧室内的快速爆燃波从 317 ms 时开始向旋转爆震波转换,在 318.5 ms 时旋转爆震波的压力峰值从 0.4 MPa 迅速增强至 1.2 MPa,随后爆震波的压力峰值开始减弱,又逐渐转变回快速爆燃波,如图 2.10(b)所示。

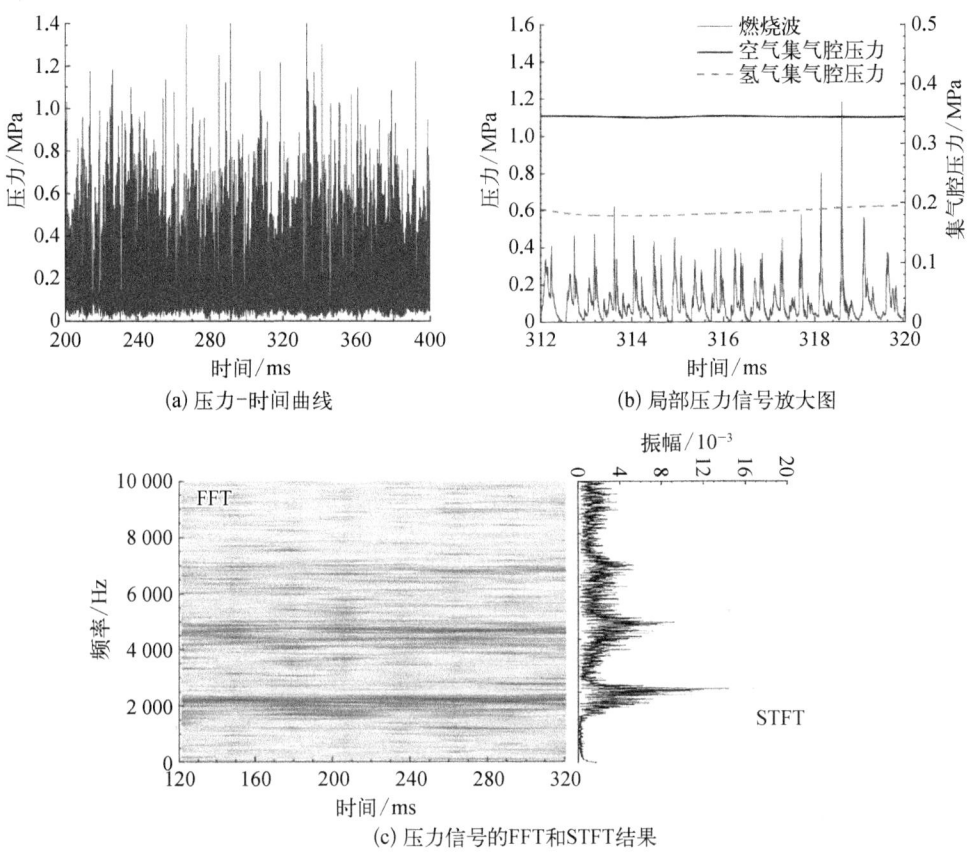

图 2.10　高频混沌不稳定性的压力信号($\dot{m}_a = 135$ g/s, $\varphi = 0.6$)

本节将这种在旋转爆震燃烧室内出现的旋转爆震波和快速爆燃波反复交替出现的现象称为高频混沌不稳定性。其发生的机理仍然需要深入研究,但可以推测主要由燃烧室内压力变化对推进剂填充产生的无规则影响所导致。当燃烧室内形成强度较低的快速爆燃波时,相对喷注器,燃烧室内为处于较低的背压条件,这导致燃料和氧化剂填充速度增加、填充时间变短,燃烧室内可爆混合气体体积更大,有助于传播至此的快速爆燃波加速转变为旋转爆震波;相反,当燃烧室内形成强度较高的旋转爆震波时,燃烧室变为较高的背压条件,阻碍了燃烧室内可爆混合气体的填充,使得传播至此的旋转爆震波衰减为快速爆燃波。

图 2.10(b)还给出了氢气和空气集气腔内的压力信号。当前实验工况条件下,空气和氢气集气腔中的总压并不高,而燃烧室内压力却在不断增加。因此,空气和氢气的喷注口并不能一直保持壅塞状态,导致旋转爆震波诱导产生的压缩波能够较容易地传播至集气腔内,从而引起集气腔内产生压力振荡现象。这种压力振荡现象在氢气集气腔中表现得尤其明显。

图 2.10(c)给出了爆震燃烧室中压力信号的 FFT 和 STFT 分析结果。这表明旋转爆震燃烧室内压力信号的主频并不容易辨识,如果认为此时存在两个主频,那么它们分别为快速爆燃波频率 2 304 Hz 和旋转爆震波频率 4 295 Hz,另外两个频率峰值分别是这两个主频分量的倍频值。

对燃烧室声学特性进行分析,发现高频混沌不稳定性压力信号中的快速爆燃波工作频率和旋转爆震燃烧室的一阶纵向固有声学频率一致,这表明在发生高频混沌不稳定性现象时,快速爆燃过程中激发的声压振荡恰好与旋转爆震燃烧室的一阶纵向固有声学频率相耦合。

图 2.11 给出了高频混沌不稳定工作模式的高速摄影图像。通过比较不同时间序列的摄影图像后发现,爆震燃烧室在 316.85 ms 存在爆燃波,在 317.12 ms 时爆燃波开始转变成旋转爆震波,此时爆震波的强度很弱,在 318.14 ms 爆震波的强度逐渐增强,这验证了此工况条件下出现了旋转爆震波和快速爆燃波反复交替的现象。

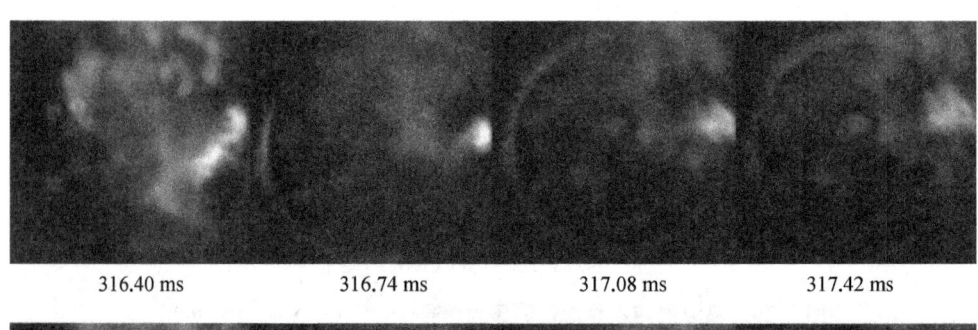

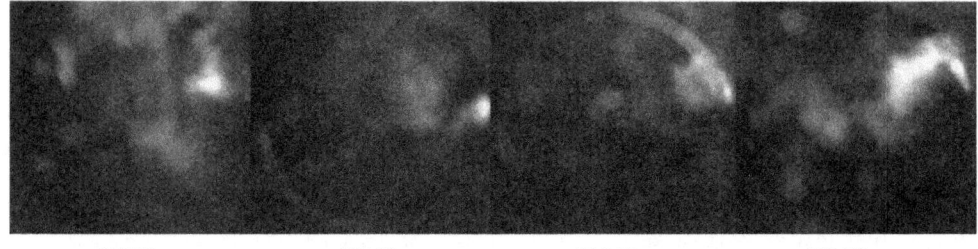

图 2.11 高频混沌不稳定工作模式的高速摄影图像

图 2.12 给出了当空气质量流量为 135 g/s 时,旋转爆震燃烧室内波速随时间的变化规律。在发生高频混沌不稳定性时,有接近一半的波速点分布在 492 m/s 附近,而另外一半的速度点则散落分布在 492~1 980 m/s 较宽的速度区间内。同时,在高频混沌不稳定性条件下出现了低速传播的快速爆燃波和高速传播的旋转爆震波相互转换交替形成的现象,使得产生的爆震波速度均方根值甚至达到了 C-J 理论爆震波速值的 75%。因此,这里可以认为快速爆燃波和旋转爆震波互相

影响,使得旋转爆震燃烧室具有高度混乱的特征。

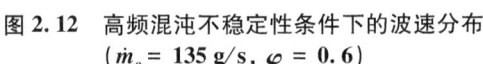

图 2.12　高频混沌不稳定性条件下的波速分布
($\dot{m}_a$ = 135 g/s, φ = 0.6)

2.1.3　准稳定旋转爆震模态

图 2.13(a)给出了当空气质量流量为 175 g/s 时,沿旋转爆震燃烧室周向布置的 2 个高频压力传感器(PCB1 和 PCB2)测量得到的压力信号。在对压力信号进行局部放大后发现,旋转爆震燃烧室内产生了两个反向传播的爆震波,且双波的压力峰值均约为 0.45 MPa,如图 2.13(b)所示。当压力峰值相当的两个旋转爆震波相互碰撞并彼此穿透后,两个爆震波的压力峰值仍保持不变(约 0.45 MPa)。这表明,峰值相当的两个爆震波的碰撞不会改变波的强度。图 2.13(b)还给出了氢气和空气集气腔内的压力信号,空气和氢气集气腔的静压值分别达到 0.47 MPa 和 0.21 MPa,由于空气和氢气集气腔的总压较高,旋转爆震燃烧室内空气和氢气喷注口喉部一直处于壅塞状态,旋转爆震燃烧室内的旋转爆震波难以对空气和氢气集气腔的静压产生影响。

图 2.13(c)给出了爆震燃烧室中的旋转爆震波压力信号 FFT 和 STFT 分析结果。表明,旋转爆震燃烧室内压力信号的两个主频的频率值分别为 2 210 Hz 和 6 750 Hz。STFT 结果表明,能量集中的两个频率条带随时间保持不变。另外两个频率峰值分别是 2 210 Hz 这个主频的倍频值。

图 2.14 给出了两个反向传播的爆震波工作模式的高速摄影图像。通过比较不同时间序列的摄影图像后发现,爆震燃烧室在 300.58 ms 时可观测到两个爆震波相撞,在 300.67 ms 相互碰撞的爆震波彼此穿透,在 300.93 ms 两个爆震波在对

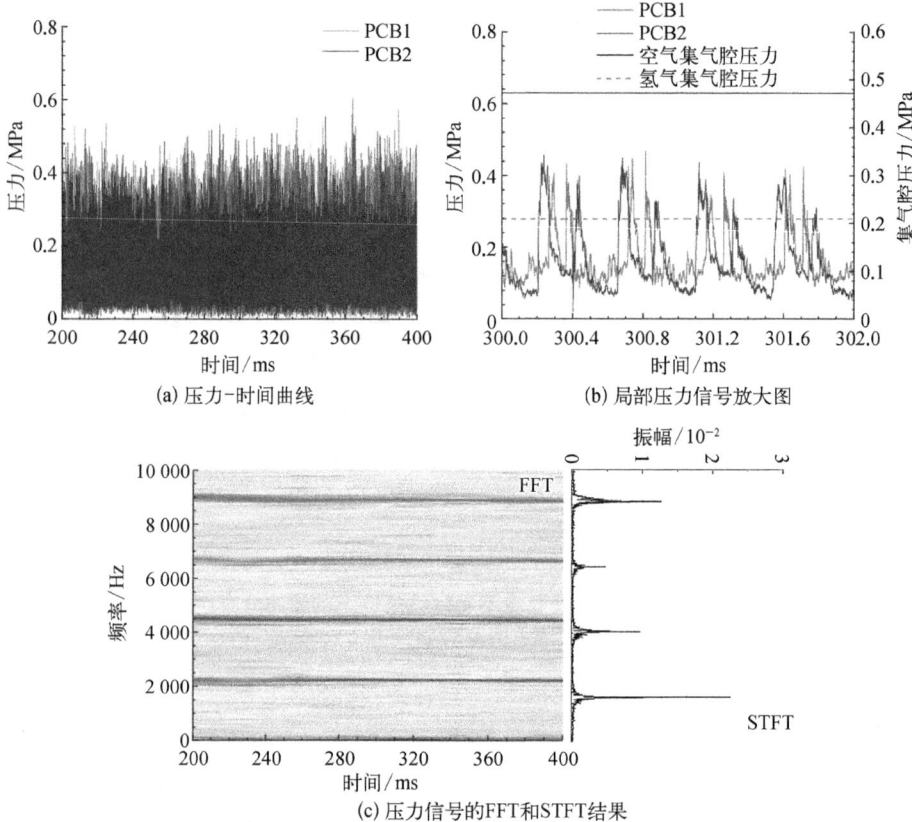

图 2.13 反向双爆震波的压力信号($\dot{m}_a = 175$ g/s, $\varphi = 0.6$)

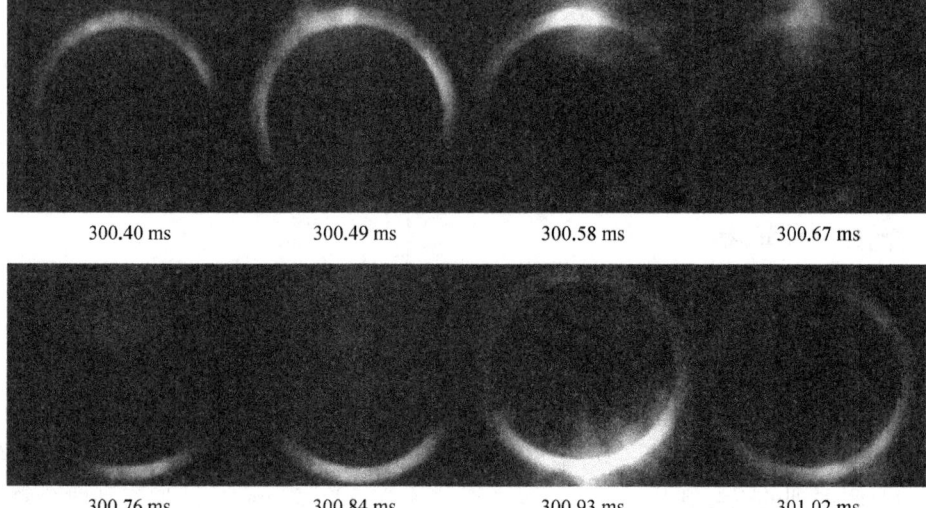

图 2.14 反向传播的双爆震波工作模式高速摄影图像

称点再次相撞,验证了此工况条件下出现了两个反向传播的爆震波的现象。

2.1.4　稳定旋转爆震模态

图 2.15(a)给出了当空气质量流量为 215 g/s 时,沿旋转爆震燃烧室周向布置的 2 个高频压力传感器(PCB1 和 PCB2)测量得到的压力信号。对压力信号进行局部放大,发现旋转爆震燃烧室内形成了沿逆时针方向传播的单个爆震波,且爆震波的压力峰值均约为 0.7 MPa,如图 2.15(b)所示。在旋转爆震燃烧室工作过程中没有出现反向双波等其他不稳定性现象。本节将具有上述特征的爆震波归为稳定旋转爆震模式。由于喷注的影响,此时的爆震波的强度会出现小幅度变化。

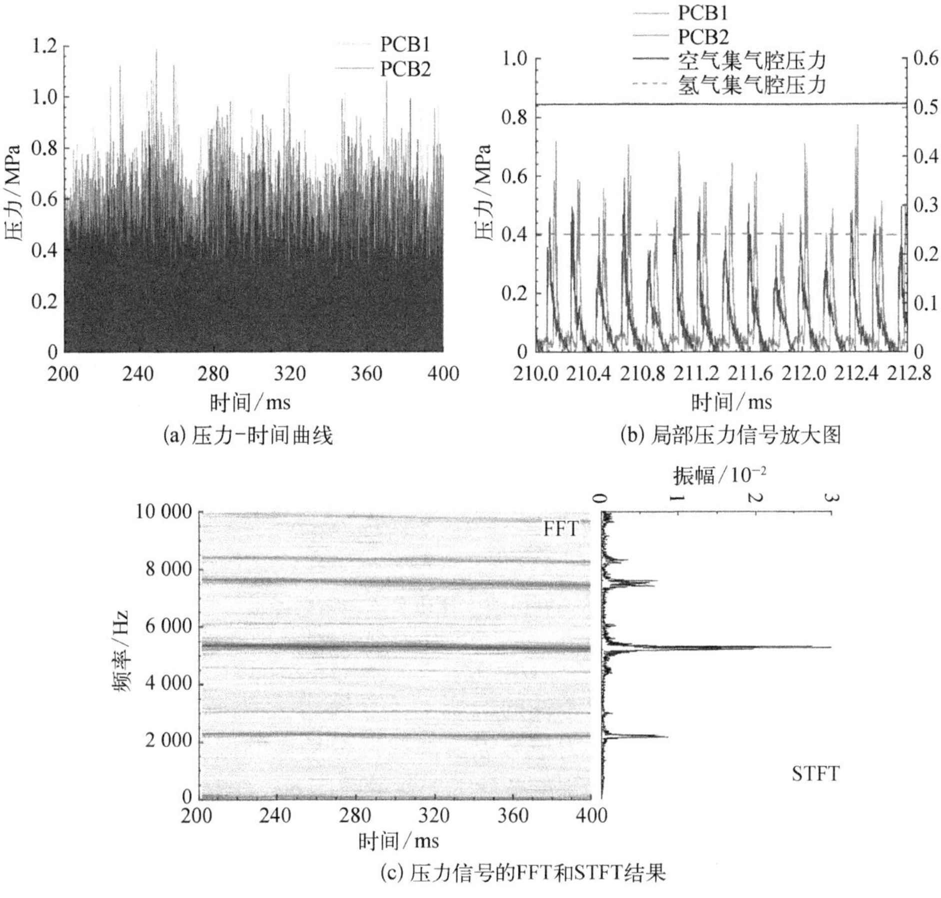

(a) 压力-时间曲线

(b) 局部压力信号放大图

(c) 压力信号的FFT和STFT结果

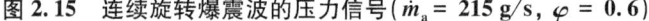

图 2.15　连续旋转爆震波的压力信号($\dot{m}_a$ = 215 g/s, φ = 0.6)

图 2.15(b)还给出了氢气和空气集气腔内的压力信号,空气和氢气集气腔的压力信号分别达到 0.51 MPa 和 0.24 MPa,由于空气和氢气集气腔的总压较高,旋

转爆震燃烧室内的旋转爆震波很难对空气和氢气集气腔压力产生影响。

图 2.15(c)给出了爆震燃烧室中旋转爆震波压力信号的 FFT 和 STFT 分析结果。结果表明,旋转爆震燃烧室内压力信号的 1 个主频分量频率为 5 361 Hz。STFT 结果表明,能量集中的两个频率条带随时间保持不变。

图 2.16 给出了稳定旋转爆震工作模式的高速摄影图像。比较不同时间序列的摄影图像后发现,爆震燃烧室在 210.69 ms 可观测到单个稳定的爆震波,在 210.73 ms 仍旧可见单个稳定的爆震波,但是爆震波强度稍弱。在 210.79 ms 单个稳定爆震波的强度再次增强。可见,旋转爆震燃烧室内出现的稳定单个旋转爆震波强度出现了微弱波动,这与 PCB 高频压力传感器测得的压力信号一致。

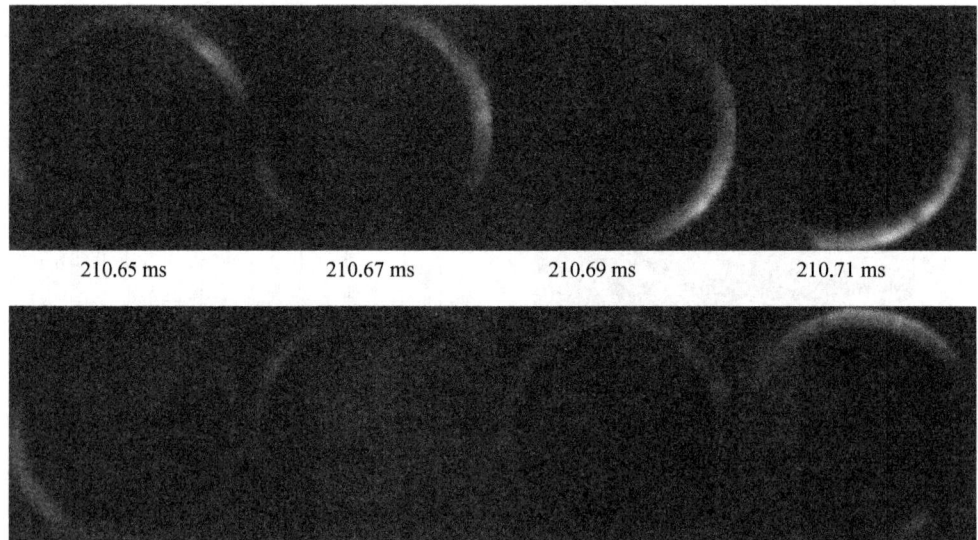

图 2.16　稳定旋转爆震工作模式高速摄影图像

2.1.5　一种宽当量宽流量条件的燃烧室工作图谱

本节通过实验测试获得的压力信号以及高速摄像拍摄的图像分析,总结给出连续旋转爆震燃烧室在宽当量宽流量条件下工作模式图谱,如图 2.17 所示。依据燃烧特性的不同,将旋转爆震燃烧室的工作模式图谱划分成五个不同的工作区域,分别为不稳定纵向快速爆燃区域、稳定纵向快速爆燃区域、不稳定旋转爆震区域、准稳定旋转爆震区域和稳定旋转爆震区域。

本节将只出现快速爆燃现象的区域定义为快速爆燃区域,依据快速爆燃现象所具有的不同燃烧特征,可进一步将其细分为两个子区域,分别为不稳定纵向快速爆燃区域和稳定纵向快速爆燃区域。稳定纵向快速爆燃区域对应的空气质量流量

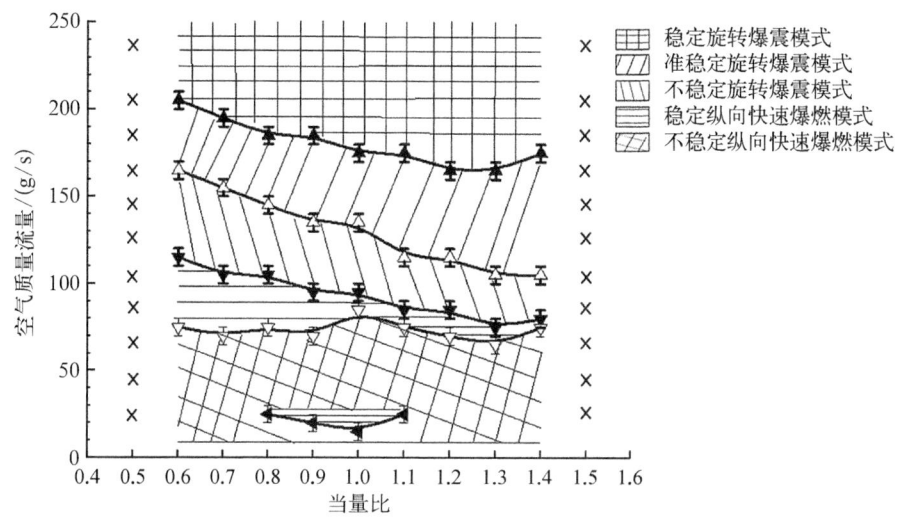

图 2.17 氢气-空气连续旋转爆震燃烧室贫/富燃宽当量宽流量条件下的工作图谱

为 75~120 g/s。当当量比接近贫燃边界 $\varphi = 0.6$ 时,快速爆燃区域的上边界空气质量流量达到 120 g/s。随着当量比的增加,快速爆燃区域所对应的上边界空气质量流量单调减小。当当量比增加至 $\varphi = 1.0$ 时,快速爆燃区域对应的下边界空气质量流量达到 80 g/s,而上边界流量降低至 95 g/s。由此可见,快速爆燃区域在 $\varphi = 1.0$ 时变窄。随着当量比继续向富燃范围增加,快速爆燃区域出现了小范围的扩展,但在当量比为 $\varphi = 1.4$ 时,快速爆燃区域再次变窄,上边界空气质量流量减小至 75 g/s。当量比从 0.6 增加到 1.4 时,快速爆燃区域的上边界空气质量流量下降了约 45 g/s。此外,在不稳定纵向快速爆燃区域中出现了小区域的稳定纵向快速爆燃现象,这个区域发生在当量比 0.8~1.1,且空气的质量流量不超过 30 g/s。

快速爆燃现象和爆震现象相互交替发生的区域定义为不稳定旋转爆震区域,可以认为不稳定旋转爆震区域是快速爆燃现象向爆震现象转换的过渡区域。当当量比 φ 接近贫燃边界($\varphi = 0.6$)时,空气质量流量的上边界为 165 g/s,下边界为 115 g/s;随着当量比增加至 $\varphi = 1.3$,空气质量流量的上下边界均单调减小;当当量比增加至 $\varphi = 1.4$ 时,空气质量流量上边界保持 115 g/s 不变,而下边界反而增加至 80 g/s。随着当量比的不断增加,不稳定旋转爆震区域范围不断缩小。由于不稳定旋转爆震区域是爆燃向爆震转换的过渡区域,因此在这个过渡区域中存在着爆燃和爆震燃烧交替出现的过程,极易导致旋转爆震燃烧室的性能不稳定。所以,在工程应用中连续旋转爆震燃烧室应该尽量避免工作在不稳定旋转爆震区域。

在准稳定旋转爆震区域中快速爆燃现象彻底消失,仅存在爆震现象。该区域是连续旋转爆震燃烧室四个主要工作区域中最复杂的区域,以往研究中发现的诸多不稳定旋转爆震现象也主要发生在这个工作区域[2,3]。当当量比接近贫燃工作边界（φ = 0.6）时，准稳定旋转爆震区域的空气质量流量上边界达到200 g/s。随着当量比从 φ = 0.6 增加至 φ = 1.2，形成准稳定旋转爆震的空气质量流量上边界线不断下降，在 φ = 1.2 时达到最低值 165 g/s。当量比进一步增加，形成准稳定旋转爆震的空气质量流量上边界线不降反增，在 φ = 1.4 时达到 175 g/s。由此可见，准稳定爆震区域面积随着当量比的增加不断扩大。

稳定旋转爆震区域是连续旋转爆震燃烧室最期望获得的工作区域。稳定旋转爆震区域内的空气质量流量下边界随着当量比的增加基本呈下降趋势，本节并未给出空气质量流量的上边界。稍富燃和大质量流量条件极易促成稳定旋转爆震波的形成。

实际上，旋转爆震波的形成和稳定传播与爆震波的胞格尺寸密切相关。当爆震波的胞格尺寸小于燃烧室的环形通道宽度时，燃烧室内极易形成稳定传播的旋转爆震波。旋转爆震波的胞格尺寸与可爆混合气体的当量比和初始压力[4]有关。一般而言，爆震波的胞格尺寸在化学当量比附近的稍富燃条件下可达到最小值，而在靠近贫燃极限时开始显著增加。此外，在当量比一定时，爆震波的胞格尺寸随可爆混合气体初始压力的增加而减小。因此，提高了氢气-空气质量流量，便在燃烧室头部获得了较高的可爆混合气体初始压力，同时适当提高当量比，可以进一步降低爆震波的胞格尺寸，从而促进稳定旋转爆震波的形成。

在稳定旋转爆震区域内，连续旋转爆震燃烧室内可形成单个、两个或多个沿相同方向稳定传播的爆震波。但是，在通常流量不是特别高的大多数情况下，稳定传播的单个爆震波仍旧占据主导地位。有研究表明，在燃烧室内即使形成了多个稳定传播的爆震波，其存在时间也极为短暂[5]；连续旋转爆震燃烧室内形成的稳定双波和多波通常通过单波发展而来[6]。

2.2 氢气-空气环形燃烧室内连续旋转爆震稳定性规律及分析

本节继续基于实验数据，进一步分析质量流量和当量比对旋转爆震稳定性的影响及其规律。本节采用的实验方法和燃烧室与 2.1 节一致。

2.2.1 质量流量变化对连续旋转爆震稳定性的影响

随着空气质量流量的增加，稳定和不稳定纵向快速爆燃模式下爆燃波的特征速度均会得到增强。如图 2.9 所示，将空气质量流量提高至 55 g/s 时，快速爆燃波的平均特征速度要明显高于空气质量流量为 25 g/s 时的平均特征速度，并且特征速度点的分布也更加集中。因此，在当量比条件保持不变时，空气的质量流量增加，不稳定纵向快速爆燃模式会向稳定纵向快速爆燃模式转变。

当量比为 0.6，空气质量流量在 75～85 g/s 时，在旋转爆震燃烧室内还观测到了连续旋转的快速爆燃波。图 2.18(a)给出了沿旋转爆震燃烧室周向布置的 2 个高频压力传感器(PCB1 和 PCB2)测量得到的压力信号。在对压力信号进行局部放大后发现，两个 PCB 高频压力传感器(PCB1 和 PCB2)测量到的压力信号处于相同的相位，并且压力的振荡幅值约为 0.25 MPa，如图 2.18(b)所示。这说明在旋转爆震燃烧室内形成的快速爆燃波沿着燃烧室周向进行旋转传播。在旋转爆震燃烧室内的连续旋转爆燃波压力振荡过程与稳定纵向快速爆燃波的压力振荡过程十分类似，并且压力振荡的幅值变化非常平稳。

图 2.18(c)给出了爆震燃烧室中的快速爆燃波压力信号的 FFT 和 STFT 分析结果。结果表明，旋转爆震燃烧室内压力信号的两个主频分量频率分别为 2 230 Hz 和 4 520 Hz。STFT 结果表明，能量集中的两个频率条带随时间保持不变。

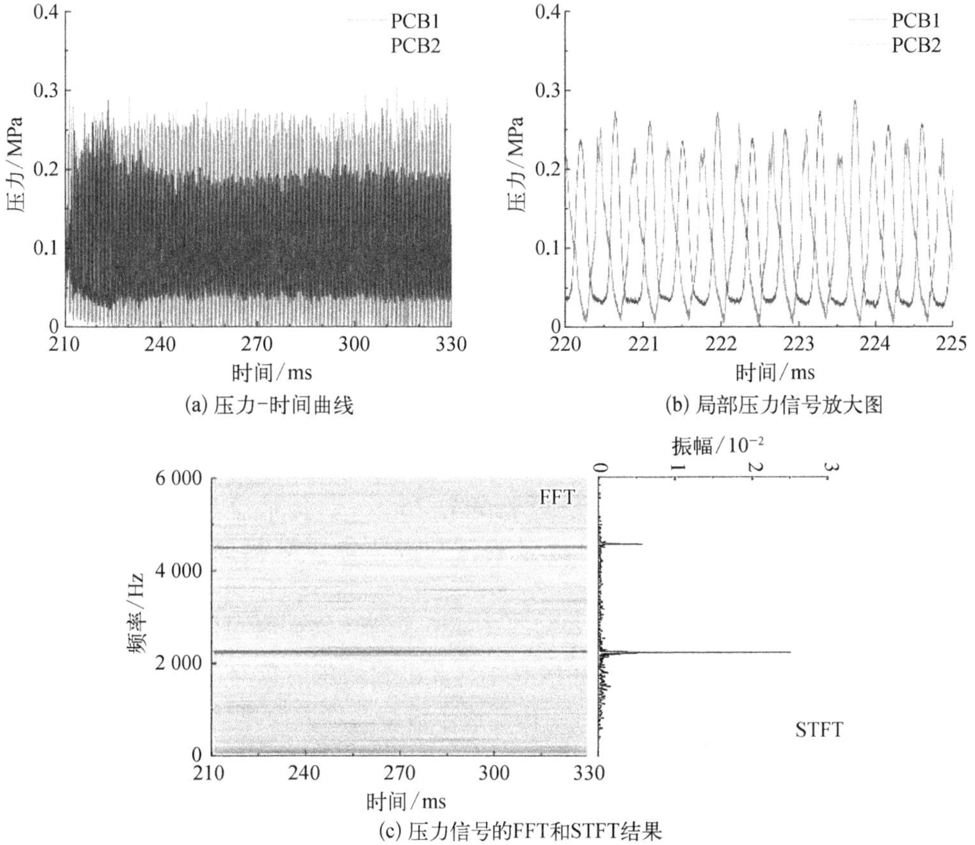

(a) 压力-时间曲线

(b) 局部压力信号放大图

(c) 压力信号的FFT和STFT结果

图 2.18　连续旋转爆燃波的压力信号($\dot{m}_a$ = 75 g/s, φ = 0.6)

在该实验工况条件下,连续旋转爆燃波的主频为 2 230 Hz。通过声学理论计算得到的旋转爆震燃烧室一阶结构周向固有频率为 2 101 Hz,两者基本一致。这说明旋转爆震燃烧室内产生的连续旋转爆燃波与燃烧室的一阶周向固有声学特性相耦合,从而发生了旋转爆震燃烧室振荡燃烧的周向模态。然而,在其他实验工况条件下,由于燃烧室内的燃烧频率特性发生了变化,热声耦合条件不再满足或者被破坏,这种周向热声耦合燃烧模态很难再被激发。

图 2.19 给出了当量比为 0.6、空气质量流量分别为 75 g/s 和 85 g/s 时,旋转爆震燃烧室内连续旋转爆燃波的速度分布。在连续旋转爆燃模式下的爆燃波速度分布非常集中,且具有较强的周期性波动特性,连续旋转爆燃波的速度波动率非常低(低于 5%)。

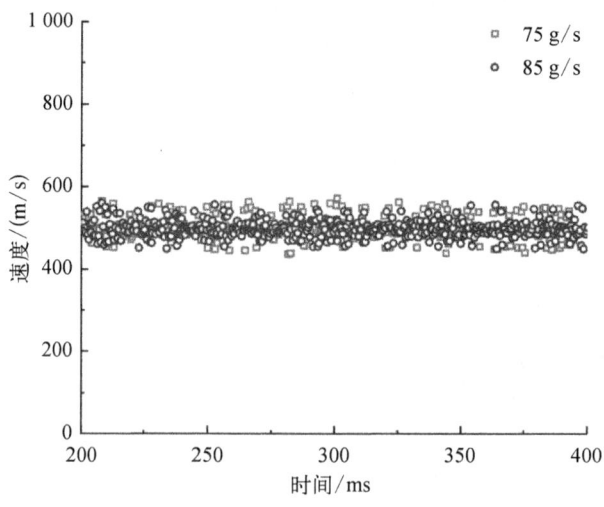

图 2.19　连续旋转爆燃波速度分布($\dot{m}_a$ = 75 g/s 和 85 g/s, φ = 0.6)

当空气质量流量增加至 85 g/s 时,旋转爆震燃烧室内产生的连续旋转爆燃波的传播速度要略高于空气质量流量为 75 g/s 时传播速度。因此,在当量比保持不变的条件下,空气质量流量的增加并不能显著提高旋转爆燃波的传播速度。

图 2.20(a)给出了当空气质量流量为 245 g/s 时,沿旋转爆震燃烧室周向布置的 2 个高频压力传感器(PCB1 和 PCB2)测量得到的压力信号。对压力信号进行局部放大,可以发现旋转爆震燃烧室内形成了沿顺时针方向传播的单个爆震波,且爆震波的压力峰值约达到 1.1 MPa,如图 2.20(b)所示。在旋转爆震燃烧室工作过程中没有出现反向双波等其他不稳定性现象。图 2.20(b)还给出了氢气和空气集气腔内的压力信号,空气和氢气集气腔的压力分别达到 0.59 MPa 和 0.32 MPa。

图 2.20(c)给出了旋转爆震燃烧室中快速爆震波压力信号的 FFT 和 STFT 分

析结果。结果表明,旋转爆震燃烧室内压力信号的单个主频分量频率为 5 762 Hz。STFT 结果表明,这个能量集中的频率条带随时间保持不变。

(a) 压力-时间曲线

(b) 局部压力信号放大图

(c) 压力信号的FFT和STFT结果

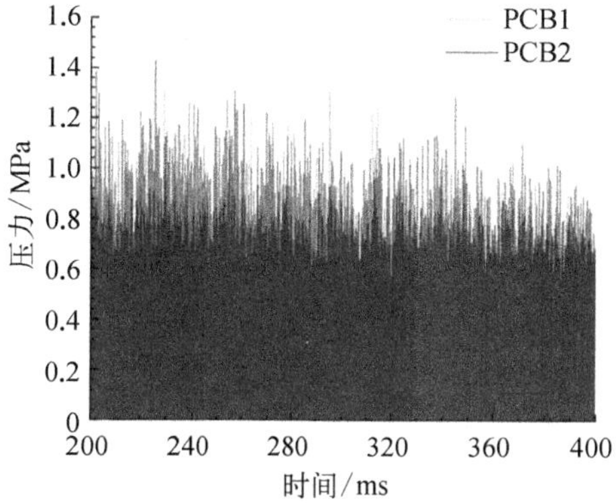

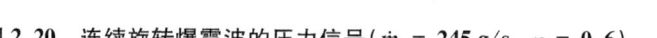

图 2.20　连续旋转爆震波的压力信号($\dot{m}_a$ = 245 g/s, φ = 0.6)

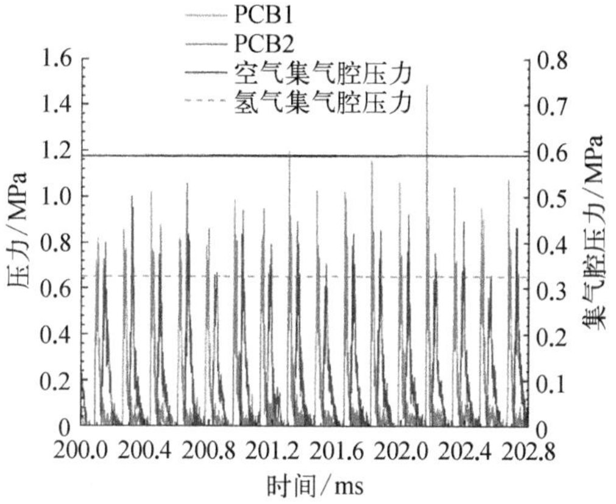

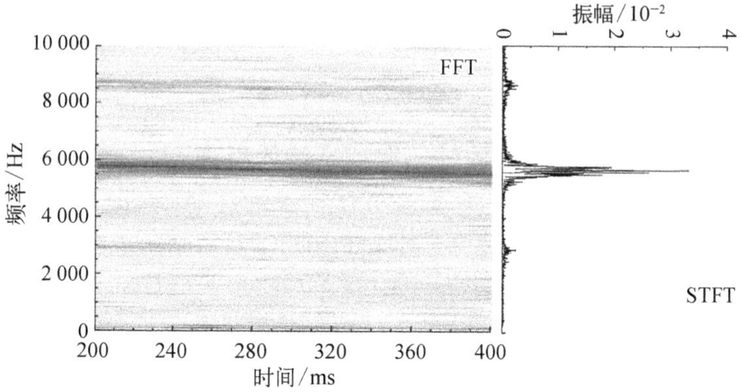

图 2.21 给出了当量比为 0.6,空气质量流量分别为 215 g/s 和 245 g/s 时,旋转爆震燃烧室内连续旋转爆震波传播速度的变化规律。在稳定旋转爆震模式下的爆震波速度非常集中,速度波动小,波动率非常低(低于 20%)。

当空气质量流量增加至 245 g/s 时,旋转爆震燃烧室内产生的连续旋转爆震波的传播速度要略高于空气质量流量为 215 g/s 时爆震波的传播速度。进一步发现,随着空气质量流量的增加,旋转爆震波的速度波动也减小。因此,在当量比保持不变的条件下,空气质量流量增加,旋转爆震波的传播速度增加和速度波动率降低。这主要归结于以下两个原因:① 较大的反应物质量流量意味着较高的喷注器总压高,有助于反应物的及时填充,有利于燃烧室内可爆混合气体的形成,保证了旋转爆震波能够稳定传播;② 较大的质量流量还使得旋转爆震燃烧室头部形成了高压

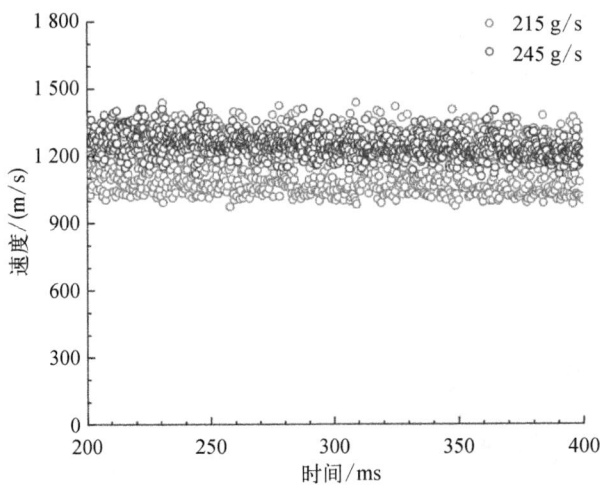

图 2.21　连续旋转爆震波速度分布（$\dot{m}_a = 215\ \text{g/s}$ 和 $245\ \text{g/s}$，$\varphi = 0.6$）

区,减小了此处的旋转爆震波胞格尺寸,进一步提高了有限宽度空间内旋转爆震波的传播稳定性。

2.2.2　当量比变化对连续旋转爆震稳定性的影响

图 2.22(a)给出了当当量比为 0.8、空气质量流量为 25 g/s 时,沿旋转爆震燃烧室周向布置的 2 个高频压力传感器(PCB1 和 PCB2)测量得到的压力信号。旋转爆震燃烧室内快速爆燃波的压力振荡相对于同样流量但当量比为 0.6 时更加平稳。从点火开始,快速爆燃过程中压力振荡的幅值逐渐增加,然而难以趋向饱和的满足极限环特性的稳定状态。这主要是因为瞬时燃烧释热不能与声压脉动保持相位一致。

对压力信号进行局部放大,可以发现快速爆燃波的平均压力幅值为 0.18 MPa,平均波动率约为 12%,如图 2.22(b)所示。因此,在空气质量流量不变的条件下,提高当量比增加了燃烧系统中的化学反应放热量,从而更多的能量被加入燃烧系统中,这使得旋转爆震燃烧室处于从不稳定纵向快速爆燃波向稳定纵向快速爆燃波进行转变的状态。

图 2.22(c)给出了旋转爆震燃烧室中快速爆燃波压力信号的 FFT 和 STFT 分析结果。旋转爆震燃烧室内压力信号的单个主频分量频率为 2 180 Hz,其接近于旋转爆震燃烧室一阶纵向固有声学频率 2 412 Hz。在该实验工况条件下,出现的稳定纵向快速爆燃模式特征并不能一直维持,因此燃烧室实际处于临界状态,即不稳定纵向快速爆燃波向稳定纵向快速爆燃模态转变的临界状态。在临界状态中,快速爆燃波的主频条带较宽,带宽范围在 500 Hz 左右,这说明临界状态中快速爆燃波具有不规则的高频压力振荡特征。

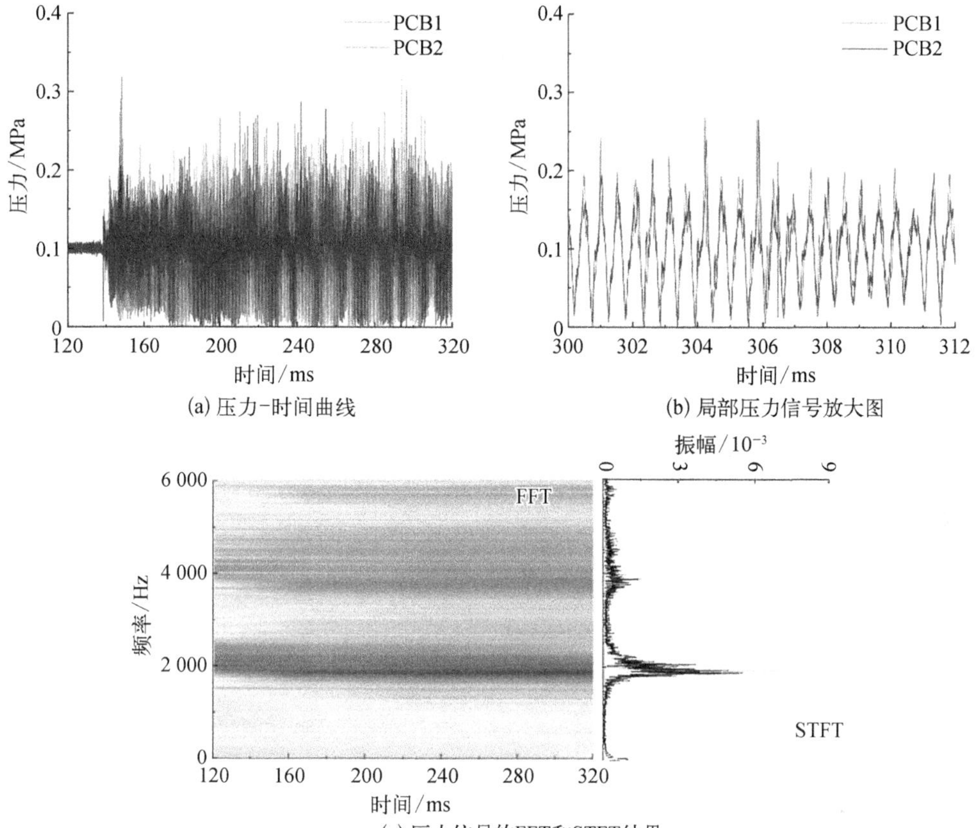

(a) 压力-时间曲线　(b) 局部压力信号放大图

(c) 压力信号的FFT和STFT结果

图 2.22　不稳定纵向快速爆燃波向稳定纵向快速爆燃波临界状态的压力信号（$\dot{m}_a = 25$ g/s，$\varphi = 0.8$）

保持空气的质量流量为 25 g/s 不变，将当量比提高到至 0.9 时进行实验测量。沿旋转爆震燃烧室周向布置的 2 个高频压力传感器（PCB1 和 PCB2）测量得到的压力信号如图 2.23（a）所示。

相对于当量比为 0.8 的情况，此时燃烧室内形成的快速爆燃波压力振荡程度变得更加微弱。在对压力信号进行局部放大后发现，旋转爆震燃烧室内快速爆燃波压力的平均幅值为 0.19 MPa，振幅平均波动率仅为 6%，如图 2.23（b）所示。随着当量比的增加，快速爆燃波的压力幅值出现了小幅度上升，但振幅平均波动率也出现下降。这是因为，当量比的提高带来了更多的燃烧释热，打破了当量比为 0.8 时的临界状态，使得燃烧室内形成了稳定的纵向快速爆燃波。

图 2.23（c）给出了旋转爆震燃烧室中快速爆燃波压力信号的 FFT 和 STFT 分析结果。旋转爆震燃烧室内压力信号的单个主频分量频率为 2 271 Hz，接近于旋转爆震燃烧室的一阶纵向固有声学频率 2 495 Hz。这表明，燃烧热释放瞬变过程与声

振过程耦合,维持了燃烧室稳定的自持振荡燃烧。换言之,旋转爆震燃烧室内形成的这种周期性的振荡燃烧现象,主要由热声不稳定性导致。

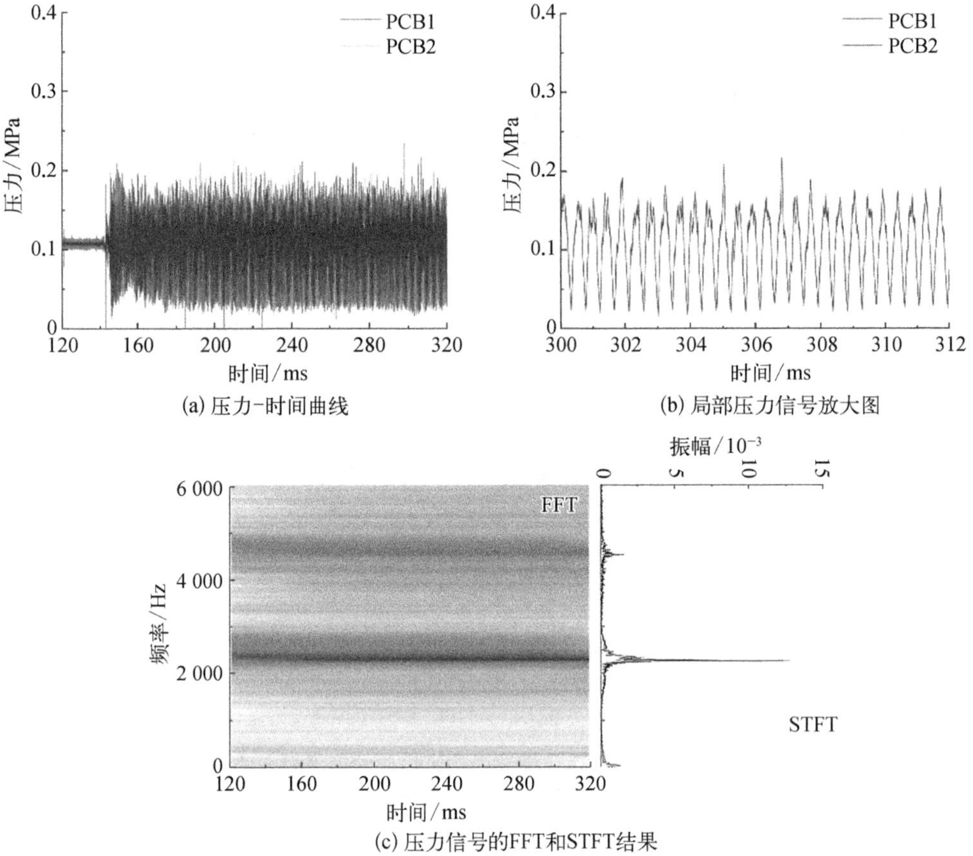

(a) 压力-时间曲线

(b) 局部压力信号放大图

(c) 压力信号的FFT和STFT结果

图 2.23　稳定纵向爆燃工作模态压力信号($\dot{m}_a = 25$ g/s, $\varphi = 0.9$)

图 2.24 给出了当空气质量流量为 25 g/s,当量比分别为 0.6、0.8 和 0.9 时旋转爆震燃烧室内不稳定纵向快速爆燃模式和稳定纵向快速爆燃模式的特征速度分布。在当量比为 0.8 时,快速爆燃波的平均特征速度为 250 m/s,特征速度波动率为 25%;快速爆燃波的特征速度分布并不是特别集中,在某些时刻依然存在一些分散的速度点。这表明,旋转爆震燃烧室的工作过程中仍旧存在着较短时间的不稳定状态,如图 2.24 中 260~270 ms 的状态。因此,在从不稳定纵向快速爆燃模式向稳定纵向快速爆燃模式转变过程中会出现不稳定性,并且稳定和不稳定纵向快速爆燃模态之间也可能出现相互转变。

当当量比增加到 0.9 时,快速爆燃波的平均特征速度达到 300 m/s,特征速度波动率减少至 19%。当量比的提高可以明显提高特征速度,降低速度波动率。

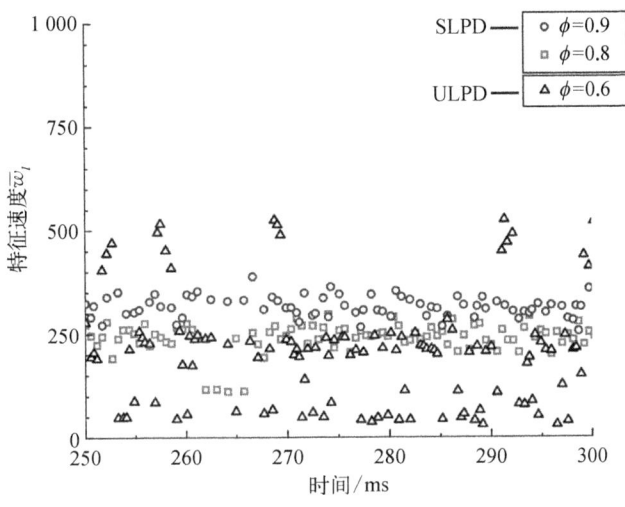

图2.24 稳定/不稳定纵向快速爆燃工作模式特征速度

图2.25(a)给出了当量比为0.8、空气质量流量为135 g/s时,沿旋转爆震燃烧室周向布置的高频压力传感器(PCB2)测量得到的压力信号。在对压力信号进行局部放大后发现,旋转爆震燃烧室内出现爆震波和爆燃波相互转换的现象,爆震波的压力峰值最高时为0.8 MPa,爆燃波的压力峰值最高时为0.25 MPa,如图2.25(b)所示。

压力变化信号表明,旋转爆震燃烧室内压力的波动出现了一种显著的低频类似周期性振荡特征,称其为"低频整体不稳定性"。这种不稳定性时常伴随着高频混沌不稳定现象的出现而出现。研究发现,这种低频整体不稳定性工作频率的变化范围一般在300~400 Hz。

低频整体不稳定性现象一般存在两个主要的发展过程:图2.25(b)中显示了快速爆燃波向旋转爆震波的过渡过程。这种低频整体不稳定性是一种寄生于高频混沌不稳定性中的现象。导致这种不稳定现象的原因主要是快速爆燃波向旋转爆震波的转换不能在瞬间完成,通常需要经历一个快速爆燃波不断增强的发展过程,而旋转爆震波向快速爆燃波的转换则需要经历一个旋转爆震波不断减弱的过程。

图2.25(c)给出了经过低通滤波后压力信号的FFT分析结果。低频整体不稳定性现象包含多个不稳定的在260~400 Hz内波动的频率分量,且主频分量非常不突出。这主要是因为低频整体不稳定性寄生于混沌不稳定性现象中,燃料/氧化剂填充时间及掺混过程等因素均会对其产生影响,导致低频整体不稳定性的频率特性变得混乱。

图2.26(a)给出了当量比为0.8、空气质量流量为145 g/s时,沿旋转爆震燃烧

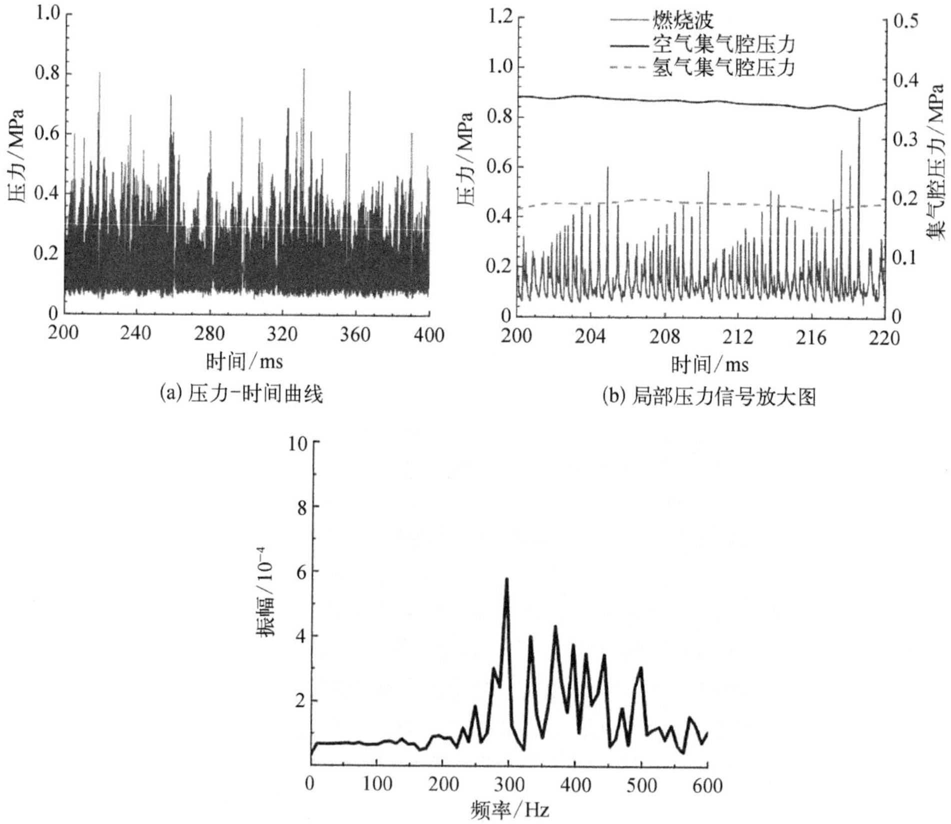

(a) 压力-时间曲线

(b) 局部压力信号放大图

(c) 压力信号的FFT结果

图 2.25　低频整体不稳定性的压力信号($\dot{m}_a = 135$ g/s, $\varphi = 0.8$)

室周向布置的高频压力传感器(PCB2)测量得到的压力信号。在对压力信号进行局部放大后发现,旋转爆震燃烧室内出现了 2 次旋转爆震波的熄爆和再起爆过程:第一次出现在 453 ms,此时旋转爆震波开始溃灭成爆燃波,10 ms 后爆燃波又重新起爆为旋转爆震波;第二次则出现在 472~478 ms。

研究认为,熄爆/再起爆现象主要是由旋转爆震波压力回传对反应物喷注产生影响所引发的。当旋转爆震波锋面抵达燃烧室头部的喷注口时,其高压带来的影响会阻碍反应物的喷注,而随着旋转爆震波锋面离开喷注口区域,反应物的喷注又会开始逐渐恢复。一旦在旋转爆震燃烧室中产生了高强度的旋转爆震波,高压反传至喷注流道内,就会导致喷注过程需要较长时间的恢复,喷注时间长于爆震波传过来的特征时间,那么燃烧室内就没有适当的新鲜未燃混合气体,爆震波熄爆,如图 2.26(b)所示。同时,由于燃料和氧化剂集气腔内的压力恢复时间不同,反应物在旋转爆震燃烧室头部进行的掺混不均匀,使反应区的释热率出现了不稳定波动,反应区释放的能量难以维持旋转爆震波的传播,从而使旋转爆震波的前导激波与反应区分离,旋转爆震波溃灭成爆燃波。相应地,爆燃波的形成则会促使燃烧室内背压降低,喷入旋转爆震燃烧室内的新鲜反应物在较短时间内得到增加,反应区释热能力增强,爆燃波经历加速后再次转变成旋转爆震波。上述熄爆/再起爆两个过程反复进行,就观察到了图中显示的压力变化信号。

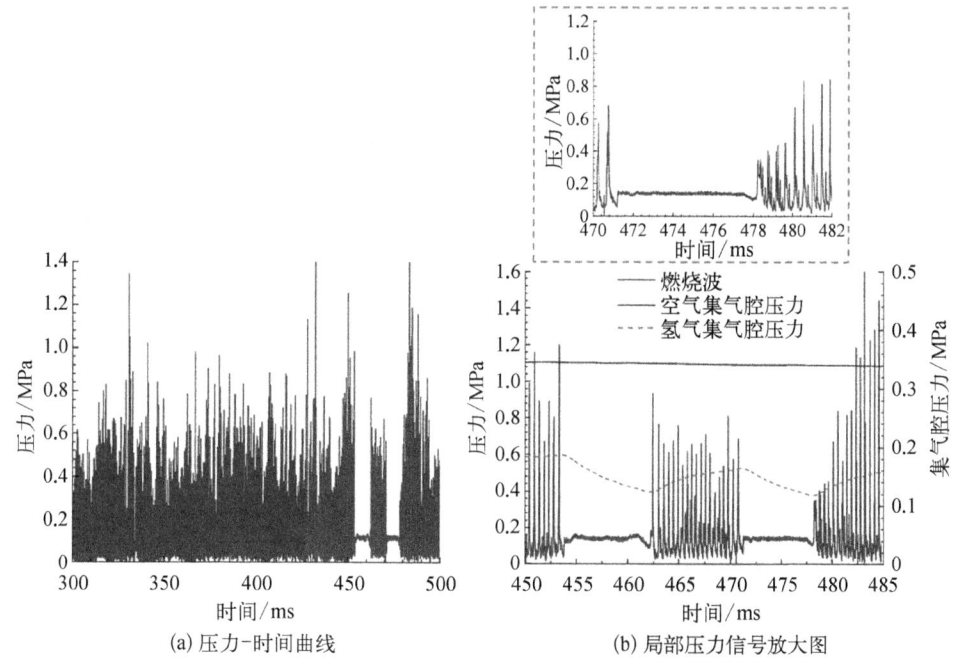

图 2.26 熄爆和再起爆现象的压力信号($\dot{m}_a$ = 145 g/s, φ = 0.8)

从以上分析中可以看出,无论是从旋转爆震波熄灭成爆燃波所需要经历的时间,还是从爆燃波转变成旋转爆震波的起爆时间,实质上都取决于新鲜反应物的填充时间,并受燃料和氧化剂掺混程度的影响。在当前的实验条件下,若反应物的填充时间大于 0.4 ms,则表明反应物的填充不足量,旋转爆震波很快会溃灭成爆燃波;若反应物的填充时间小于 0.15 ms,则反应物填充足量,旋转爆震波将会重新起爆。

图 2.26(b)还给出了氢气和空气集气腔内的压力信号,当旋转爆震波的熄爆和再起爆现象产生时,在空气集气腔中并没有观测到明显的压力振荡,但氢气集气腔中的压力出现了相对大幅度的降低,旋转爆震波随之熄灭;随后,氢气集气腔中的压力逐渐恢复。一旦氢气集气腔中的压力恢复受到阻碍,旋转爆震波将再次熄灭。

图 2.27 给出了爆震波熄爆和再起爆现象的高速摄影图像。通过比较不同时间序列的摄影图像后发现,爆震燃烧室在 450.65 ms 可观测到单个稳定的爆震波,

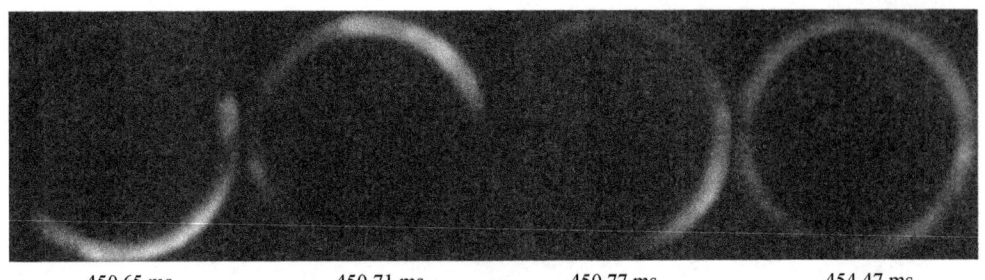

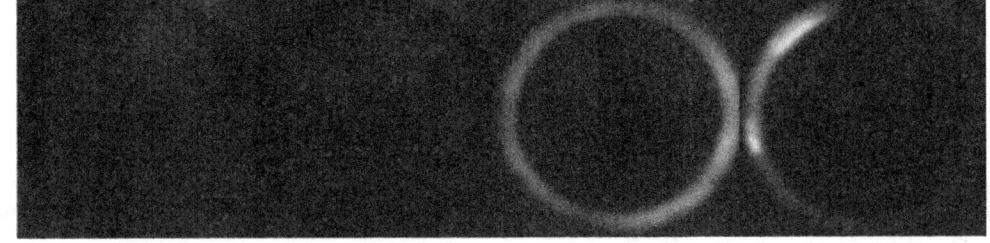

图 2.27　熄爆和再起爆现象的高速摄影图像

在 454.47 ms 单个爆震波熄灭,爆震燃烧室内出现快速爆燃波。随后,快速爆燃波在 462.40 ms 转变成爆震波。

图 2.28 给出了当量比为 0.8、空气质量流量为 175 g/s 时,沿旋转爆震燃烧室周向布置的 2 个高频压力传感器(PCB1 和 PCB2)测量得到的压力信号的局部放大图。图 2.28(a)给出了双波反向传播过程的压力信号,旋转爆震燃烧室内反向传播的双波压力峰值相当,均为 0.45 MPa。当双波的压力峰值相当时,两个爆震波相互作用后其压力峰值不会受到彼此的影响。然而,一旦双波中任何一个旋转爆震波的压力发生变化,它们之间的平衡就会遭到破坏,爆震波强的一方会不断增强,弱的一方会不断减弱,直至弱波消亡。

图 2.28(b)给出了双波碰撞过程的压力信号。双波碰撞恰巧被 PCB1 传感器所捕捉。双波碰撞会导致碰撞时出现显著的压力激增,碰撞过程中相撞的双波强度相同,且压力峰值均为 0.45 MPa。当双波发生碰撞时,碰撞处压力激增至 1.0 MPa,可达到单个爆震波峰值的 2 倍。对于具有相同强度的双波,其在旋转爆震燃烧室内的传播速度也相同。因此,在第一次碰撞位置确定后,之后发生碰撞的位置不会随时间变化。然而,碰撞发生的位置对初始状态具有敏感性。在相同实验条件下,初始条件细微的变化可能使碰撞位置发生显著的变化,因此第一次双波碰撞的位置具有随机性的特征。

图 2.29 给出了当量比为 0.8、空气质量流量为 185 g/s 时,沿旋转爆震燃烧室周向布置的 2 个高频压力传感器(PCB1 和 PCB2)测量得到的压力信号的局部放

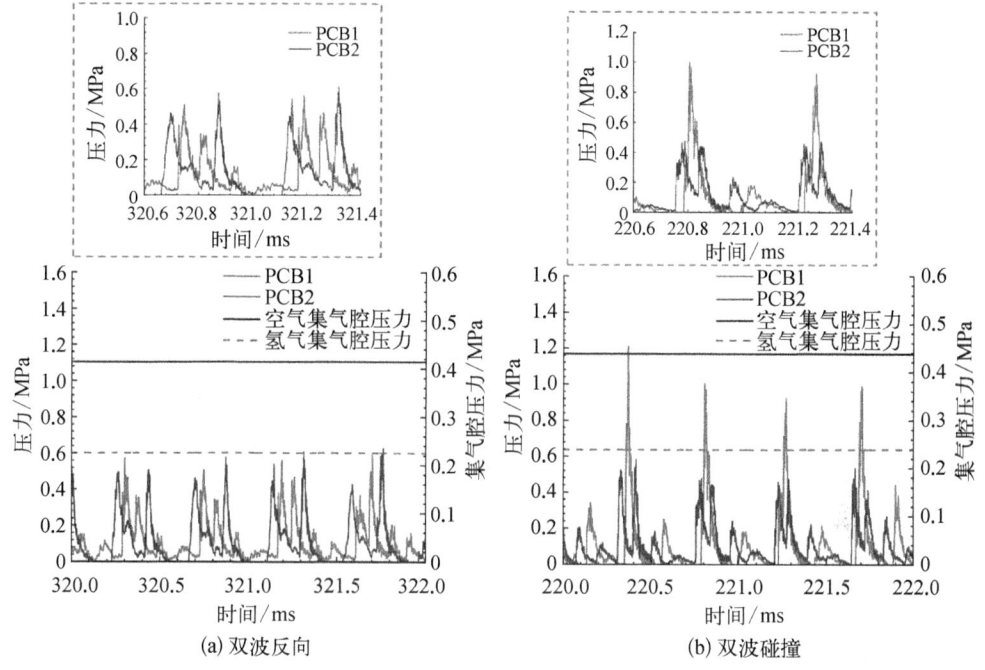

图 2.28　双旋转爆震波的压力信号（$\dot{m}_a = 175$ g/s，$\varphi = 0.8$）

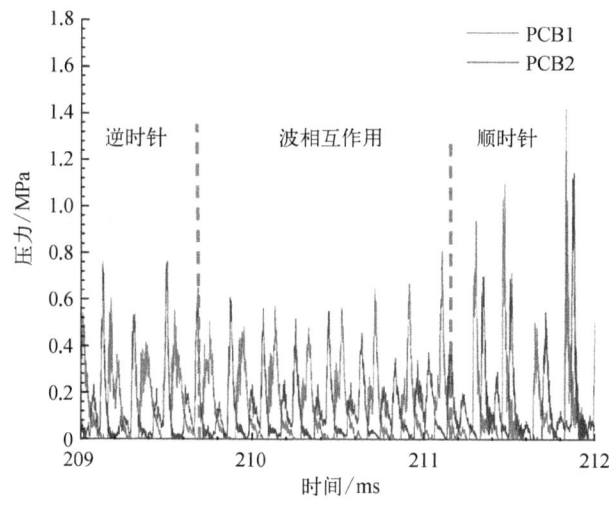

图 2.29　爆震波转向的压力信号（工况：$\dot{m}_a = 185$ g/s，$\varphi = 0.8$）

大。旋转爆震燃烧室内先是形成了沿着逆时针方向传播的单个旋转爆震波，该单爆震波在 209.5 ms 转变为反向传播的双爆震波；反向传播的双爆震波在持续传播了约 2 ms 后消失，此时旋转爆震燃烧室内形成了沿顺时针方向传播的单爆震波。这表明，单爆震波的转向通常经历一个反传双爆震波相互作用的过程，如果双爆震波中沿顺时针方向传播的爆震波强度较强,就会在相互作用过程中逐渐抑制沿逆时针方向传播的强度较弱的爆震波,从而最终形成沿顺时针方向传播的单爆震波。

在对实验结果进行统计后发现,单爆震波出现转向的概率大约为10%。其产生的原因主要与反应物填充有关:当爆震波在燃烧室头部旋转传播时,爆震波锋面前的反应物填充受到了阻碍,单爆震波的强度遭到削弱,而在爆震波后的填充得到很快恢复,新鲜填充的混合气体诱导出新的沿相反方向传播的爆震波,从而在燃烧室内形成了反向传播的双爆震波,随后反向传播的双爆震波不断对沿原方向传播的爆震波进行抑制,最终使其消亡,完成了单爆震波转向的过程。

图 2.30 给出了爆震波转向的高速摄影图像。通过比较不同时间序列的摄影图像后发现,爆震燃烧室在 209.40 ms 可观测到单个稳定的爆震波沿着顺时针方向传播,在 209.82 ms 单个稳定的爆震波分裂成反向传播的双爆震波。在 211.25 ms,反向传播的双爆震波消失,爆震燃烧室内形成了沿逆时针稳定传播的单个旋转爆震波,这与 PCB 高频压力传感器测得的压力信号一致。

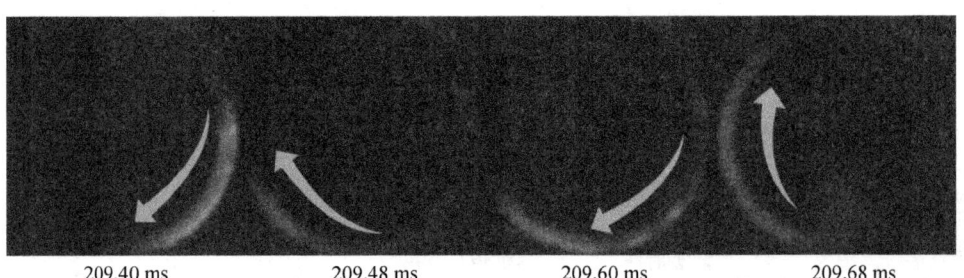
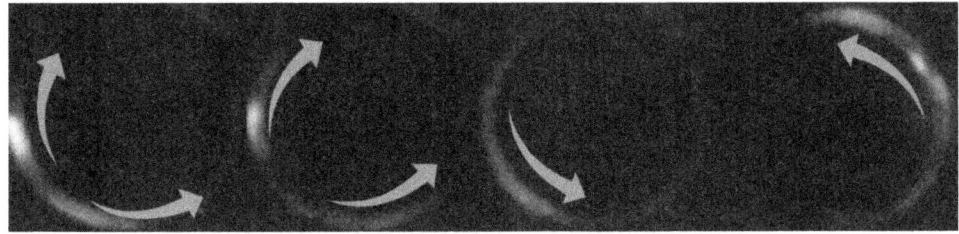

图 2.30　爆震波转向的高速摄影图像

图 2.31(a)给出了当量比为 0.8、空气质量流量为 245 g/s 时,沿旋转爆震燃烧室周向布置的 2 个高频压力传感器(PCB1 和 PCB2)测量得到的压力信号。在对压力信号进行局部放大后发现,旋转爆震燃烧室内形成了沿逆时针方向传播的单个爆震波,且爆震波的压力峰值达到 1.25 MPa,如图 2.31(b)所示。图 2.31(b)和图 2.20(b)比较后表明,在贫燃范围内,当量比的提高可以明显提高旋转爆震波的

压力峰值。这主要是因为当量比的增加导致反应区释热量增加，反应区温度的增加促使爆震波的压力峰值得到提高。

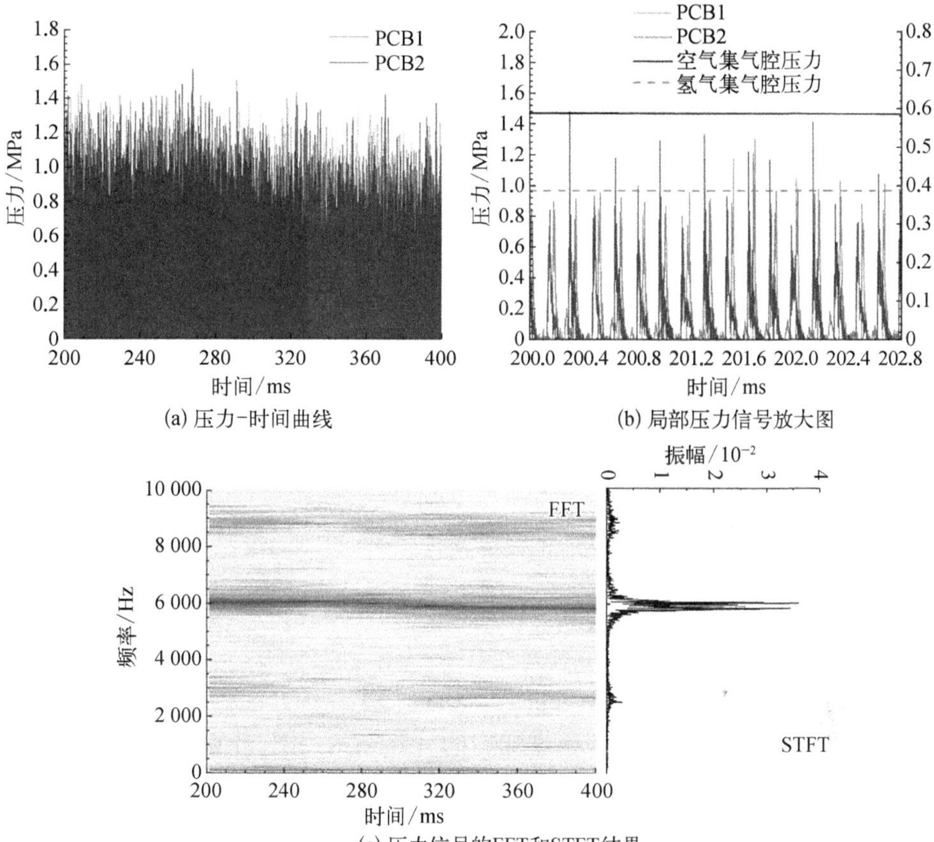

(a) 压力-时间曲线　(b) 局部压力信号放大图

(c) 压力信号的FFT和STFT结果

图 2.31　连续旋转爆震波的压力信号（$\dot{m}_a = 245$ g/s，$\varphi = 0.8$）

图 2.31(c)给出了旋转爆震燃烧室中快速爆震波压力信号的 FFT 和 STFT 分析结果。结果表明，旋转爆震燃烧室内压力信号的单个主频分量频率为 6 046 Hz，且频率条带非常集中。同时 STFT 结果也表明，能量集中的频率条带随时间保持不变。

图 2.32 给出了当空气质量流量为 245 g/s、当量比分别为 0.6 和 0.8 时，旋转爆震燃烧室内连续旋转爆震波传播速度的分布规律。在稳定旋转爆燃模式下的爆燃波速度分布均非常集中，且速度波动率非常低（低于 10%）。

当当量比为 0.8 时，旋转爆震燃烧室内产生的连续旋转爆燃波的传播速度相对于当量比为 0.6 时的传播速度并没有显著提高。进一步发现，随着当量比的增加，旋转爆震波的速度波动率逐渐降低。

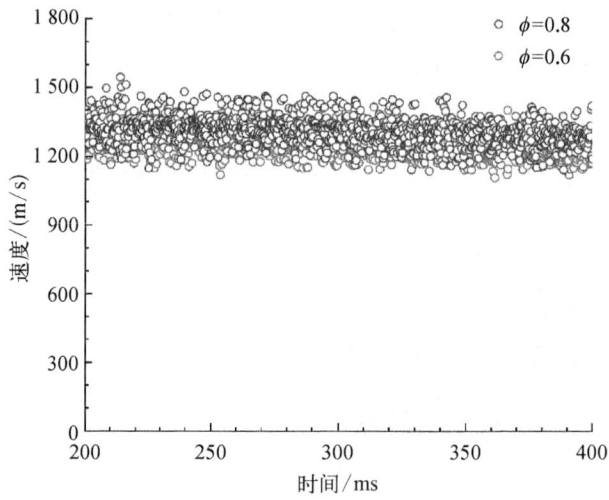

图 2.32　连续旋转爆震波速度分布（$\dot{m}_a = 245$ g/s，$\varphi = 0.6$、0.8）

2.3　煤油气-空气连续旋转爆震燃烧特性数值分析

本节通过数值模拟方法分析旋转煤油气-空气连续旋转爆震的流场结构，并讨论总温、总压和当量比等参数对其流场结构及稳定性的影响。

本节采用的数值模拟方法在附录 B.1 中进行了详细介绍。图 2.33 为本节数值模拟算例中采用的二维旋转爆震燃烧室的计算域示意图，计算域的 x 方向长度

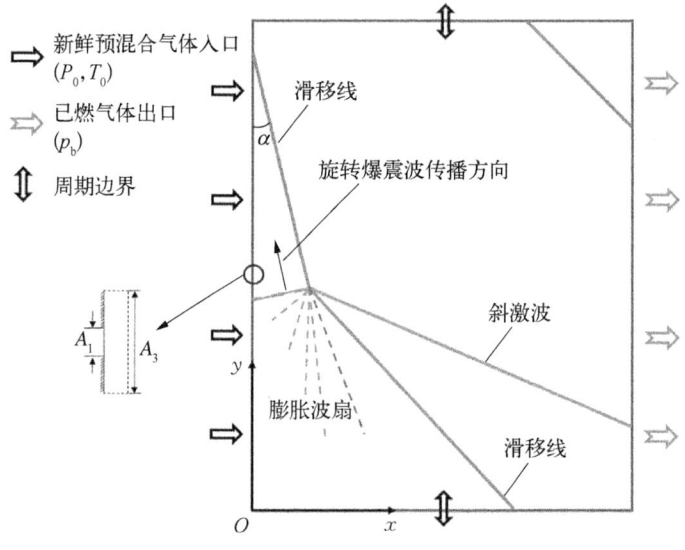

图 2.33　二维旋转爆震燃烧室的计算域示意图

为 $L_x = 0.08$ m，y 方向长度 $L_y = 0.10$ m，$y = 0$ 和 $y = L_y$ 为周期边界，$x = 0$ 和 $x = L_x$ 分别为入口和出口边界，边界条件和初始条件的给定方法在附录 B.2 中进行了详细介绍，其中喉道截面和燃烧室截面的面积比 A_1/A_3 为 1/3。本节算例中采用的网格数均为 $N_x \times N_y = 1\,600 \times 2\,000$。

2.3.1 煤油气-空气旋转爆震流场基本结构

首先研究基准工况 C0 条件下的流场结构，该基准工况给定来流为当量比条件的煤油气与空气的预混合气体，总温 T_0 和总压 P_0 分别为 900 K 和 7 atm（1 atm = 1.01×10^5 Pa），出口处的背压给定为 $p_b = 0.5$ atm。

图 2.34 为爆震波传递数个周期后的流场分布，可以看到此时工况 C0 实现了旋转爆震波的稳定传播。图 2.35 为温度和压力在爆震波附近的局部放大图，其中 A 表示爆震波，B 表示新爆震产物和旧爆震产物之间的接触间断，C 表示斜激波，D 表示新鲜预混合气体和已燃气体之间的接触间断。当旋转爆震燃烧室稳定工作时，爆震波 A 在燃烧室头部沿周向旋转传播，燃烧后的高温高压产物经膨胀后高速喷出并产生推力。与此同时，可燃混合气体从头部持续流入燃烧室，在爆震波面前方形成三角形未燃预混合气体区域以维持爆震燃烧。而在爆震波后方也存在着斜激波 C 和接触间断 B 以满足压力匹配。这与之前人们获得的氢气-空气旋转爆震流场结构[7]基本一致。

图 2.36(a) 为出口处的压力和速度分布，可以看到压力和速度在出口处分布依然较不均匀，在 y 方向上存在较大变化。图 2.36(b) 为燃烧室出口处的总压和总温分布，平均总压约为 4.03 atm，低于入口总压 P_0，其主要原因是计算中入口处采用了突扩模型，有较大的总压损失。

图 2.37 展示了燃烧室头部观测点上 ($x = 0.002$ m，$y = 0.05$ m) 压力随时间的变化，数字为各个周期的压力峰值（单位为 MPa）。通过对两个压力峰值间的时间间隔在 10 个周期内进行统计，得到平均时间间隔 Δt 约为 0.057 4 ms，而由图 2.35 可知接触间断 D 与入口壁面之间的夹角 α 约为 11°，因此得到爆震波的传播速度 u_D 为

$$u_D = \frac{L_y}{\Delta t \cos \alpha} = 1\,774 \text{ m/s} \tag{2.3}$$

从图 2.37 中也可以看到每个周期的压力峰值是波动的，其中最大压力峰值比最小压力峰值高约 50%。图 2.38 分别给出了氢气-空气旋转爆震观测点压力随时间变化的典型实验和数值结果。可以看到由于氢气可爆性强，爆震波传播较为稳定，因此其最大压力峰值较为稳定。

压力峰值波动变化的主要原因是爆震波面上横波的传播。图 2.39 给出了在

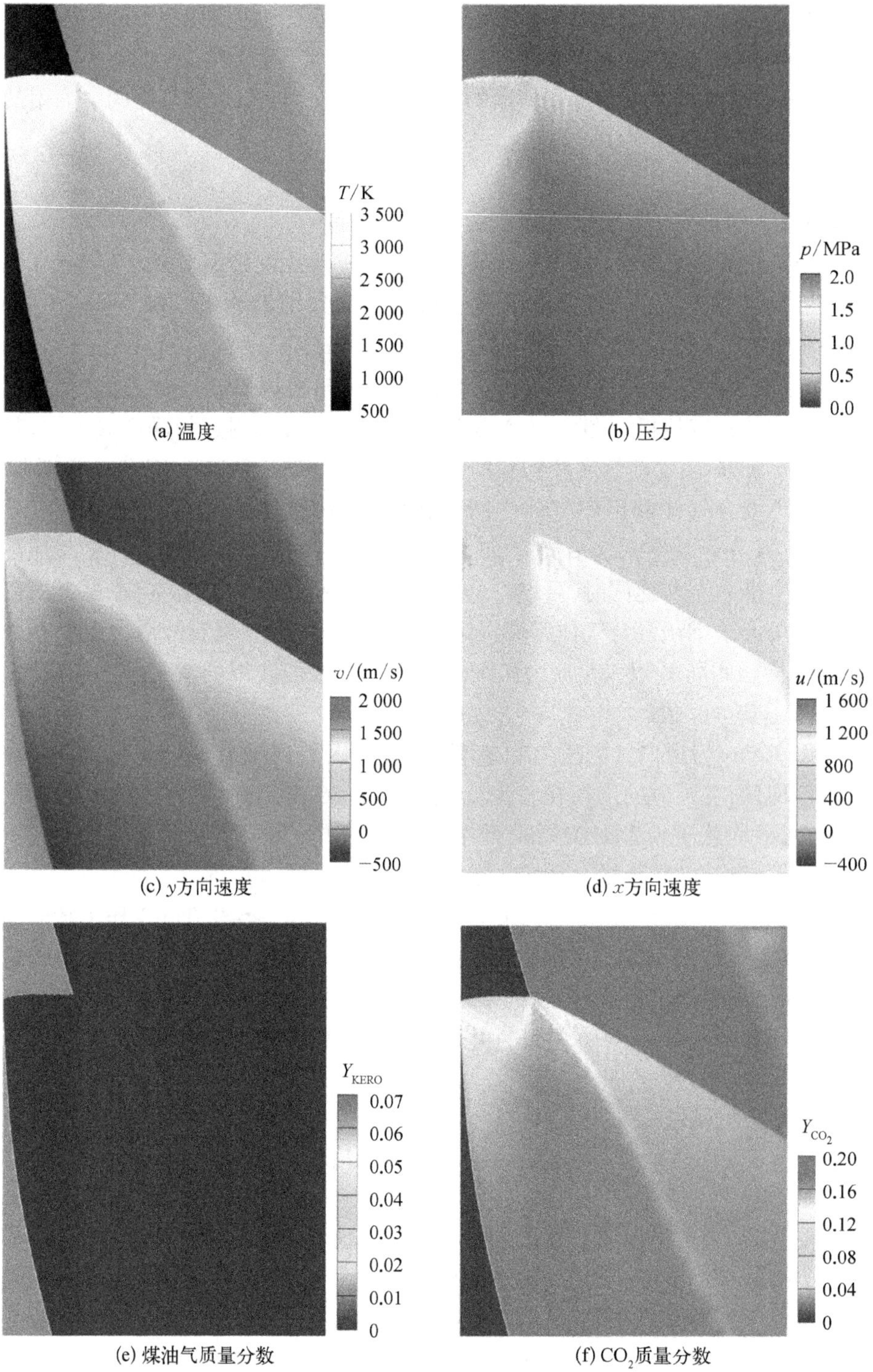

(a) 温度　　(b) 压力　　(c) y 方向速度　　(d) x 方向速度　　(e) 煤油气质量分数　　(f) CO_2 质量分数

图 2.34　工况 C0 流场分布

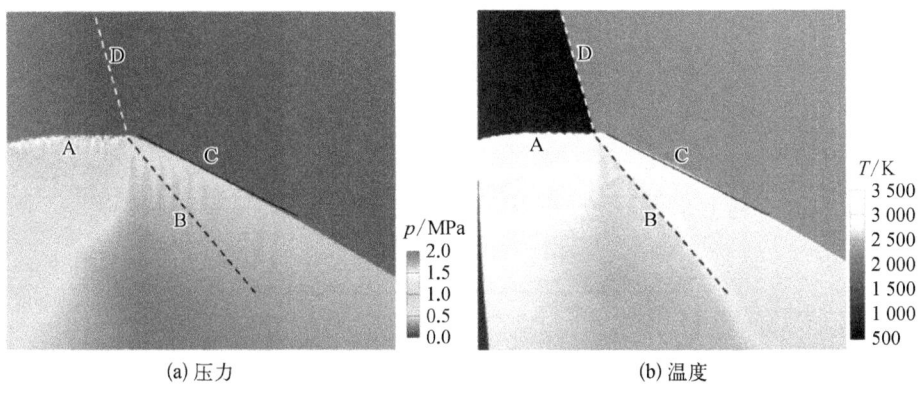

(a) 压力   (b) 温度

图 2.35 爆震波附近的局部放大图

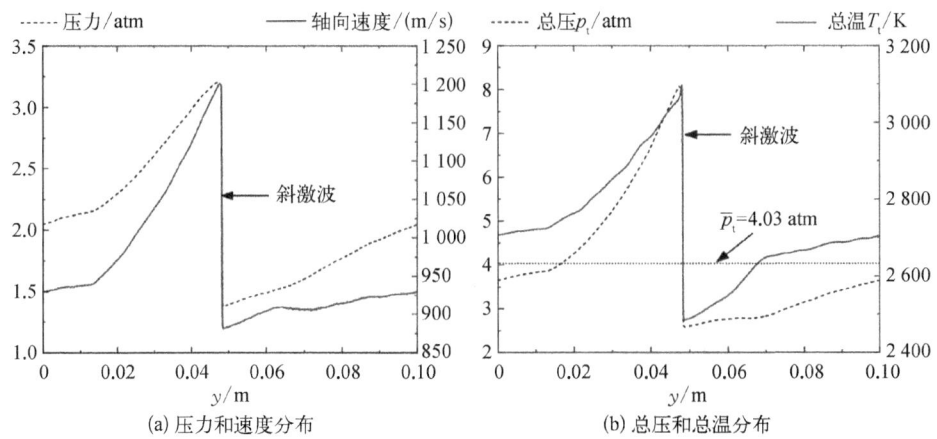

(a) 压力和速度分布   (b) 总压和总温分布

图 2.36 工况 C0 燃烧室出口

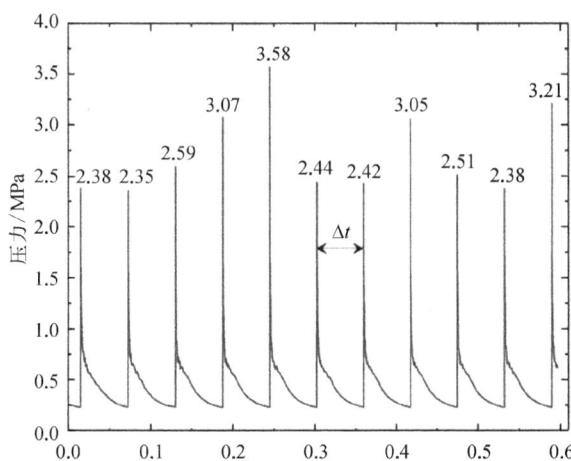

图 2.37 工况 C0 燃烧室头部观测点压力随时间变化($x = 0.002$ m, $y = 0.05$ m)

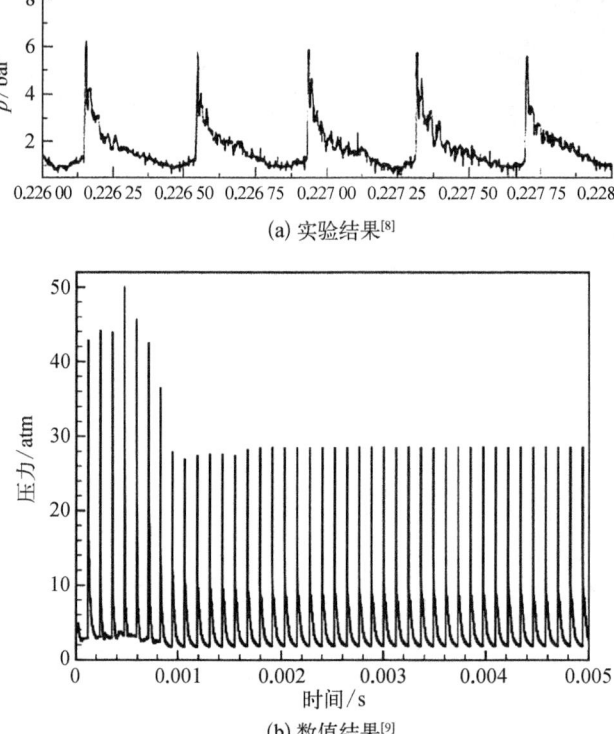

图 2.38 氢气-空气旋转爆震观测点压力随时间变化

爆震波面上的一个局部三波点的形成过程。初始时刻(记为 $t=0$)在流场中的前导激波由马赫杆和诱导激波组成,其中马赫杆激波强度大,预混合气体经其压缩后温度和压力提高较大,因此化学反应快速进行,释热率也较大;而诱导激波的强度较小,预混合气体经其压缩后温度和压力提高较小,因此化学反应进行较为缓慢,释热率也较低。在前导激波后,由于在横向上流场状态存在差异,会形成横波结构,可以看到流场中存在运动方向相反的两道横波。随着时间的推移,两道横波发生对撞($t=2\Delta t$),在对撞点处形成局部三波点,该点为高压区,它引燃了大量经诱导激波压缩后的预混合气体,从而能够驱动爆震波的传播,在释热率云图中也可以看到该点化学反应剧烈。之后,三波点附近又形成新的马赫杆和横波结构,继而重复上述过程,实现爆震波的自持传播。

图 2.40 为某个瞬时爆震波面附近的压力分布,可以看到在爆震波面上的局部高压点(P_i, $i=1, 2, \cdots$),这些高压点即如上所述的局部三波点。通过对燃烧室流场中每个点的单个周期内最大压力进行统计,可以得到工况 C0 的胞格结构,如图 2.41 所示。可以看到在该工况下,胞格结构较为清晰规则。对爆震发生区域的胞格结构进行统计平均,得到胞格尺寸 λ_c 为

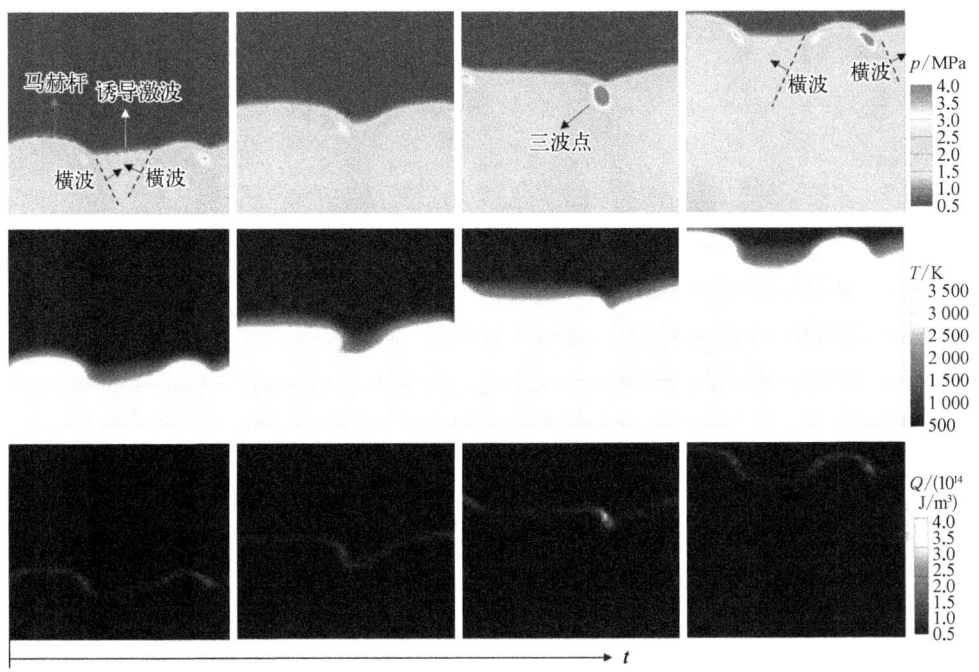

图 2.39 爆震波面上三波点的形成过程，从上到下依次为温度、压力和释热率云图，从左到右依次为时刻 $t = 0$，Δt，$2\Delta t$，$3\Delta t$（$\Delta t = 1.2\ \mu s$）

$$\lambda_c = \sqrt{\frac{S_c}{N_c}} \qquad (2.4)$$

其中，S_c 和 N_c 分别为爆震发生区域的面积和胞格数。对于工况 C0，胞格尺寸约为 1.13 mm。

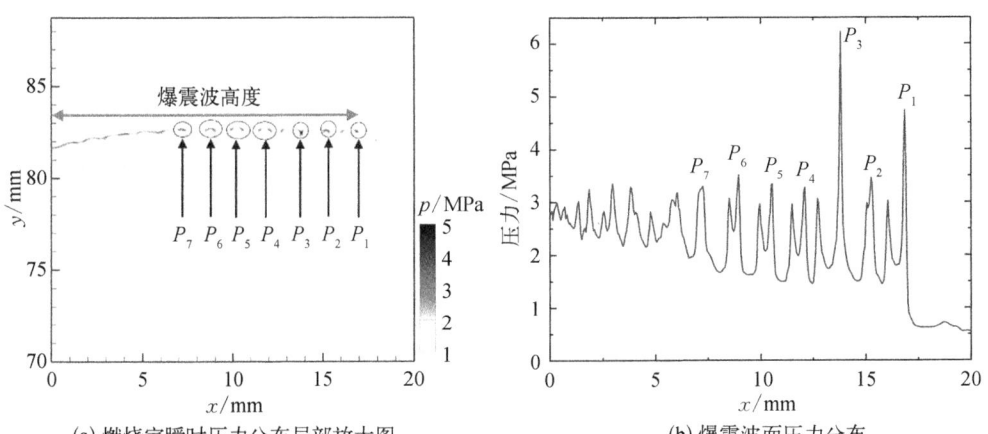

(a) 燃烧室瞬时压力分布局部放大图　　(b) 爆震波面压力分布

图 2.40　工况 C0 某个瞬时爆震波面附近的压力分布

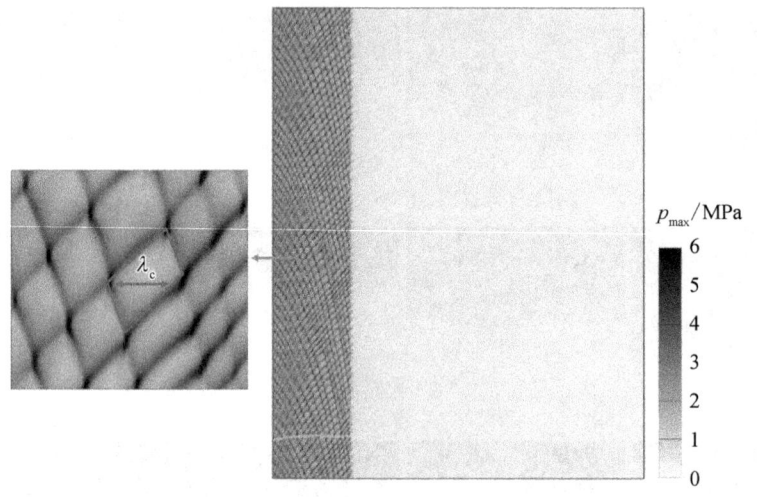

图 2.41　单个周期内压力最大值分布

2.3.2　来流总温的影响

将工况 C0 的稳定工作状态作为初始条件,保持总压和当量比不变,改变来流总温,分别计算了不同的工况 CT1~CT5,如表 2.1 所示。

表 2.1　计算工况设置和计算结果(来流总温的影响)

工况	CT1	CT2	CT3	CT4	CT5
总温 T_0/K	700	800	900	1 000	1 100
爆震波速 u_D/(m/s)	熄灭	1 762	1 774	1 778	1 780
胞格尺寸 λ_c/mm	—	1.49	1.13	1.05	0.85

对于气体燃烧,提高温度能增加反应物的分子运动速率,进而提高化学反应速率。与氢气相比,煤油气的活化能更高,化学反应活性更低,因此其化学反应速率对来流总温更加敏感。在工况 CT1~CT5 中,工况 CT1 来流总温过低,无法实现爆震波的稳定传播,而工况 CT2~CT5 都能实现稳定爆震传播。图 2.42 和图 2.43 给出了在不同来流总温条件下,燃烧室的温度分布和胞格结构图。燃烧室的温度随着来流总温的增加而增加,爆震趋向于越来越稳定,胞格结构也越来越不明显。当来流总温较低时,特别是对于来流总温为 800 K 的工况 CT2,胞格尺寸变大,并且结构更不规则,从温度分布图也可以看到流场中存在较强的横波传播。

图 2.44 比较了各个工况在爆震波面上的压力瞬时分布。在来流总温较低时,在爆震波面上存在数个压力峰值,横波效应显著。而随着来流总温的提高,爆震波

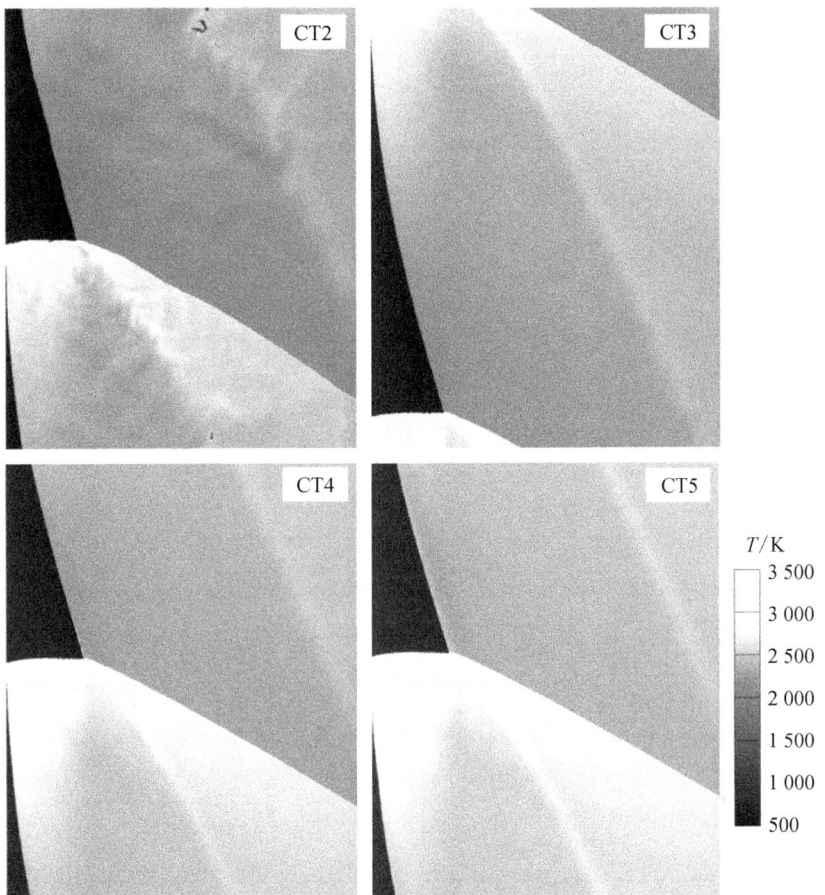

图 2.42 在不同总温条件下的燃烧室温度分布

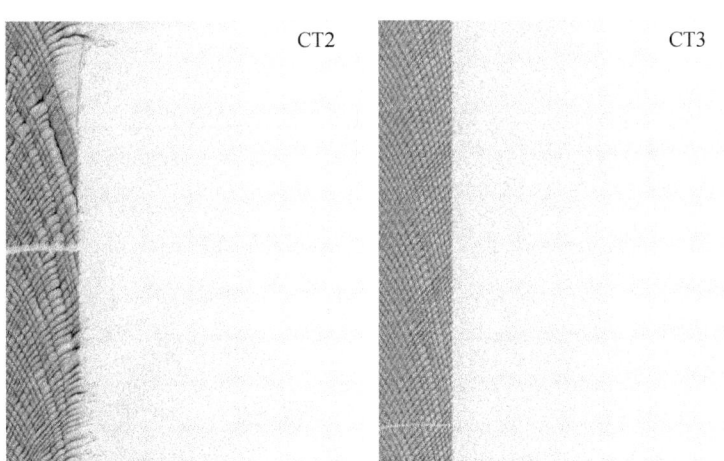

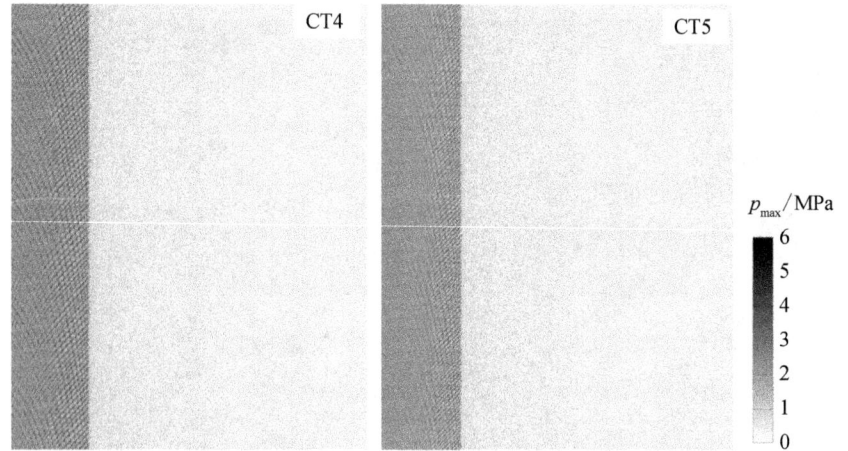

图 2.43 在不同总温条件下的压力最大值分布

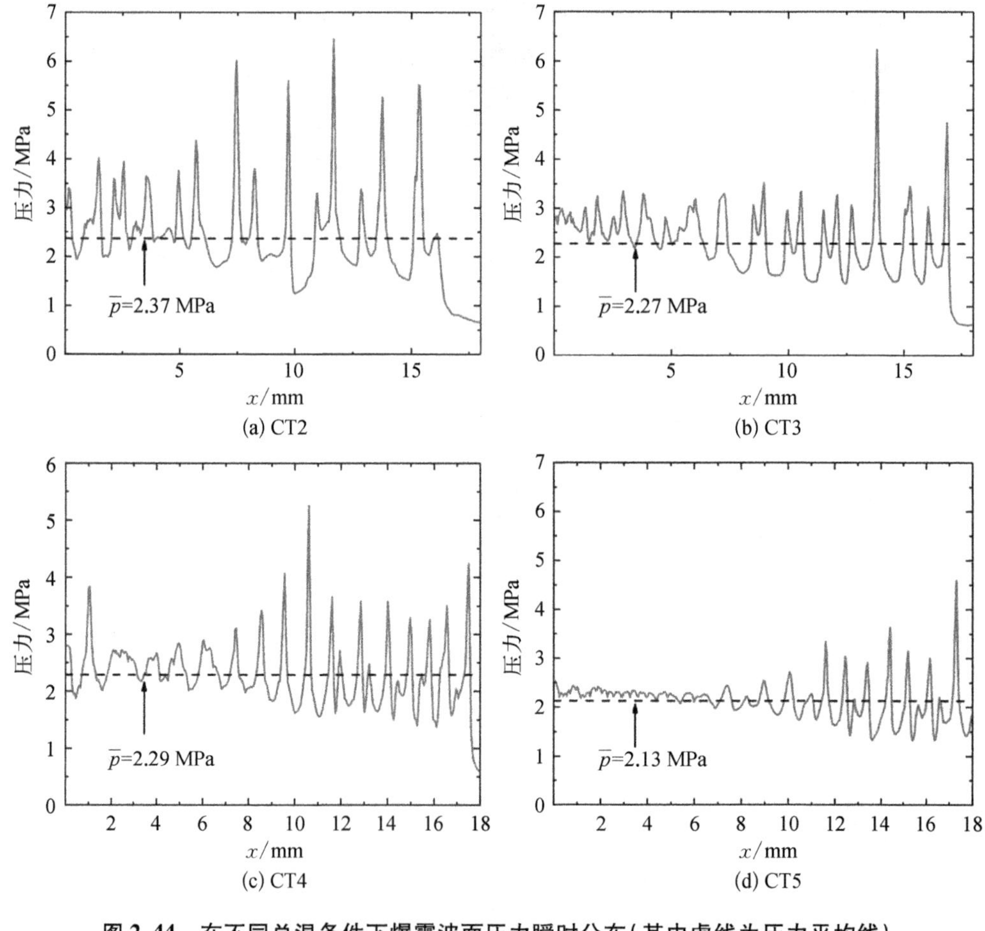

(a) CT2　　(b) CT3　　(c) CT4　　(d) CT5

图 2.44 在不同总温条件下爆震波面压力瞬时分布(其中虚线为压力平均线)

面压力振荡幅值减小,压力逐渐趋向于均匀分布。

图 2.45 和图 2.46 给出了工况 CT1 的熄灭过程,在前两个周期内($t = 0 \sim 0.12$ ms),爆震波能够持续传播,但由于来流预混合气体温度较低,在局部区域激波面和火焰面已经发生了解耦,在爆震波面前方产生了层状未燃混合气体区域,如图 2.47 所示。只有通过横波的高压作用,才能使这部分混合气体重新被点燃,激

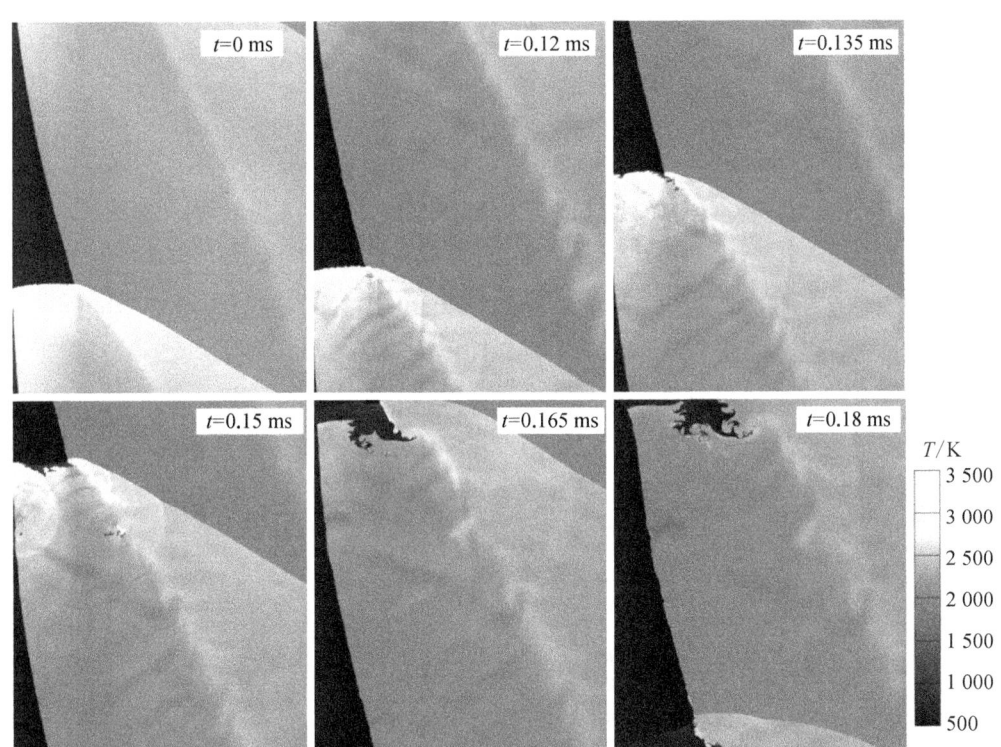

图 2.45 工况 CT1 随时间变化的温度分布云图

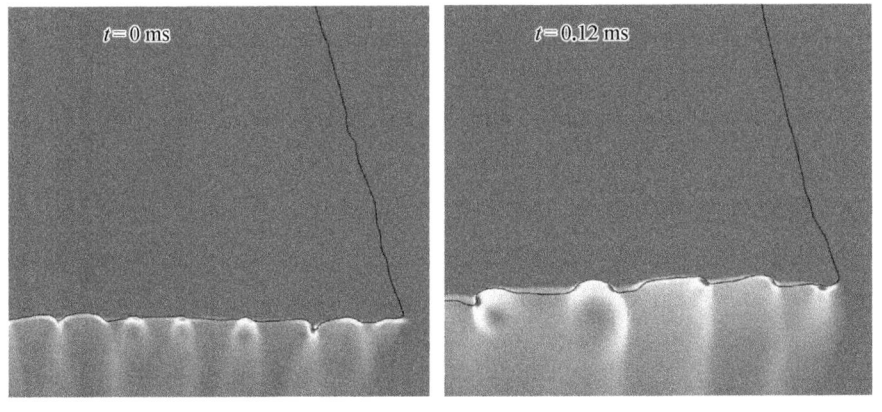

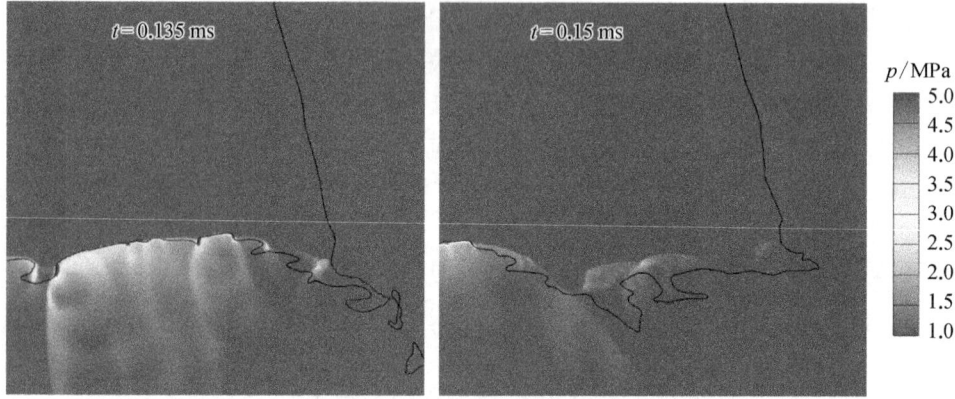

图 2.46 工况 CT1 随时间变化的压力分布局部放大图(黑实线为煤油气质量分数等于 0.03 的等值线,可作为未燃气和已燃气的分界线)

波面和火焰面重新耦合。因此,从图 2.45 中可以看到爆震波面逐步发生皱褶,皱褶区域即为层状未燃混合气体区域。随着时间的进一步发展,在靠近三波点附近,层状未燃混合气体区域发展成为较大的未燃区域,即使是横波也不能将其重新点燃。最终该未燃区域逐步变大,使激波面和火焰面完全解耦,爆震波熄灭。

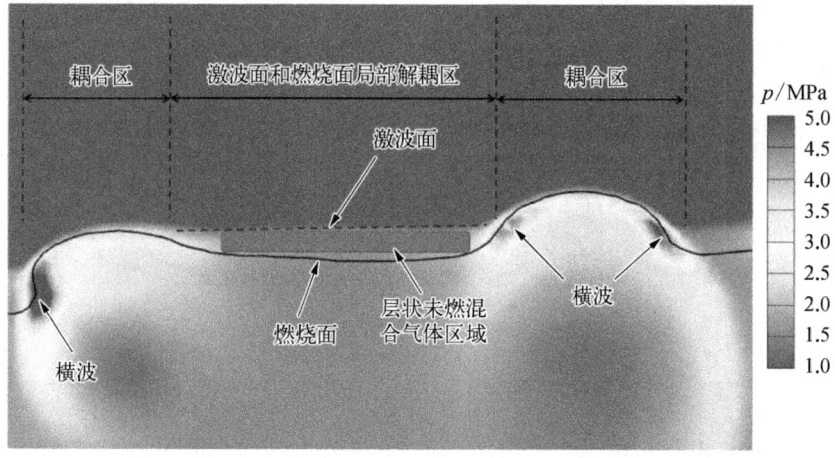

图 2.47 工况 CT1 爆震波面局部放大示意图($t = 0.12$ ms)

2.3.3 来流总压的影响

将工况 C0 的稳定工作状态作为初始条件,保持总温和当量比不变,改变来流总压,分别计算了不同的工况 CP1~CP5,如表 2.2 所示。

若假设温度不变,预混合气体的浓度与压力为正相关,在本节中所采用的煤油氧化反应和 $CO-CO_2$ 平衡反应的化学反应级数分别是 1.45 和 1.5,因此化学反应

表 2.2 计算工况设置和计算结果(来流总压的影响)

工 况	CP1	CP2	CP3	CP4	CP5
总压 P_0/atm	3	5	7	9	11
爆震波速 u_D/(m/s)	熄灭	1 751	1 774	1 783	1 788
胞格尺寸 λ_c/mm	—	1.37	1.13	1.03	0.92

速率随着来流总压的升高约呈 1.5 倍幂次增长。对于这 5 个工况,其中工况 CP1 无法实现爆震波的稳定传播,工况 CP2~CP5 能实现稳定爆震传播。图 2.48 和图 2.49 给出了在不同来流总压条件下,燃烧室的温度分布和胞格结构图。可以看到,随着来流总压的提高,爆震趋向于越来越稳定,胞格结构也越来越不明显,这与 2.3.2 节中来流总温的影响规律类似。从表 2.2 中也可以看到,当来流总压较高

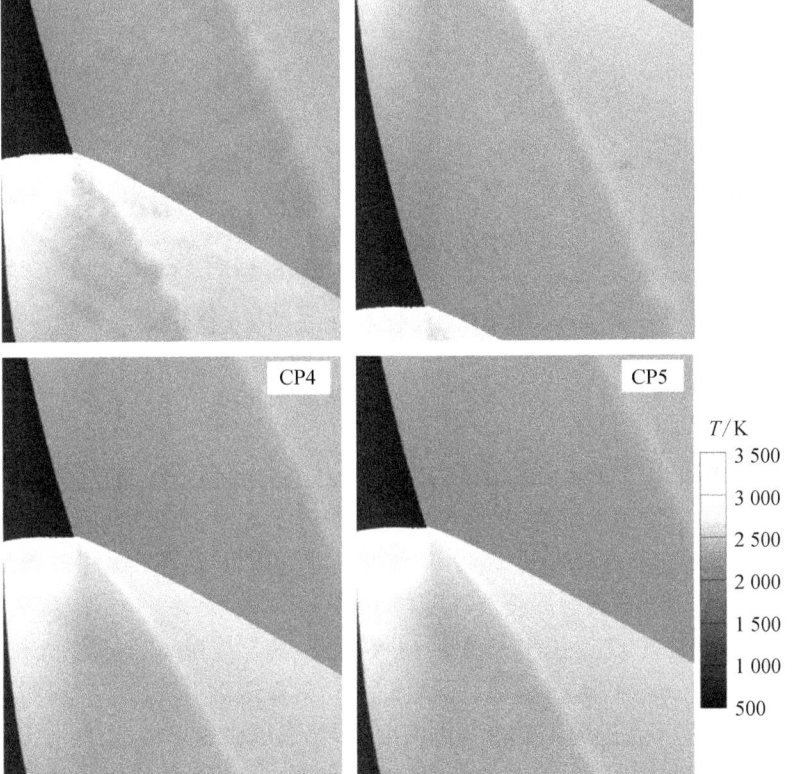

图 2.48 在不同总压条件下的燃烧室温度分布

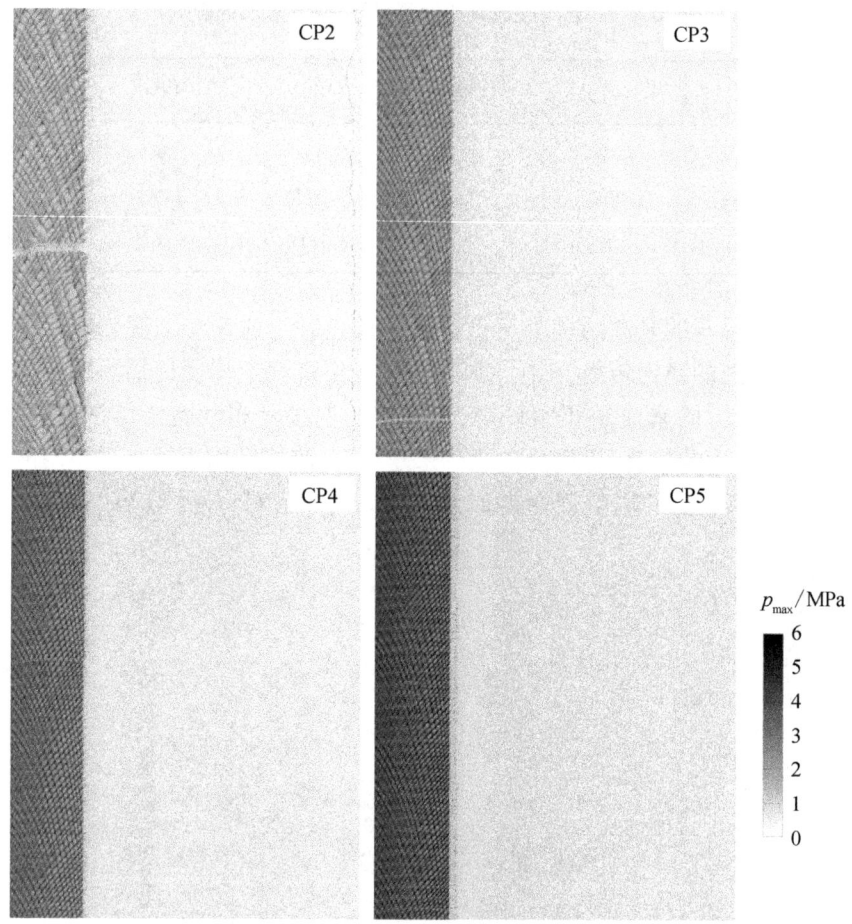

图 2.49　在不同总压条件下的压力最大值分布

时,对于工况 CP3~CP5,爆震波速基本不变,而对于来流总压为 5 atm 的工况 CP2,爆震波速略微下降。

图 2.50 给出了工况 CP2~CP5 的爆震波面压力瞬时分布,随着来流总压的提高,爆震波面的平均压力提高,压力振荡绝对幅值增加,但相对幅值减小,即爆震波传播趋向于越来越稳定。在图 2.49 中也可以看到不同工况下爆震波面高压的分布段长度几乎一致,这表明爆震波高度与来流总压基本无关。

图 2.51 和图 2.52 为工况 CP1 的熄灭过程,其与工况 CT1 的熄灭机制类似。在来流总压由 7 atm 降为 3 atm 后,质量流量下降,爆震波高度变小。经过一圈传递后($t > 0.06$ ms),新进的预混合气体密度低,化学反应速率慢,因此也出现了层状未燃混合气体区域。同样,在三波点附近的未燃区域变大,最终使激波面和火焰面完全解耦,爆震波熄灭。

(a) 工况CP2　(b) 工况CP3

(c) 工况CP4　(d) 工况CP5

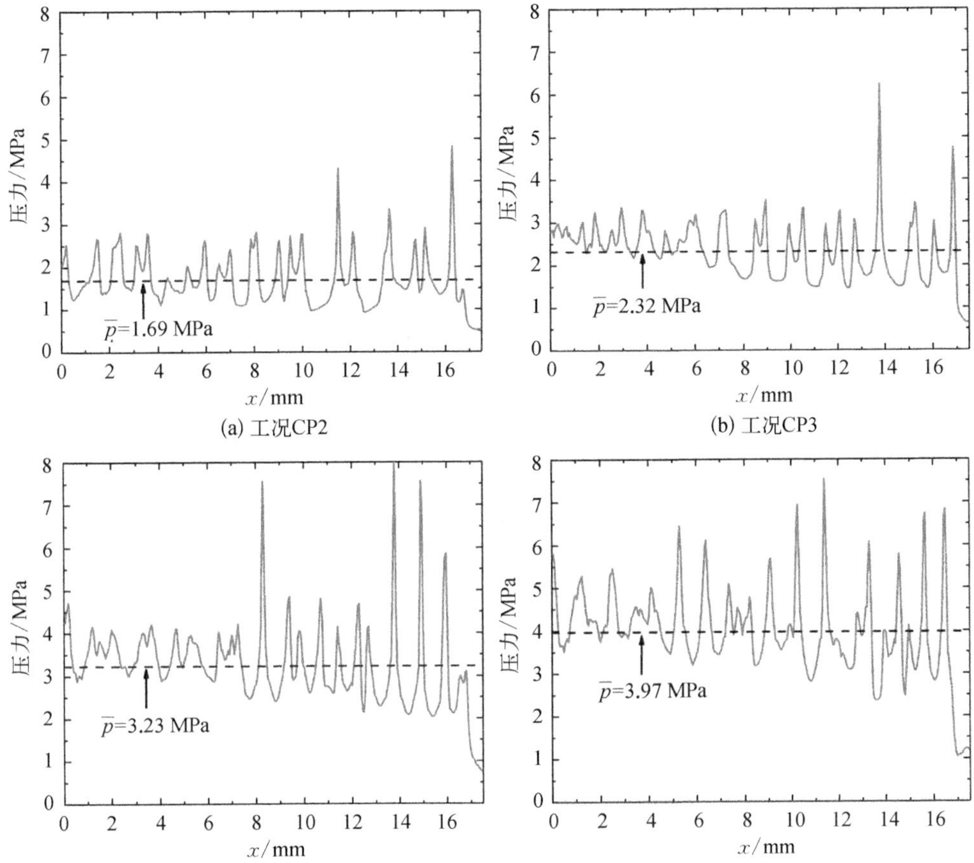

图 2.50　在不同总压条件下爆震波面压力瞬时分布(其中虚线为压力平均线)

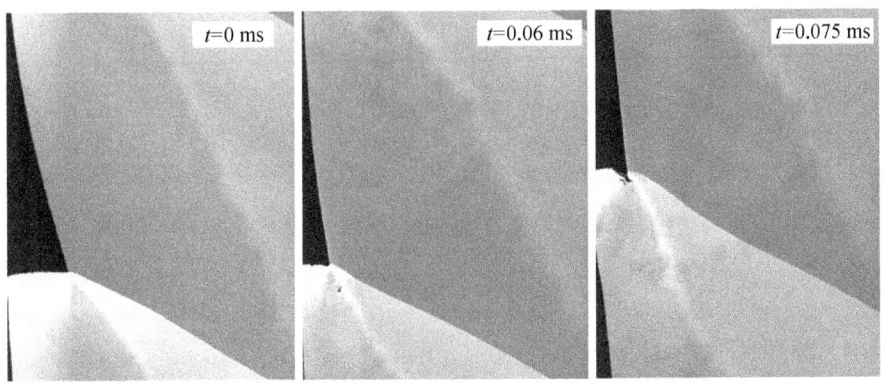

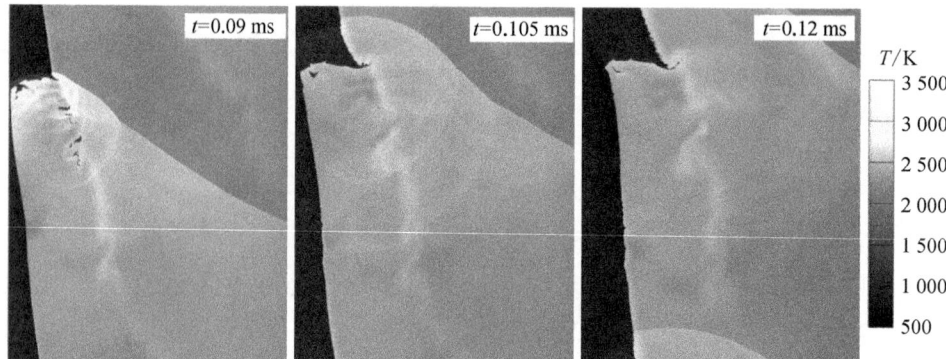

图 2.51　工况 CP1 随时间变化的温度分布云图

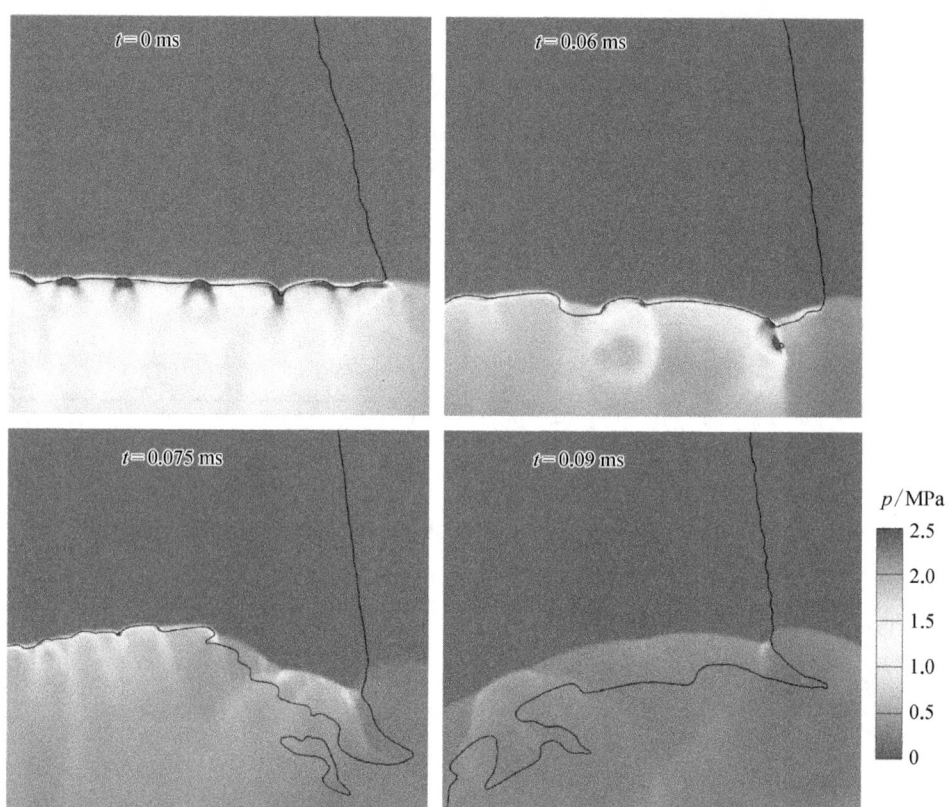

图 2.52　工况 CP1 随时间变化的压力分布局部放大图(黑实线为煤油气质量分数等于 0.03 的等值线,可作为未燃气和已燃气的分界线)

2.3.4　来流当量比的影响

将工况 C0 的稳定工作状态作为初始条件,保持总温和总压不变,改变来流当量比,分别计算了不同的工况 CF1~CF5,如表 2.3 所示。

表 2.3　计算工况设置和计算结果(来流当量比的影响)

工况	CF1	CF2	CF3	CF4	CF5
当量比 φ	0.7	0.85	1.0	1.1	1.2
爆震波速 $u_\mathrm{D}/(\mathrm{m/s})$	熄灭	1 715	1 774	1 753	1 745
胞格尺寸 $\lambda_\mathrm{c}/\mathrm{mm}$	—	1.14	1.13	0.94	0.84

图 2.53 和图 2.54 给出了在不同来流当量比下,燃烧室的温度分布和胞格结构。在贫燃条件下,当量比的下降不仅会降低化学反应速率,还会减少化学反应释

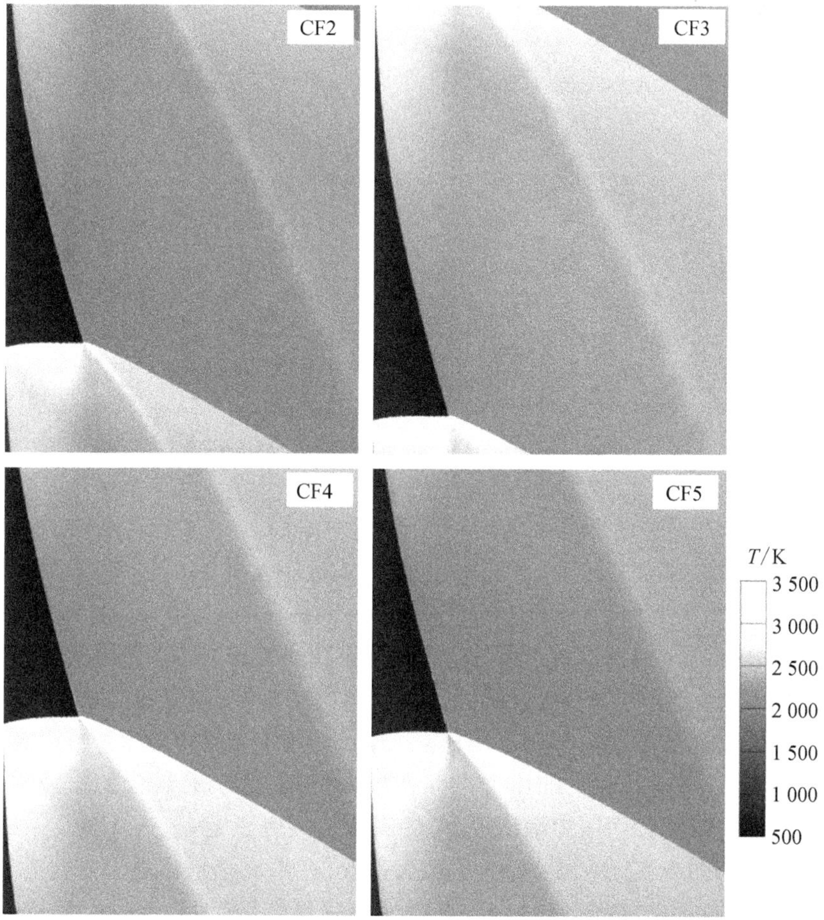

图 2.53　在不同当量比条件下的燃烧室温度分布

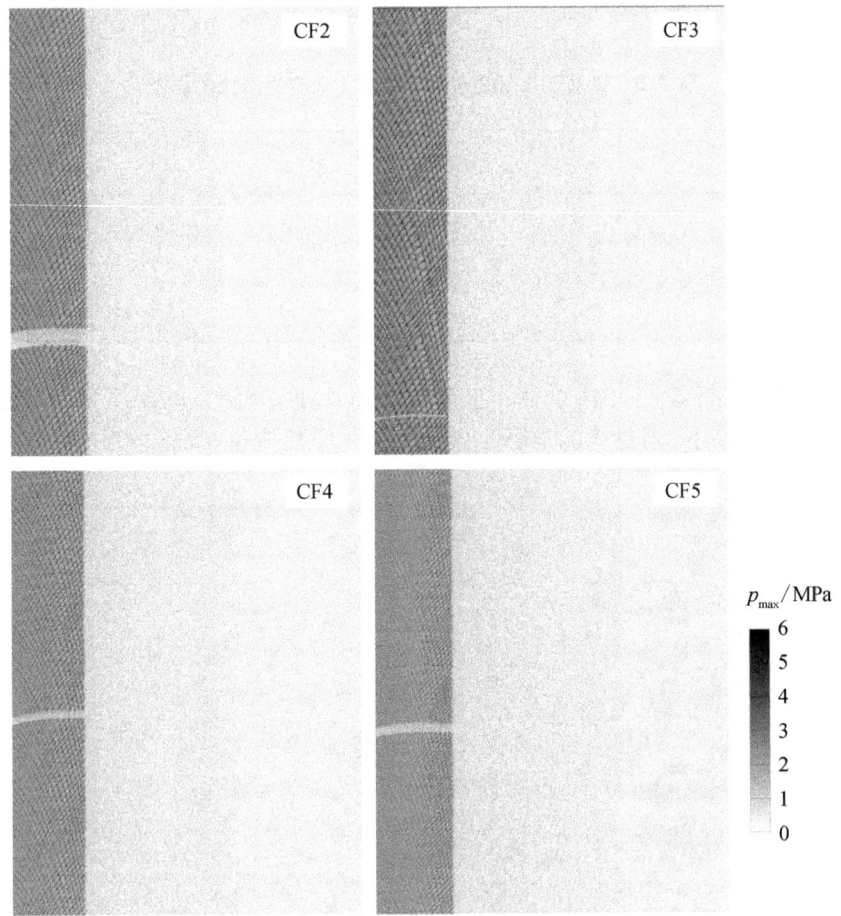

图 2.54　在不同当量比条件下的压力最大值分布

热,降低爆震反应强度。在工况 CF1 中,来流当量比过低,无法实现爆震波的稳定传播。而在工况 CF2 中,燃烧室室温相较于工况 CF3 更低,爆震波传播速度下降明显。

在富燃条件下(对应工况 CF3~CF5),随着当量比的增加,燃料浓度会相应增加,因此化学反应速率加快,爆震趋向于越来越稳定,横波效应随之减弱。

图 2.55 比较了工况 CF2~CF5 在爆震波面上的压力瞬时分布。可以看到对于工况 CF2~CF4,爆震波面上的压力都存在较大振幅,表明有较强的横波效应。而对于工况 CF5,爆震波面压力幅值较小,爆震波传播更稳定。

图 2.56 和图 2.57 为工况 CF1 的熄灭过程,在来流当量比由 1.0 变为 0.7 后,在入口处附近由于局部当量比过低,爆震波无法自持,激波面和燃烧面率先解耦,形成了较大的未燃区域。该未燃区域逐步向下游扩大,最终使爆震波熄灭。

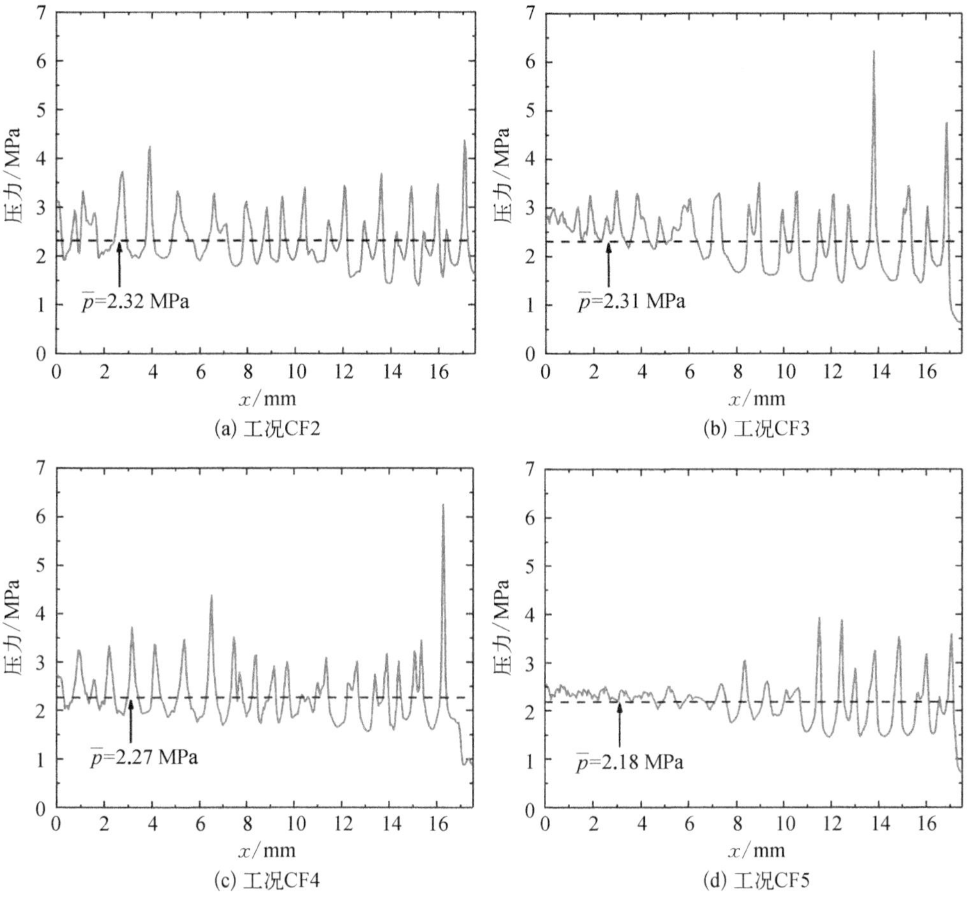

图 2.55　在不同当量比条件下爆震波面压力瞬时分布（其中虚线为压力平均线）

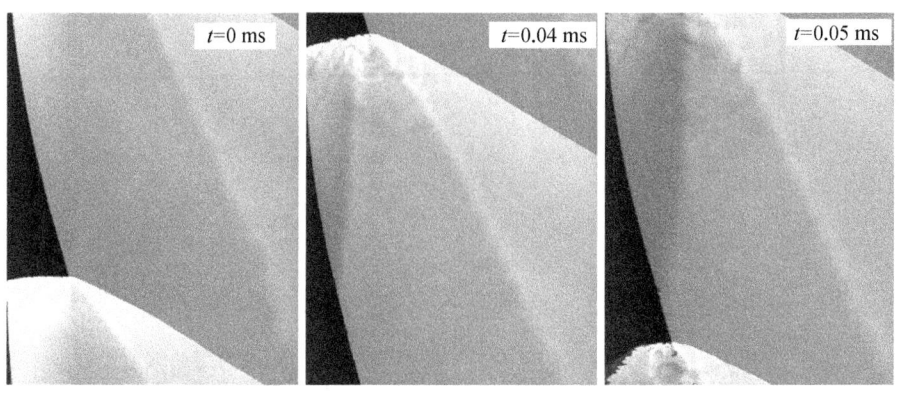

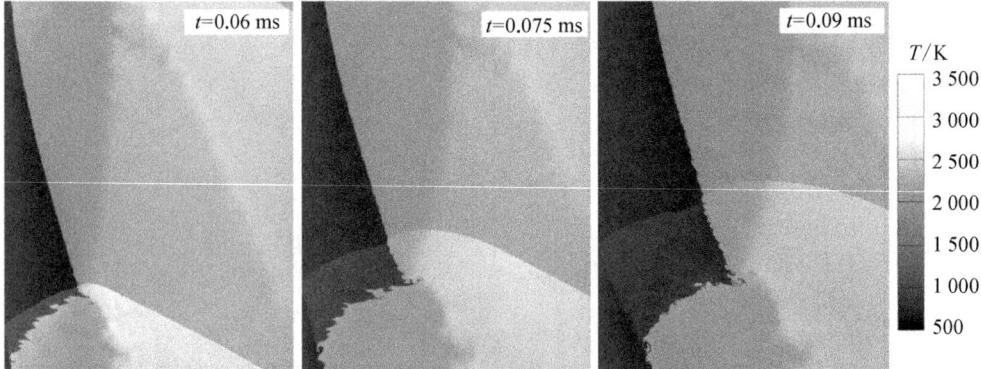

图 2.56 工况 CF1 随时间变化的温度分布云图

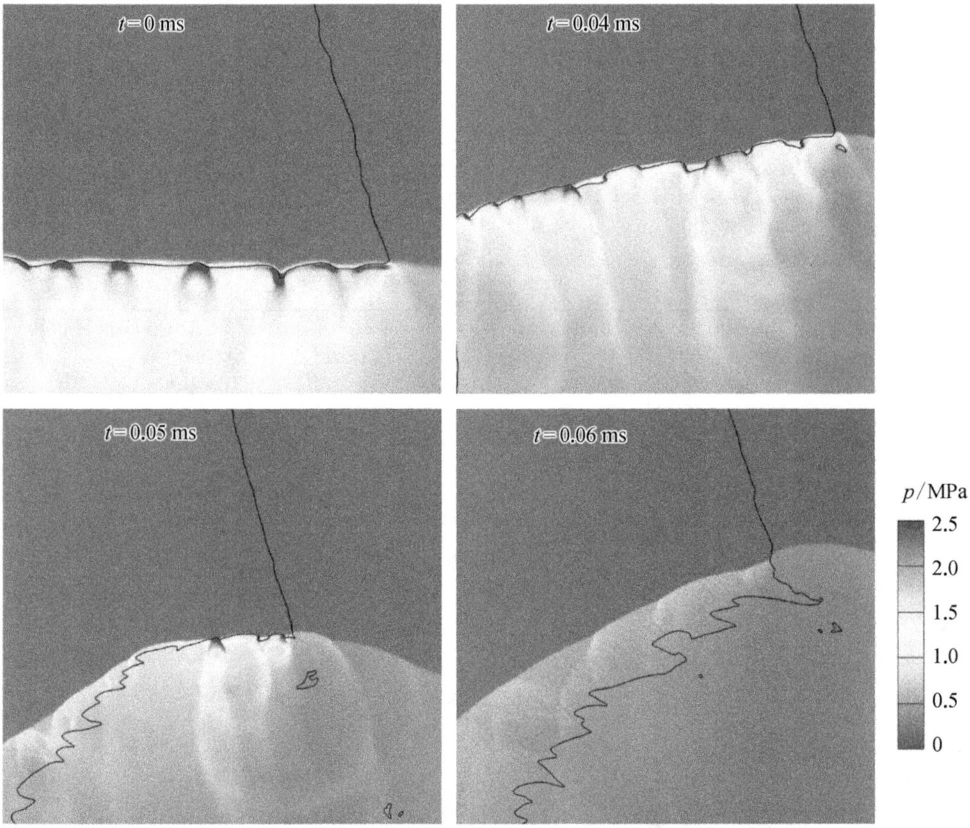

图 2.57 工况 CF1 随时间变化的压力分布局部放大图(黑实线为煤油气质量分数等于 0.03 的等值线,可作为未燃气和已燃气的分界线)

参考文献

[1] 刘秉正,彭建华. 非线性动力学[M]. 北京:高等教育出版社,2004.

[2] Lin W, Zhou J, Liu S, et al. Experimental study on propagation mode of H_2/air continuously rotating detonation wave [J]. International Journal of Hydrogen Energy, 2015, 40(4): 1980 – 1993.

[3] Anand V, St George A, Driscoll R, et al. Characterization of instabilities in a rotating detonation combustor [J]. International Journal of Hydrogen Energy, 2015, 40(46): 16649 – 16659.

[4] Ciccarelli G, Ginsberg T, Boccio J, et al. Detonation cell size measurements and predictions in hydrogen-air-steam mixtures at elevated temperatures [J]. Combustion and Flame, 1994, 99(2): 212 – 220.

[5] Lin W, Zhou J, Liu S J, et al. An experimental study on CH_4/O_2 continuously rotating detonation wave in a hollow combustion chamber [J]. Experimental Thermal and Fluid Science, 2015, 62: 122 – 130.

[6] Liu S J, Lin Z Y, Liu W D, et al. Experimental realization of H_2/air continuous rotating detonation in a cylindrical combustor [J]. Combustion Science and Technology, 2012, 184 (9): 1302 – 1317.

[7] Hishida M, Fujiwara T, Wolanski P. Fundamentals of rotating detonations [J]. Shock Waves, 2009, 19(1): 1 – 10.

第3章
环形燃烧室连续旋转爆震燃烧调控

本章介绍三种环形燃烧室中连续旋转爆震燃烧的调控技术,包括基于富氧空气、等离子体助燃和多孔壁面的调控技术。首先分析宽质量流量和当量比条件下,采用富氧空气调控的连续旋转爆震燃烧规律,以及富氧空气增强连续旋转爆震燃烧稳定性的机制;然后介绍采用嵌入式等离子体发生器产生低温非平衡等离子体,从而实现对旋转爆震燃烧的调控技术;最后讨论多孔壁面对连续旋转爆震燃烧室中声学不稳定性的调控技术及其机制。

3.1 富氧空气的燃烧模态及极限扩展

反应物活性对爆震波的传播特性具有显著影响,一般来说,反应物活性越高,爆震波的传播稳定性越高。本节介绍利用富氧空气扩展旋转爆震稳定传播极限的相关技术,分析氢气/富氧空气旋转爆震的燃烧模态及其变化规律。

本节讨论的工况采用不同氧气浓度的富氧空气,氧气体积分数分别为21%(Case A)、30%(Case B)和35%(Case C)作为氧化剂,为了获得连续旋转爆震燃烧室在不同质量流量和当量比条件下的工作图谱,实验中观测了当空气质量流量范围为45~205 g/s、当量比范围为0.4~1.8时的燃烧室燃烧特性。

本节实验采用的实验方法和燃烧室与2.1节一致。

3.1.1 不同流量和当量比条件下的燃烧模态

在当量比确定的条件下,富氧空气质量流量变化时,旋转爆震燃烧室内燃烧模式的变化基本类似。因此,本节以当量比0.6时为例进行分析。

图3.1(a)给出了当量比为0.6、氧气体积分数为30%、富氧空气质量流量为45 g/s时燃烧室测量得到的压力信号,这些压力信号是由沿旋转爆震燃烧室周向布置的2个高频压力传感器(PCB1和PCB2)获得的。图3.1(b)的压力信号放大图表明两个传感器测量得到两类不同特征的压力振荡,即由稳定的振荡向不稳定的振荡转变。对压力信号进行分析得知,它们分别是旋转爆震燃烧室内出现的稳

定纵向快速爆燃模式和不稳定纵向爆燃模式。图 3.1(b) 所示的稳定纵向快速爆燃的压力振荡幅值为 0.15 MPa, 而不稳定纵向爆燃的压力振荡幅值出现了小幅度增长,约为 0.2 MPa。

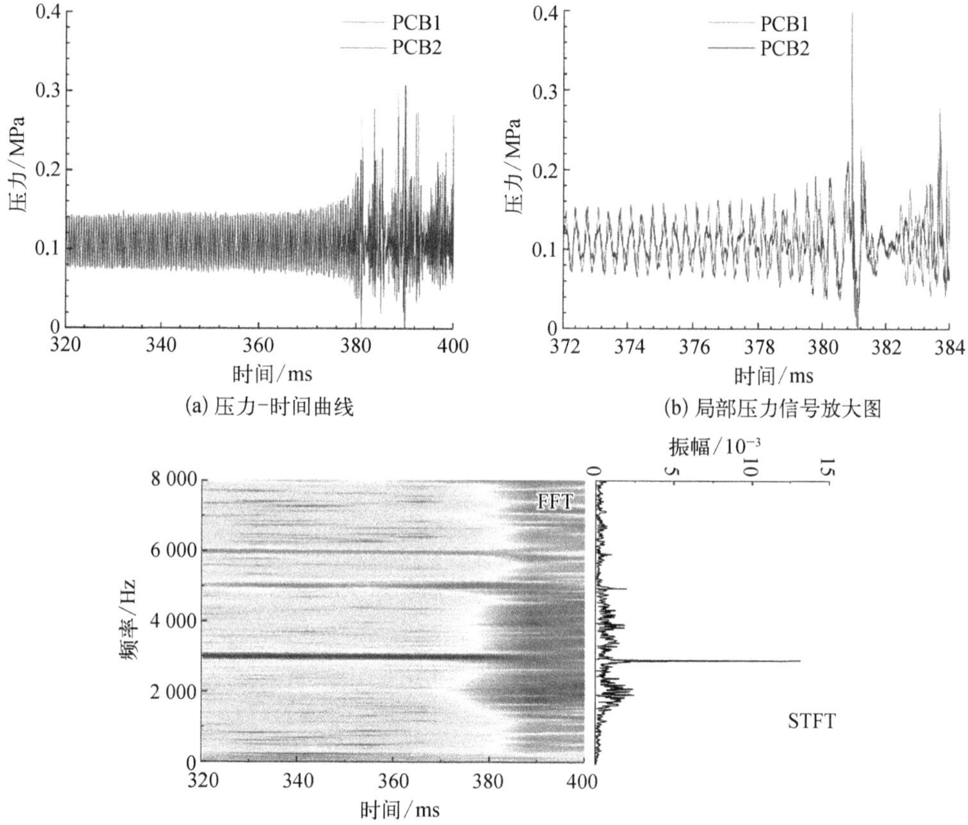

(a) 压力-时间曲线

(b) 局部压力信号放大图

(c) 压力信号的FFT和STFT结果

图 3.1 稳定纵向爆燃工作模式向不稳定纵向爆燃模式转换的压力信号($\dot{m}_a = 45$ g/s, $\varphi = 0.6$)

图 3.1(c) 给出了旋转爆震燃烧室中快速爆燃波压力信号的 FFT 和 STFT 分析结果。结果表明,旋转爆震燃烧室内压力信号的两个主频分量频率分别为 2 969 Hz 和 4 984 Hz。STFT 结果表明,在稳定爆燃阶段能量集中的两个频率条带随时间保持不变,直到 380 ms 频率开始频率变得分散,难以从 STFT 图谱上对快速爆燃波的主频进行识别。

在该实验工况条件下,稳定纵向快速爆燃波主频为 2 969 Hz。富氧空气导致的燃烧室内反应温度升高,局部声速发生变化(声速近似取为 970 m/s),理论计算得到的旋转爆震燃烧室一阶纵向固有声学频率为 2 760 Hz。这说明,旋转爆震燃烧室内燃烧振荡频率恰好与旋转爆震燃烧室的一阶纵向结构固有频率耦合,这种热声耦合机制使得燃烧室内的压力振荡得以维持。一旦这种造成热声耦合的机制被打破，旋转爆震燃烧室内压力的振荡会变得不稳定和无序。

图 3.2(a) 给出了相同当量比条件下富氧空气质量流量为 75 g/s 时，沿旋转爆震燃烧室周向布置的 2 个高频压力传感器(PCB1 和 PCB2)测量得到的压力信号。燃烧室中出现了明显的高频振荡特征：反向双爆震波在持续一段时间后逐渐转变成纵向快速爆燃波，纵向快速爆燃波在持续一段时间后再次转变成反向双爆震波，且这样的过程周而复始地进行。

如图 3.2(b) 所示，取一小段压力信号进行局部放大，可以清晰展现上述复杂过程中的一次转变历程：燃烧室内的反向爆震波从 284 ms 时开始向纵向快速爆燃波转换，随后在 292 ms 时，纵向快速爆燃波又逐渐转变回反向双爆震波。

图 3.2(c) 给出了爆震燃烧室中压力信号的 FFT 和 STFT 分析结果。这表明，旋转爆震燃烧室内压力信号的主频条带较宽，难以辨识；如果认为此时存在两个主频，那么它们分别为快速爆燃波频率 2 347 Hz 和反向双爆震波频率 5 450 Hz。其中

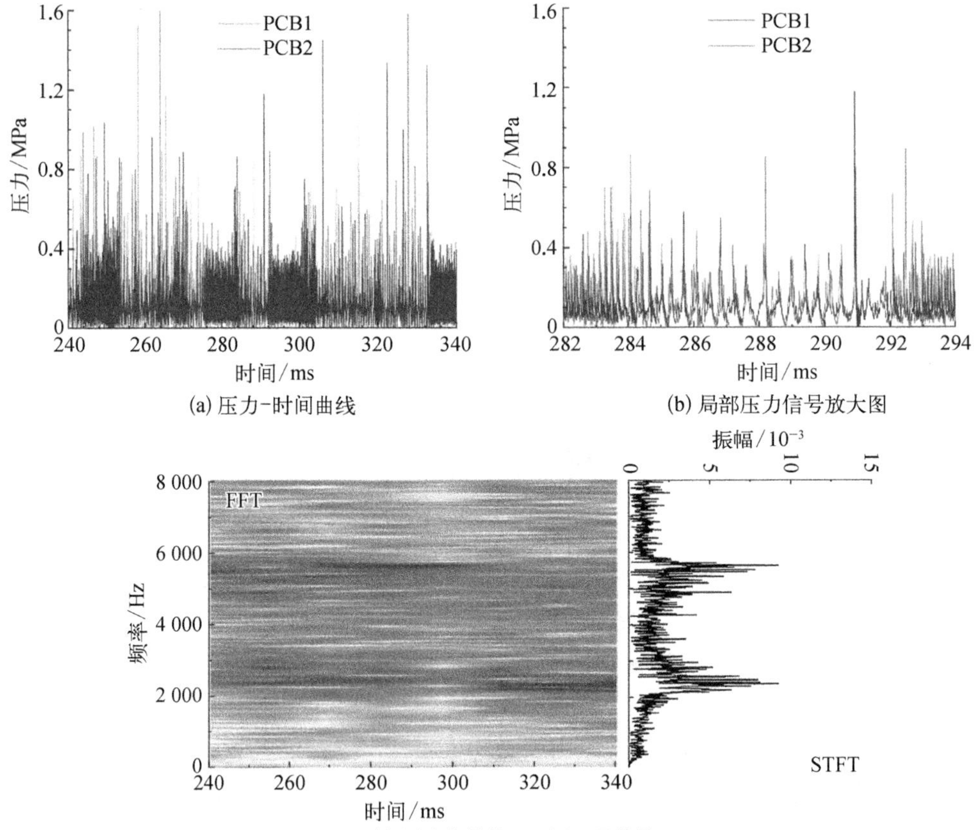

(a) 压力-时间曲线

(b) 局部压力信号放大图

(c) 压力信号的FFT和STFT结果

图 3.2　纵向爆燃工作模式与旋转爆震工作模式相互转换的压力信号($\dot{m}_a$ = 75 g/s, φ = 0.6)

非稳定纵向快速爆燃波具有显著的高频压力振荡特征，压力峰值波动非常剧烈，但旋转爆震燃烧室内的反向双爆震波也表现出了类似的不稳定特征。

进一步增大质量流量，如 105 g/s 时，燃烧室内的压力变化表现为其他形式。图 3.3 展示了沿旋转爆震燃烧室周向布置的 2 个高频压力传感器（PCB1 和 PCB2）测量得到的压力信号。在对压力信号进行局部放大后发现，旋转爆震燃烧室出现了单爆震波和反向双爆震波的两种爆震燃烧模式，其中单爆震波的压力峰值达到 1.0 MPa，反向双爆震波的压力峰值约为 0.45 MPa。单爆震波在传播过程中转变成反向双爆震波，且在持续一段时间后又再次转变成单爆震波。在该实验条件下，旋转爆震燃烧室内的单个爆震波很难持续稳定传播。低流量的喷注导致的不均匀掺混可能是单爆震波不能稳定传播的主要原因。

图 3.3(c) 给出了爆震燃烧室中旋转爆震波压力信号的 FFT 和 STFT 分析结果。表明，旋转爆震燃烧室内压力信号的两个主频的频率值分别为 4 220 Hz 和 6 659 Hz。STFT 结果表明，能量较为集中的两个频率条带随时间保持不变，且反向

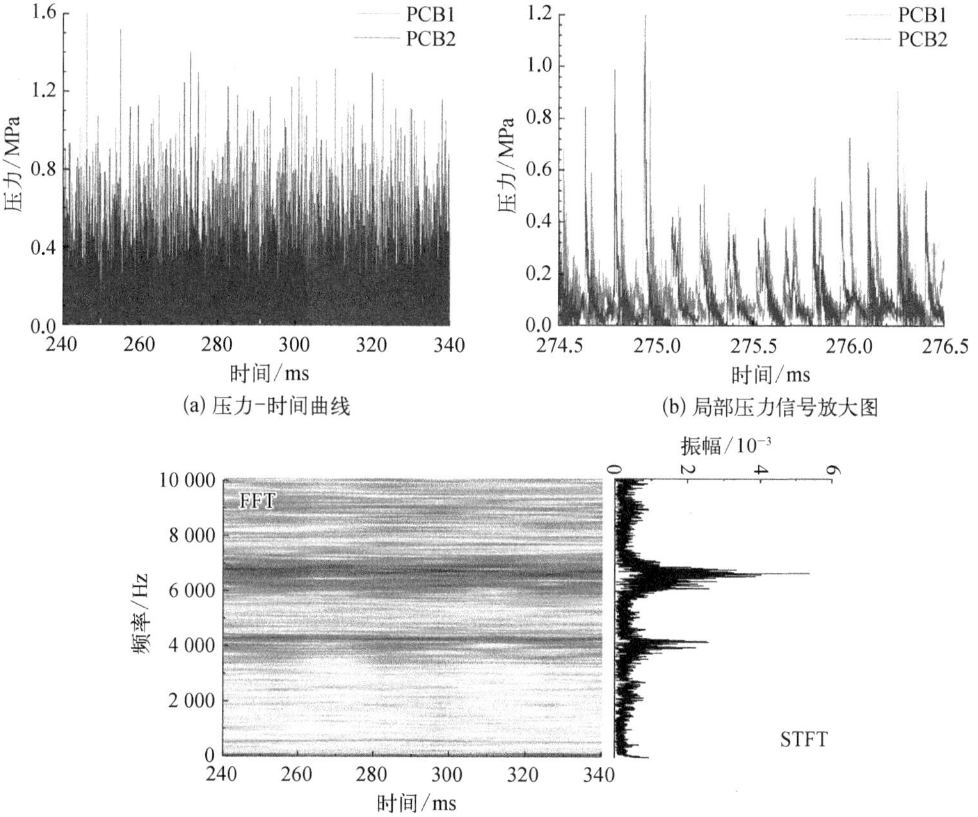

(a) 压力-时间曲线　(b) 局部压力信号放大图

(c) 压力信号的FFT和STFT结果

图 3.3　单爆震波工作模式向反向双爆震波工作模式转换的压力信号（$\dot{m}_a = 105$ g/s，$\varphi = 0.6$）

双爆震波的主频条带较宽,带宽范围约 900 Hz。这说明,旋转爆震燃烧室内出现的反向双爆震波具有不稳定的传播特征。

进一步增大质量流量至 165 g/s 时,沿旋转爆震燃烧室周向布置的 2 个高频压力传感器(PCB1 和 PCB2)测量得到的压力信号表明,旋转爆震燃烧室出现了稳定单爆震波燃烧模式,稳定单爆震波的特征与前面描述的稳定爆震波类似,其中单个爆震波的压力峰值和频率增益明显。继续增大质量流量,如 225 g/s 时,单爆震波的压力峰值和频率持续增加。

在较高的质量流量条件下,如大于 205 g/s 时,旋转爆震燃烧室在很宽的当量比下均能形成稳定的旋转爆震波,当量比的变化并不能对稳定爆震燃烧模式产生影响。在中等质量流量条件下,如 105~185 g/s 时,仅在贫/富燃边界处当量比的变化导致不稳定爆震向稳定爆震燃烧模式的过渡,当量比的变化并不能对稳定爆震燃烧模式产生显著影响。在较低的质量流量条件下,如 45~85 g/s 时,在较宽的当量比下会出现不稳定爆震燃烧模式,以及不稳定爆震向稳定爆震模式的转换。因此,当量比的变化能显著影响爆震燃烧模式。本节以空气质量流量 45 g/s 为例进行分析。

图 3.4(a)给出了当量比为 0.7、空气质量流量为 45 g/s 时,沿旋转爆震燃烧室周向布置的 2 个高频压力传感器(PCB1 和 PCB2)测量得到的压力信号。压力信号表明,旋转爆震燃烧室中出现了明显的燃烧模式转换:单爆震波在持续一段时间后转变成纵向快速爆燃波。

在对压力信号进行局部放大后发现,旋转爆震燃烧室内出现的单个爆震波的压力峰值为 0.32 MPa,纵向快速爆燃波的压力峰值为 0.2 MPa,如图 3.4(b)和(c)所示。低强度的单爆震波很难处于稳定的传播状态。这是因为,当前实验工况富氧空气质量流量低,在小当量比条件时进入旋转爆震燃烧室中参与燃烧反应的氢气量少,燃烧反应释热量低。低强度爆震波的反应区和前导激波之间的耦合非常脆弱,一旦受到其他因素的干扰,如压力扰动,极易出现前导激波与反应区分离,爆震波转变为一种快速爆燃波。

图 3.4(d)给出了爆震燃烧室中的压力信号的 FFT 和 STFT 分析结果。旋转爆震燃烧室内压力信号的两个主频分量频率分别为 2 747 Hz 和 5 321 Hz,其中 2 747 Hz 接近旋转爆震燃烧室的一阶纵向固有声学频率 2 700 Hz。这表明,在爆震波转变成快速爆燃波后,燃烧热释放瞬变过程与声学振荡过程相耦合,使燃烧室出现稳定的自持振荡燃烧。

保持氧气体积分数为 30%、富氧空气的质量流量 45 g/s 不变,将当量比提高到 0.8 时进行实验测量。沿旋转爆震燃烧室周向布置的 2 个高频压力传感器(PCB1 和 PCB2)测量得到的压力信号如图 3.5(a)所示。旋转爆震燃烧室中出现了多个工作模式的转变:反向双爆震波在持续一段时间后转变成单爆震波,单爆震波在传播过程中衰减成纵向传播的快速爆燃波,纵向快速爆燃波在持续一段时间后再

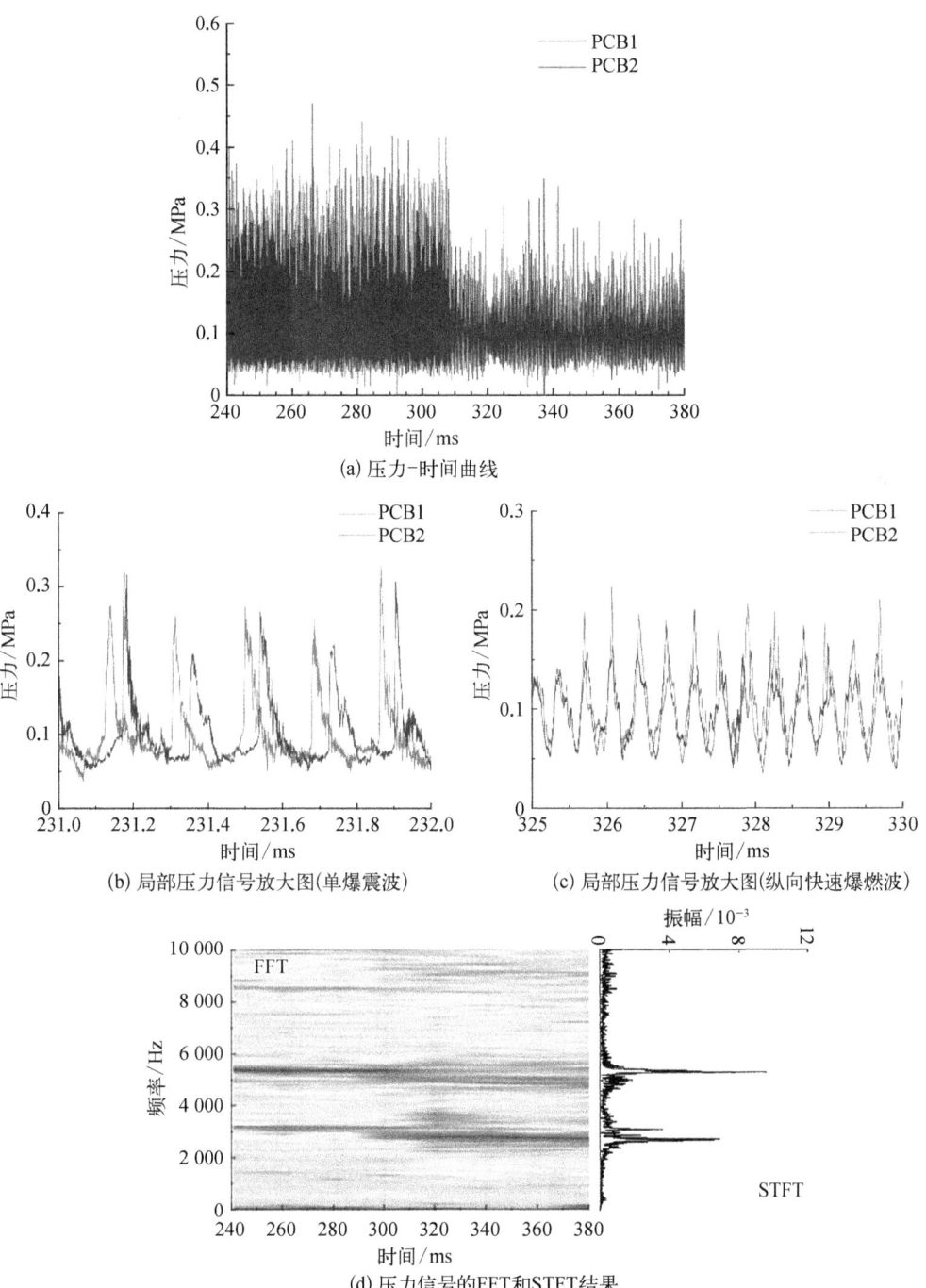

图 3.4　单爆震波工作模式向纵向快速爆燃工作模式转换的压力信号（$\dot{m}_a = 45\ \text{g/s}$，$\varphi = 0.7$）

次发展成反向双爆震波。

在对压力信号进行局部放大后发现,旋转爆震燃烧室内出现反向双爆震波的平均压力峰值为 0.36 MPa,单爆震波的平均压力峰值为 0.62 MPa。两个反向传播的爆震波强度不同(图中所示的压力峰值不同),传播过程中两个强度不同的爆震波相互碰撞,弱波被逐渐削弱,强波在消耗更多的未燃混合气后变得更强。最终结果是在反向双爆震波碰撞若干次后,弱波消亡,强波更强,燃烧室内发展成一个爆震波,如图 3.5(b)所示。旋转爆震燃烧室内的单爆震波衰弱为纵向快速爆燃波,经历若干传播周期后,在适当的条件下由旋转爆震燃烧室出口反传回燃烧室头部的爆燃波再次触发爆震波,从而再一次在燃烧室内形成了反向传播的双旋转爆震波。

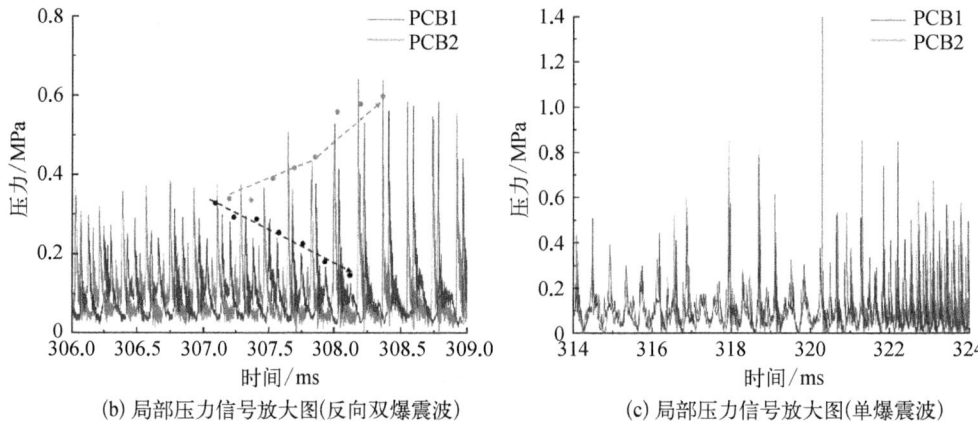

图 3.5 多个工作模式相互转换的压力信号($\dot{m}_a = 45\ \text{g/s}$, $\varphi = 0.8$)

保持氧气体积分数为30%、富氧空气的质量流量为45 g/s不变，将当量比继续提高到0.9时进行实验测量。沿旋转爆震燃烧室周向布置的2个高频压力传感器（PCB1和PCB2）测量得到的压力信号如图3.6(a)所示。旋转爆震燃烧室中仅存在单爆震波，单爆震波强度不稳定，传播过程中不断进行着强弱交替。

对压力信号进行局部放大后发现，旋转爆震燃烧室内出现的单爆震波的平均压力峰值为0.7 MPa，最弱时为0.45 MPa，最强时为1.0 MPa，爆震波压力峰值在35%的范围内变化。因此，对于爆震波的传播，爆震波强度与爆震波锋面前新鲜混合气体的填充存在着很强的依赖关系，新鲜混合气体的填充过量或者不足均会导致爆震波的状态发生改变（变强或者变弱）。爆震波压力峰值的减弱表明爆震波强度降低，爆震波的传播速度减小，爆震波锋面前新鲜混合气体的填充时间变长（混合气体填充量增加），下一周期爆震波的强度反而得以增加。

图3.6(c)给出了爆震燃烧室中压力信号的FFT和STFT分析结果。旋转爆震燃烧室内压力信号的两个主频分量频率分别为4 195 Hz和6 794 Hz。STFT结果表

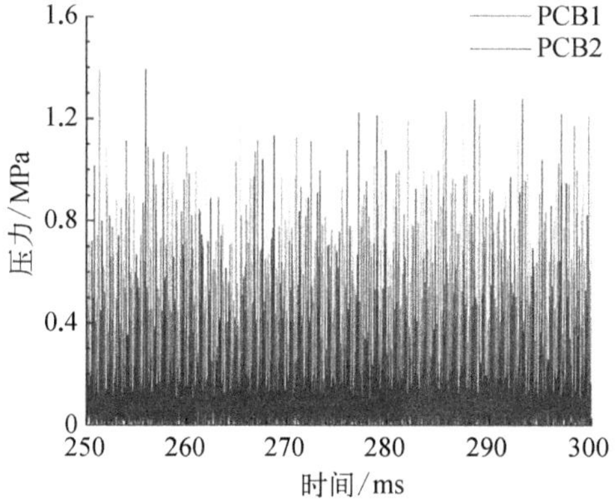

(a) 压力-时间曲线

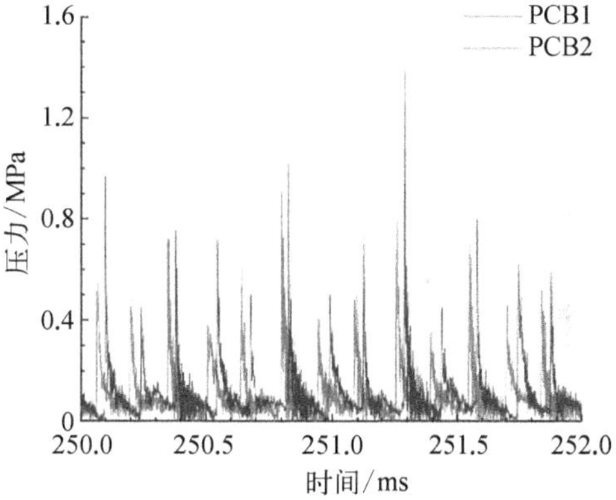

(b) 局部压力信号放大图

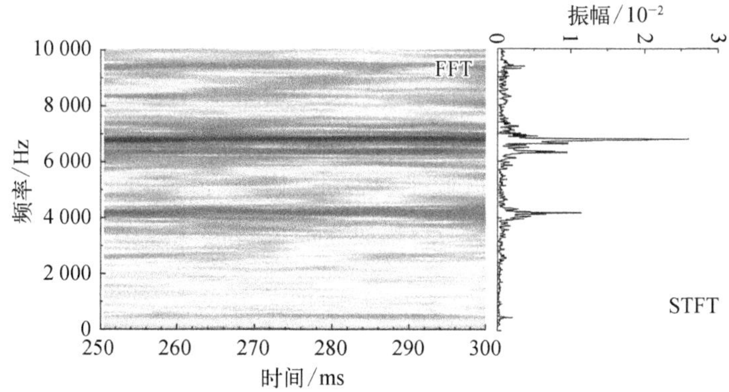

(c) 压力信号的FFT和STFT结果

图3.6　爆震波强弱交替的压力信号($\dot{m}_a = 45$ g/s, $\varphi = 0.9$)

明,能量较为集中的两个频率条带随时间保持不变,且单爆震波的主频条带较宽,带宽约 1 000 Hz。这同样说明,旋转爆震燃烧室内出现的单爆震波具有不稳定的传播特征。

在 2.2 节中曾经提到,旋转爆震燃烧室中会经常出现旋转爆震波转向的现象。在本章的实验研究中,当 30% 富氧空气的质量流量为 65 g/s、当量比为 0.7 时,在旋转爆震燃烧室中也观察到了爆震波转向的现象,如图 3.7 所示。与 2.2 节中的爆震波转向现象不同的是,富氧空气条件下爆震波的转向过程极其短暂。局部放大的压力信号表明,旋转爆震燃烧室内的爆震波在 248.6 ms 时开始衰减成反向双爆震波,在经历了 0.6 ms 后再次转变成单爆震波,并实现了爆震波的转向。这一爆震波转向过程所需要的时间相对常规空气时要短得多。

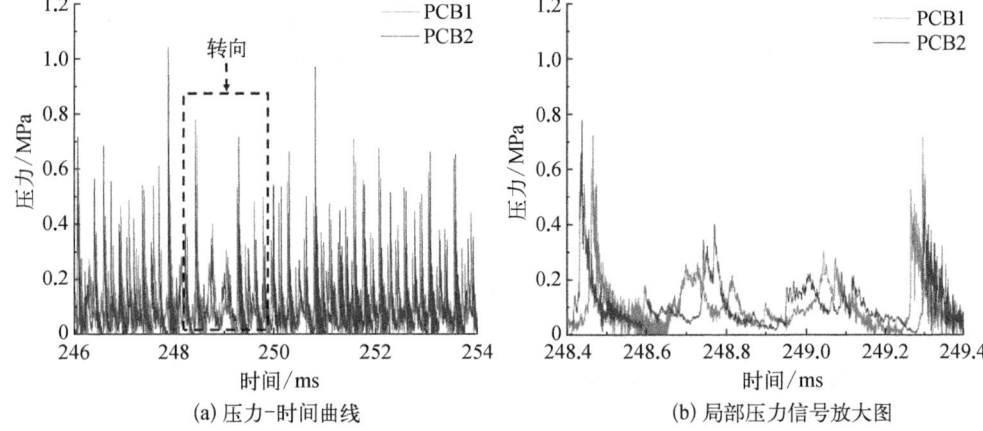

(a) 压力-时间曲线 (b) 局部压力信号放大图

图 3.7　爆震波转向压力信号($\dot{m}_a$ = 65 g/s, φ = 0.7)

3.1.2　富氧空气连续旋转爆震燃烧室工作图谱

图 3.8 和图 3.9 分别给出了以氧气体积分数为 30% 和 35% 的富氧空气作为氧化剂,不同的质量流量和当量比条件下旋转爆震燃烧室中燃烧模式,以富氧空气作为氧化剂时,稳定爆震占据了工作区域的大部分。如图 3.8 所示,在以 30% 富氧空气为氧化剂的条件下,快速爆燃区域非常小,仅在质量流量为 45 g/s,当量比为 0.4 和 0.5 时发生。在极贫燃和富燃条件下,如当量比小于 0.4 或者大于 1.8,燃烧室难以成功起爆。

不稳定爆震燃烧区域主要包含两个子区域,其中一区域为空气质量流量为 45~65 g/s、当量比为 0.6~0.9 的近似三角形区域,另一区域则为当量比为 1.6、空气质量流量为 45~105 g/s 的狭长区域。富燃条件下的子区域面积更小,这说明富燃条件更有利于形成稳定的连续旋转爆震。

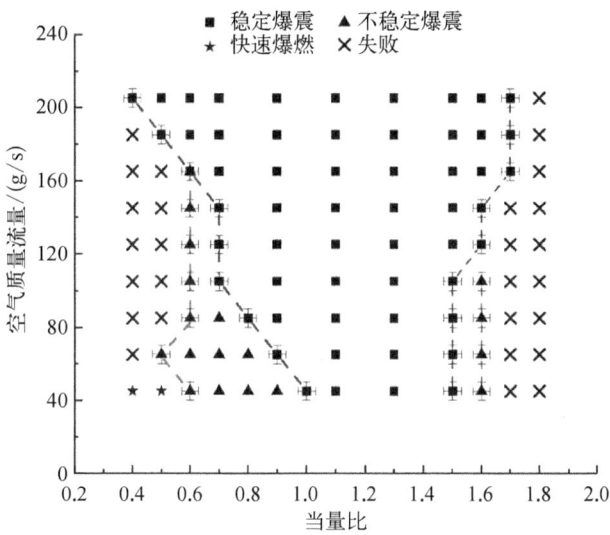

图 3.8 氧气体积分数为 30% 富氧空气条件下旋转爆震燃烧室工作图谱

如图 3.9 所示,快速爆燃工作区域仅当质量流量为 45 g/s、当量比为 0.4 时出现。不稳定爆震燃烧工作区域则包含两个子区域,其中一个区域为空气质量流量为 45~165 g/s、当量比为 0.4~0.6 的近似三角形区域,另一个区域则为当量比为 1.5~1.7、空气质量流量为 45~125 g/s 的三角形区域。可以看到,两个子区域相对化学计量当量比对称分布,但富燃条件下的子区域面积更小,这进一步说明了富燃

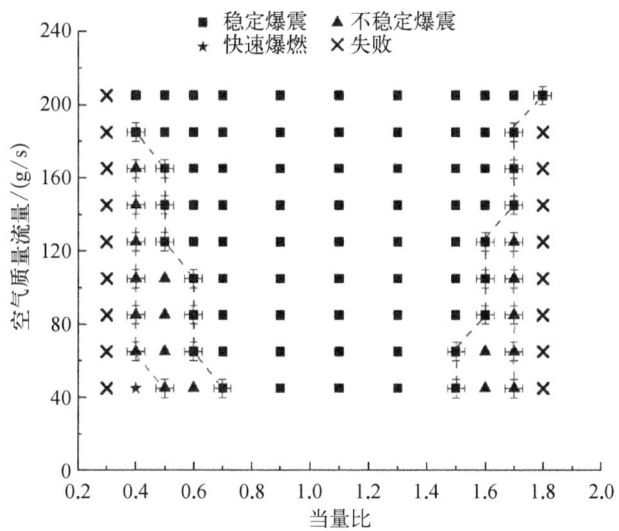

图 3.9 氧气体积分数为 35% 富氧空气条件下旋转爆震燃烧室工作图谱

条件更有利于形成稳定的连续旋转爆震。稳定爆震燃烧区域则夹在两个不稳定爆震燃烧子区域中间,并占据了整个工作图谱的大部分。

与30%富氧空气条件下获得的工作图谱相比,在35%富氧空气条件下,连续旋转爆震燃烧室有效工作边界得到拓宽,成功点火或起爆的当量比范围扩大,稳定传播的连续旋转爆震区域扩大。

总之,在以30%和35%氧气体积分数的富氧空气作为氧化剂的燃烧室条件下,快速爆燃和不稳定的爆震模态主要集中在贫燃区域,氧化剂质量流量增大、当量比1附近,旋转爆震燃烧室中容易产生稳定传播的爆震波。

3.1.3 富氧空气质量流量对爆震波特性的影响

本节主要讨论质量流量对爆震波速、速度波动率、燃烧室压力等传播特性的影响。

图3.10给出了三种不同氧气体积分数的空气在当量比($\varphi = 1.0$)的条件下,连续旋转爆震波的传播速度随空气质量流量的变化规律。以30%氧气体积分数的富氧空气为例,连续旋转爆震波的传播速度由富氧空气质量流量45 g/s时的1 300 m/s增加至205 g/s时的2 050 m/s,其速度增长率达到了57.7%。可见,在富氧空气的高质量流量条件下,连续旋转爆震波的传播速度显著提高。当富氧空气的质量流量处在45~165 g/s时,连续旋转爆震波的传播速度表现出线性增长的趋势;当富氧空气的质量流量增加至165 g/s时,连续旋转爆震波传播速度的增长率

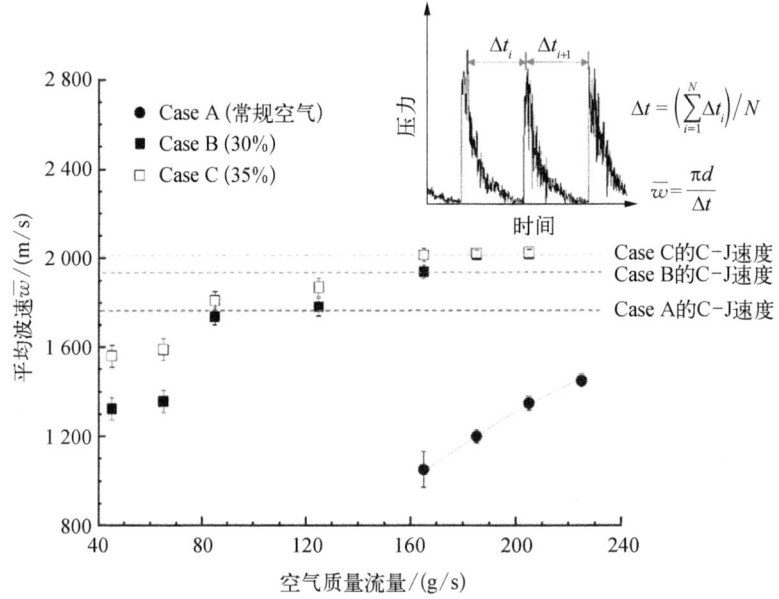

图3.10 不同氧气体积分数条件连续旋转爆震波传播速度

则出现下降的趋势,在 185 g/s 时速度增长率下降至 4%左右。由此可见,随着氧气体积分数的增加,燃烧室出现了更多处于当量比附近的良好混合物,弥补了燃料和氧化剂混合不充分带来的爆震波速度亏损。在混合达到一定程度时,燃烧室壁面的摩擦等因素导致爆震波速亏损的比例在 5%以内。

随着富氧空气质量流量的增加,连续旋转爆震波的传播速度也增加的主要原因从以下两个方面考虑。一方面,对于同一燃烧系统,氧化剂质量流量的增加实际上是集气腔的气体总压增加了,这意味着燃烧室头部可燃混合气体的压力也增加,未燃气压力的提高使得可燃混合气体的爆震燃烧反应更加剧烈,爆震波传播速度增加。另一方面,从爆震波总能量角度出发,在保持当量比不变的条件下,增加空气/氢气的质量流量会使得进入连续旋转爆震环形燃烧室中的可燃混合气体的体积增加,可燃混合气体总能量的增加促使形成更强的爆震波。

从图 3.10 中还可以看出,当采用 30%和 35%氧气体积分数的富氧空气作为氧化剂时,富氧空气的质量流量在达到 45 g/s 时即可产生稳定的连续旋转爆震波,但是连续旋转爆震波的传播速度与 C-J 爆震波的理论传播速度相差高达 35%,这主要是由于保持当量比不变,进入燃烧室中氢气的质量流量过低,爆震波后反应区的释热强度不足,从而产生的爆震波强度较弱。与此不同的是,采用常规空气,在质量流量为 45 g/s 时燃烧室则不能产生爆震波,这主要是因为常规空气中的氧气体积分数低,燃烧室内燃烧的释热处于较低的水平,以致反应区的能量释放不足以满足产生稳定传播爆震波的条件。此时,环形燃烧室内燃烧状态为快速爆燃。采用常规空气作为氧化剂,只有当空气的质量流量达到 165 g/s 时才可以产生稳定传播的连续旋转爆震波,此时爆震波的传播速度与 C-J 爆震波的理论传播速度相差 25%。

30%氧气体积分数的富氧空气在 45 g/s 时形成的稳定连续旋转爆震波传播速度与常规空气在 205 g/s 时产生的连续旋转爆震波传播速度相当。空气流量大意味着供给压力高,燃烧室头部预混合气体压力高。由此可见,对于氧气体积分数较低的常规空气,提高燃烧室头部混合气体的压力能够产生稳定的连续旋转爆震波。在较小的空气质量流量条件下,则可以通过提高空气中的氧气体积分数来促进稳定连续旋转爆震波的形成。

图 3.11 给出了连续旋转爆震波的速度波动率随空气质量流量的变化规律。以常规空气作为氧化剂时,由图 2.17 可知,当空气质量流量较小(小于 125 g/s)时,燃烧室内形成的是快速爆燃模态。当空气质量流量为 45 g/s 时,爆燃波速度波动率接近 80%(爆燃模态速度波动率未在图 3.11 中标注)。当进一步提高空气质量流量时,燃烧室内出现了与切向固有声学频率相耦合的热声耦合燃烧模态,燃烧室内爆燃波的脉动幅值降低,并且具有很强的周期性特征,爆燃波的速度波动率降低至 10%以下。当空气的质量流量继续增加到 125 g/s 时,环形燃烧室内形成非稳定爆震模式,燃烧室内压力波的速度脉动又开始变强,速度波动率约为 50%。当空

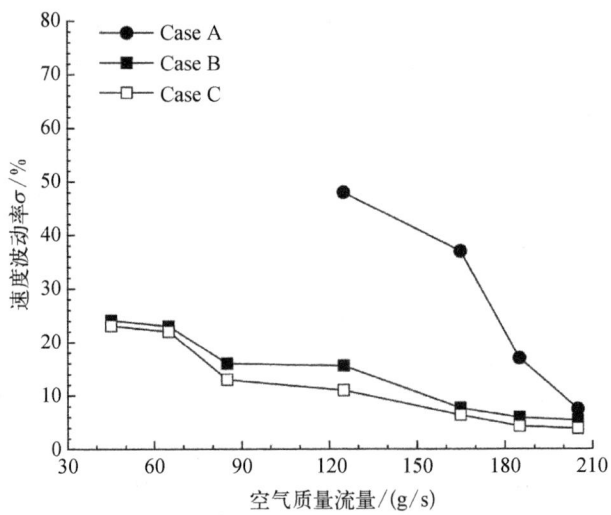

图 3.11 连续旋转爆震波的速度波动率与空气质量流量的关系($\varphi = 1.0$)

气质量流量继续增加到 185 g/s 时,燃烧室内开始出现稳定的连续旋转爆震波,此时的速度波动率迅速衰减至 15% 左右。当空气的质量流量由 185 g/s 继续提高到 205 g/s 时,连续旋转爆震波的速度波动率减小到 10% 左右。

以富氧空气作为氧化剂时,较小的富氧空气质量流量便能产生稳定的连续旋转爆震波。当体积分数为 30% 富氧空气的质量流量为 45 g/s 时,连续旋转爆震波的速度波动率约为 25%,伴随着富氧空气质量流量的增加,速度波动率不断减小。比较 30% 和 35% 氧气体积分数的富氧空气,在相同的空气质量流量条件下,氧气体积分数的增加使得连续旋转爆震波的速度波动率较小。

上述分析表明,连续旋转爆震波的速度波动率反映了爆震波状态,表征了燃烧室内爆震波的稳定程度。在常规空气条件下,较高空气质量流量时,燃烧室通常出现稳定传播的连续旋转爆震波。氧气体积分数增加,能显著改善连续旋转爆震波的稳定程度。当连续旋转爆震波速度波动率小于 4% 时,继续增加氧气的体积分数,难以继续提高连续旋转爆震波的稳定程度。

采用燃烧室内连续旋转爆震波的峰值平均压力 P_D 与空气集气腔压力 $\bar{P}_M$ 的比值 ($P_D/\bar{P}_M$) 以及连续旋转爆震波的平均压力 P_A 与空气集气腔压力 $\bar{P}_M$ 的比值 ($P_A/\bar{P}_M$) 共同表征环形燃烧室内流道的压力变化特性。

上述压力比值采用式(3.1)和式(3.2)的定义:

$$\frac{P_D}{\bar{P}_M} = \frac{\sum_{i=1}^{N} P_D^i}{N\bar{P}_M} \tag{3.1}$$

$$\frac{\overline{P_A}}{\overline{P_M}} = \frac{\int_0^{\Delta T} p(t)\,dt}{\Delta T \overline{P_M}} \tag{3.2}$$

其中,P_D^i 为第 i 个爆震波的平均峰值压力;$p(t)$ 为 ΔT 时间内 PCB 动态压力传感器测量的旋转爆震燃烧室头部压力变化;$\overline{P_M}$ 为空气集气腔中的静压。

图 3.12 给出了当量比为 1.0 时,三种不同氧气体积分数的空气条件下,压力比值随空气质量流量的变化关系。当采用常规空气作为氧化剂时,连续旋转爆震燃烧室流道内压力比值随着空气质量流量的增加而呈线性增长趋势。相对普通空气而言,30% 和 35% 氧气体积分数的富氧空气作为氧化剂时,旋转爆震燃烧室流道内的压力比值显著增强。前面提到,普通空气的质量流量达到 165 g/s 时,在燃烧室内可产生连续旋转爆震波,此时燃烧室流道内的 $P_D/\overline{P_M}$ 和 $P_A/\overline{P_M}$ 分别为 1.3 和 0.6。然而,当 30% 富氧空气的质量流量仅为 45 g/s 时,燃烧室流道内 $P_D/\overline{P_M}$ 和 $P_A/\overline{P_M}$ 便可达到 3.3 和 1.7。如果将空气中的氧气体积分数提高至 35%,那么燃烧室流道内 $P_D/\overline{P_M}$ 和 $P_A/\overline{P_M}$ 增加到 3.7 和 1.9。由此可见,普通空气在 165 g/s 时的燃烧室流道内 $P_D/\overline{P_M}$ 和 $P_A/\overline{P_M}$ 明显低于富氧空气在 45 g/s 时 $P_D/\overline{P_M}$ 和 $P_A/\overline{P_M}$。因此,氧气体积分数的增加能显著提高连续旋转爆震燃烧室流道内 $P_D/\overline{P_M}$ 和 $P_A/\overline{P_M}$。

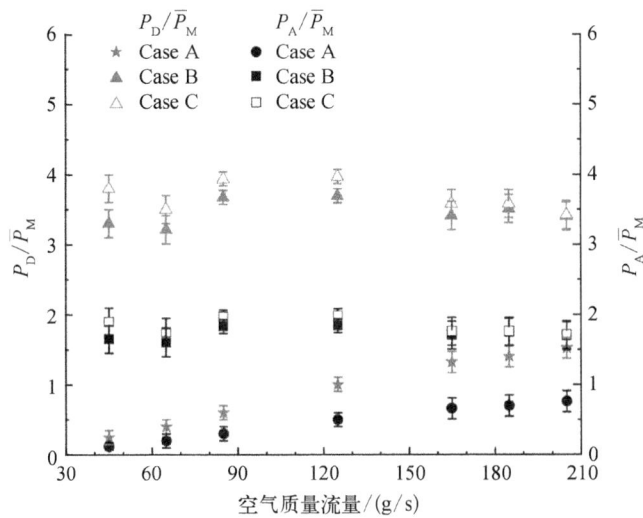

图 3.12 不同氧气体积分数时旋转爆震燃烧室流道压力变化($\varphi = 1.0$)

如图 3.12 所示,当采用 30% 和 35% 氧气体积分数的富氧空气作为氧化剂时,随着富氧空气质量流量的增加,燃烧室的压力增益出现了减弱和增强交替变化的波动趋势,在富氧空气质量流量处于 85~125 g/s 时出现了最强的压力比值($P_D/\overline{P_M}$),达到 4 左右。然而,继续增加富氧空气的质量流量至 165 g/s 时,燃烧室

流道内 $P_D/\bar{P}_M$ 在出现小幅度的下降后趋于平缓。此后。即使继续增加富氧空气的质量流量,旋转爆震燃烧室流道内 $P_D/\bar{P}_M$ 也不会再出现大幅度增加。

当采用常规空气作为氧化剂时,即使不断增加空气的质量流量,$P_A/\bar{P}_M$ 一直都小于1。然而,在富氧空气作为氧化剂时,$P_A/\bar{P}_M$ 在1.5~2.0变化。这意味着空气富氧能增强爆震区域的平均压力。

总之,在相同的空气质量流量条件下,采用富氧空气作为氧化剂,在燃烧室流道内 $P_D/\bar{P}_M$ 和 $P_A/\bar{P}_M$ 要明显高于常规空气时流道 $P_D/\bar{P}_M$ 和 $P_A/\bar{P}_M$。随着富氧空气中氧气体积分数的提高,$P_D/\bar{P}_M$ 和 $P_A/\bar{P}_M$ 增大。即使在较小的质量流量条件下,增加空气中的氧气体积分数也能显著地提高 $P_D/\bar{P}_M$ 和 $P_A/\bar{P}_M$。

3.1.4 氧气体积分数对爆震波传播稳定性的影响

进一步分析三种不同氧气体积分数的空气对连续旋转爆震波传播稳定性的影响。

在较低的空气质量流量范围内(45~65 g/s),为了获得稳定传播的连续旋转爆震波,采用35%氧气体积分数的富氧空气需要消耗的氢气量要略高于30%氧气体积分数的富氧空气,如图3.13所示。当空气的质量流量增加至85 g/s时,35%氧气体积分数的富氧空气消耗的氢气量相对于30%氧气体积分数的富氧空气出现显著增加的趋势。当富氧空气质量流量都大于或等于165 g/s时,30%氧气体积分数的富氧空气产生稳定的连续旋转爆震波所需的氢气质量流量最小(小于等于4 g/s),此时,35%氧气体积分数的富氧空气产生稳定的连续旋转爆震波则需要更

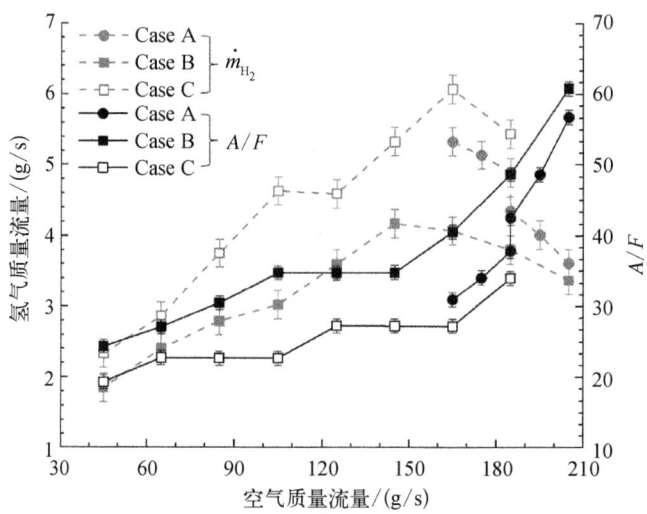

图3.13 稳定连续旋转爆震波形成边界对应的氧气/氢气质量流量关系与空燃比(A/F)关系

多的氢气流量(大于 6 g/s),甚至高于常规空气流量。因此,可以认为在较大的空气质量流量工况下,30%氧气体积分数的富氧空气需要较少的氢气质量流量就能实现稳定传播的连续旋转爆震波。

就形成稳定的连续旋转爆震波的空燃比 ($A/F = \dot{m}_a/\dot{m}_f$) 而言,30%氧气体积分数的富氧空气在较大的质量流量条件下(如 205 g/s 时),形成稳定连续旋转爆震波的空燃比最大,即相对于一定量的氧化剂质量流量,所需的氢气的质量流量最小。然而,此时 35%氧气体积分数的富氧空气形成稳定旋转爆震波的空燃比较小,甚至比相同的质量流量条件下常规空气形成稳定爆震波的空燃比更小。

由此可见,以在燃烧室内形成稳定传播的爆震波为目标,同时考虑消耗氢气流量多少,并不是氧气体积分数越高的空气越好。对 21%、30%和 35%氧气体积分数的空气而言,采用 30%氧气体积分数的富氧空气作为氧化剂时形成稳定爆震波时所需要的氢气质量流量最小。

图 3.14 为不同氧气体积分数的空气对稳定连续旋转爆震燃烧波的贫/富燃当

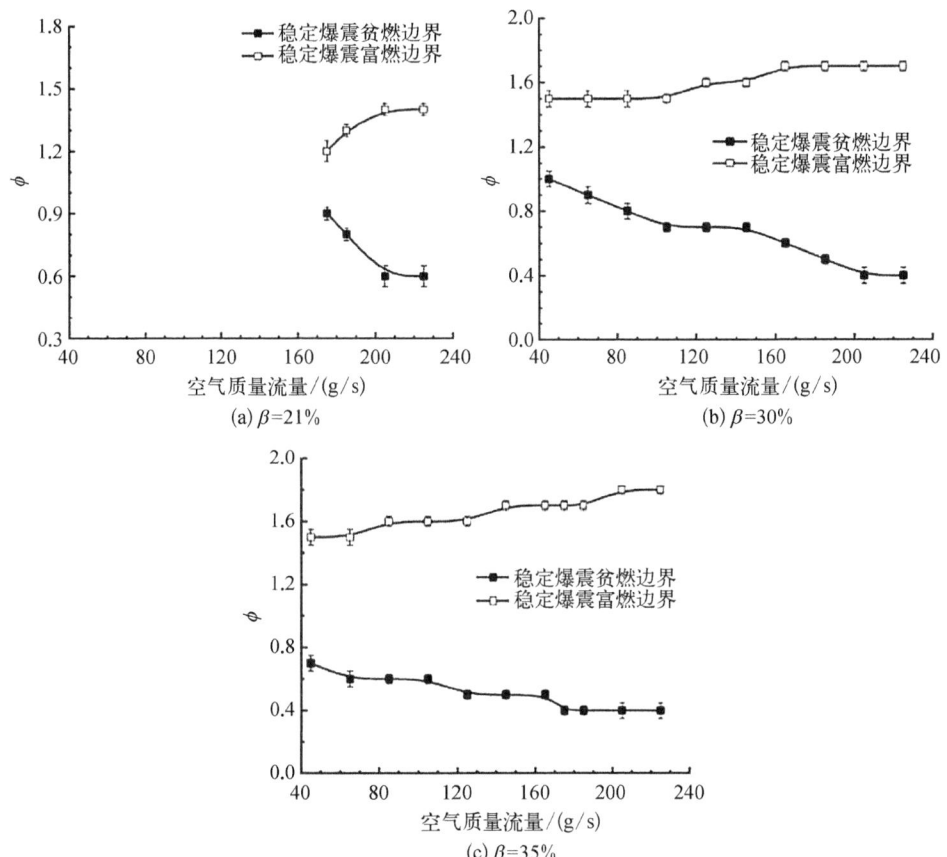

图 3.14 不同氧气体积分数、空气质量流量和爆震波贫富燃边界之间关系

量比边界的影响规律。连续旋转爆震环形燃烧室内形成稳定旋转爆震波的当量范围随着空气中氧气体积分数的增加而逐渐扩大。

当空气中的氧气体积分数为21%(常规空气)时,产生稳定连续旋转爆震波的富燃当量边界较低,并且当空气质量流量达到175 g/s时才能产生稳定传播的连续旋转爆震波。随着氧气体积分数的增加,产生稳定连续旋转爆震波的富燃当量比边界不断增长。由此可见,氧气体积分数的增加对产生稳定爆震波富燃边界的影响非常显著。

当空气中的氧气体积分数为21%时,产生稳定连续旋转爆震波的贫燃当量比边界的质量流量需要达到205 g/s;当空气中氧气体积分数由21%增加至30%时,产生稳定爆震波的贫燃当量比边界显著扩宽。当空气中氧气体积分数进一步增加到35%时,稳定爆震波的贫燃边界趋于不变。由此可见,当空气中的氧气体积分数由21%增加至30%时,氧气体积分数的增加对产生稳定爆震波的贫燃边界影响非常明显;当氧气体积分数增加至35%时,氧气体积分数的增加并不能对稳定连续旋转爆震波的贫燃当量边界产生显著影响。

3.2 等离子体调控技术

本节分别介绍使用低温等离子体点火器的旋转爆震燃烧室的起爆特性,以及嵌入式等离子体发生器对旋转爆震波传播稳定性的影响。本节实验采用的实验方法与2.1节一致,虽然在3.2.2节增加了嵌入式等离子体发生器,但燃烧室构型和主要尺寸仍保持一致。

3.2.1 低温等离子体点火起爆特性

本节介绍交流驱动的低温等离子体点火器,其采用介质阻挡放电方式产生非平衡等离子体。在放电过程中,放电空间形成大范围的放电流注,放电激发出大量的电子,电子相互碰撞而电离出大量的活性粒子,由这些物质构成的低温等离子体促进了可爆混合气体的快速反应。低温等离子体点火器能量比普通火花塞显著提高。

图3.15(a)和(b)分别给出了自制低温等离子体点火器二维几何剖面图与实物图。其中低温等离子体点火器采用陶瓷阻挡放电方式,使用金属铁棒连接电源的高压极,不锈钢外壳连接电源的低压极,其中金属铁棒通过陶瓷材料来进行阻隔,并用聚四氟乙烯绝缘材料对它们进行固定。等离子体点火器中金属铁棒直径为6 mm,圆柱形陶瓷材料壁厚为2 mm,陶瓷材料与不锈钢外壳间距为2 mm,点火器中环形空腔长度为40 mm。因此,低温等离子体点火器可在一个长40 mm、宽2 mm的环形区域中产生等离子体放电区域。

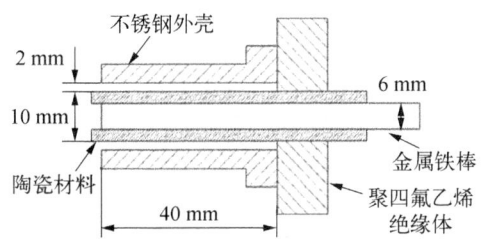
(a) 自制低温等离子体点火器二维几何剖面图

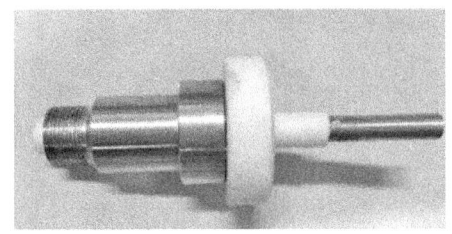
(b) 自制低温等离子体点火器实物图

图 3.15　低温等离子体点火器

等离子体的电源采用 CTP-2000K 低温等离子体电源,放电频率设置为 4 Hz,单次放电时间为 0.05 ms。

图 3.16(a)显示了低温等离子体点火器在环形腔室的放电区域内形成了大范围的放电流注。图 3.16(b)给出了低温等离子体全局放电信号,表明单次放电时间为 30 ms。图 3.16(c)给出了低温等离子体点火器的放电信号,可见等离子体放电以微流注放电模式进行,并且放电微流注产生和消亡的时间间隔较短,约为 0.05 ms。在常温常压空气中,通过示波器测量获得等离子体点火器的放电击穿电压为 13 kV、电流为 0.1 A,放电能量约为 65 mJ。

图 3.17 给出了当空气质量流量为 125 g/s 时,沿旋转爆震燃烧室周向布置的高频压力传感器(PCB1 和 PCB2)测量的点火过程的压力信号。图 3.17 展示了压力传感器测量到低温等离子体点火器在 277.5 ms 开始点火,在 278.3 ms 被引燃的未燃混合气体向四周传播,燃烧室内的压力上升,很快形成了爆燃波。爆燃波沿着顺时间方向传播至 PCB1 处时,其压力峰值为 0.22 MPa;沿逆时针方向传播的爆燃波强度更高,其压力峰值达到 0.42 MPa。

当形成稳定传播的旋转爆震波时,压力峰值达到 0.6 MPa,这与相同实验工况下由高能火花塞点火所形成的旋转爆震波强度相近。

图 3.18 给出了当空气质量流量为 125 g/s 时,沿旋转爆震燃烧室轴向高频压力传感器(PCB1、PCB3 和 PCB4)测量的点火过程的压力信号。图 3.18 显示了 PCB1、PCB3 和 PCB4 压力传感器几乎同时测量到爆燃波的压力上升沿,且爆燃波的压力达到 0.28 MPa。这说明当低温等离子体点火产生的初始火焰向四周传播时,爆燃波同时到达 PCB1、PCB3 和 PCB4 位置处。

图 3.19 给出了当空气质量流量为 185 g/s 时,沿旋转爆震燃烧室周向分布高频压力传感器(PCB1 和 PCB2)测量的点火过程压力信号。图 3.19 显示了压力传感器在 193.5 ms 测量到明显的低温等离子体流注放电信号,表明低温等离子体点火器在此时开始工作。在点火后,初始火焰向四周传播,爆燃波逐渐发展成爆震波。沿着顺时针方向传播至 PCB1 位置时,压力峰值为 0.45 MPa。沿逆时针方向

(a) 低温等离子体放电实验

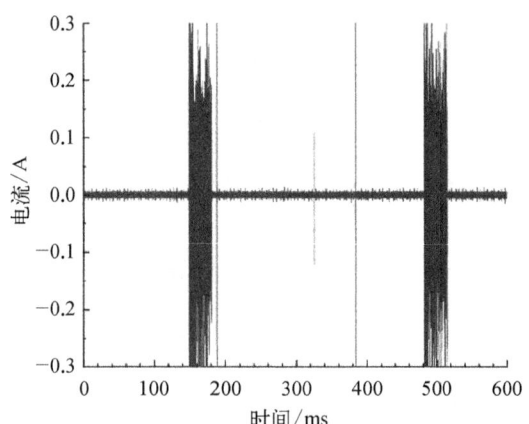

(b) 低温等离子体全局放电信号

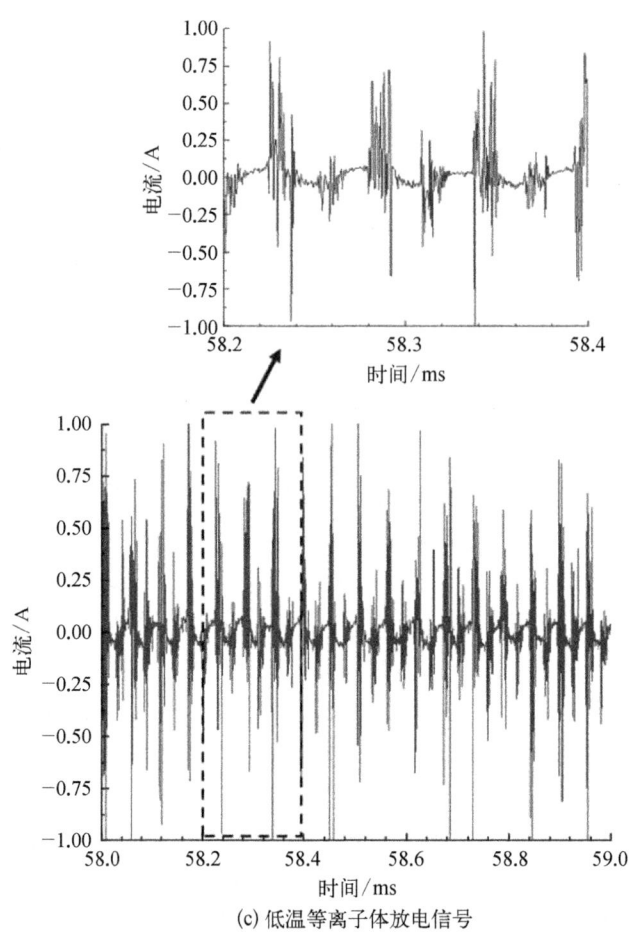

(c) 低温等离子体放电信号

图 3.16　低温等离子体点火器放电实验及放电信号

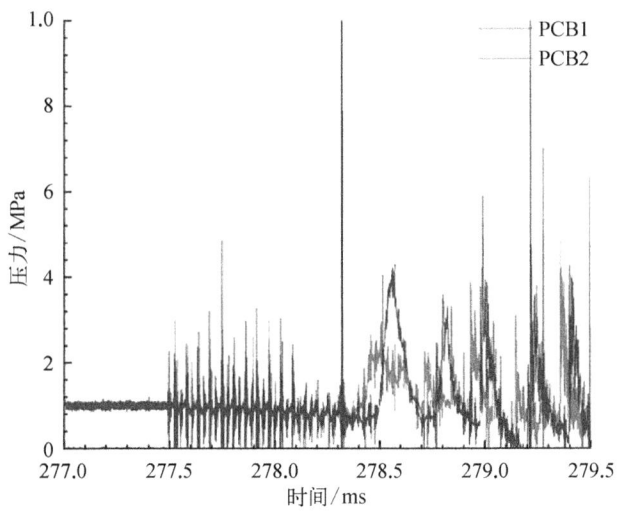

图 3.17　低温等离子体点火起爆过程中沿旋转爆震燃烧室周向的压力信号（$\dot{m}_a = 125 \text{ g/s}, \varphi = 1.0$）

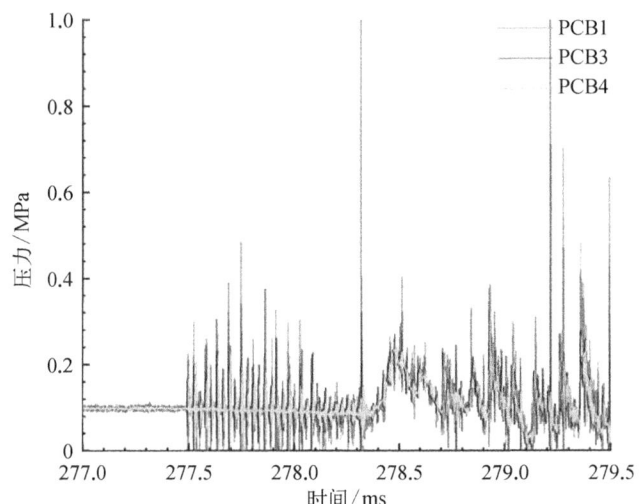

图 3.18　高能火花塞点火起爆过程中沿旋转爆震燃烧室轴向的压力信号（$\dot{m}_a = 125 \text{ g/s}, \varphi = 1.0$）

传播的爆燃波与沿顺时针方向传播的爆燃波在 PCB2 附近相撞，PCB2 探测到了碰撞产生的压力脉冲，其峰值可达 1.6 MPa。

图 3.20 给出了当空气质量流量为 185 g/s 时，沿旋转爆震燃烧室轴向布置的高频压力传感器（PCB1、PCB3 和 PCB4）测量得到的点火过程的压力信号。图 3.20 显示了 PCB1、PCB3 和 PCB4 压力传感器几乎同时测量到爆燃波的压力上升沿，且爆燃波压力达到 0.55 MPa。这说明低温等离子体点火产生的初始火焰向

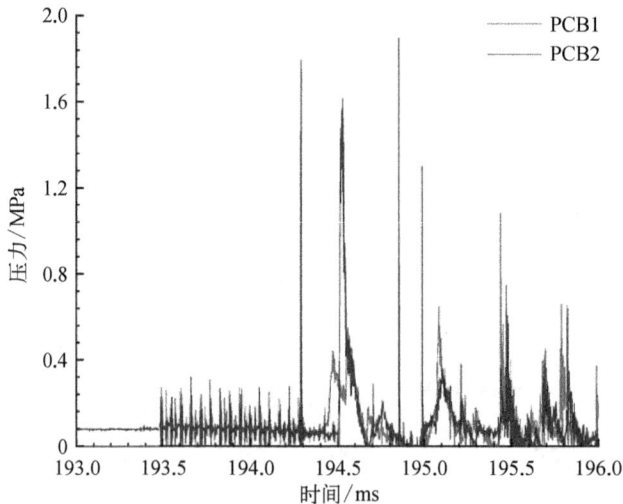

图 3.19 低温等离子体点火起爆过程中沿旋转爆震燃烧室周向的压力信号（$\dot{m}_a = 185 \text{ g/s}, \varphi = 1.0$）

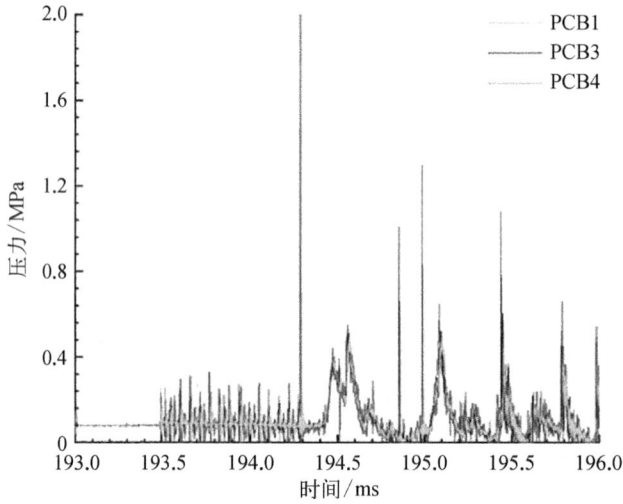

图 3.20 低温等离子体点火起爆过程中沿旋转爆震燃烧室轴向的压力信号（$\dot{m}_a = 185 \text{ g/s}, \varphi = 1.0$）

四周传播时,爆燃波同时到达 PCB1、PCB3 和 PCB4 位置处。

在低温等离子体点火器作用下,从点火到形成旋转传播的爆震波仅需要经历超过 2 ms,这大于相同实验条件下采用普通火花塞和高能火花塞时形成稳定爆震波所需的时间。由此可见,在连续旋转爆震燃烧室内使用低温等离子体点火器不能缩短点火过程中爆燃向爆震转变的时间。

3.2.2 嵌入式低温等离子体发生器及其点火助燃特性

低温等离子体点火器能够缩短爆燃至爆震的转变时间,这是由于低温等离子体能够产生大量处于激发状态的自由基,这些活性自由基能够有效加速化学反应过程。然而,对于这种安装在燃烧室壳体上的低温等离子体点火器,放电区域形成的大体积放电流注未能得到有效利用。为了更好地利用等离子体的强化点火效应,本节设计一种嵌入燃烧室的低温等离子体发生器,并研究其点火和助燃规律。

嵌入式低温等离子体发生器的设计原则主要是在燃烧室环形通道部分区域内利用阻挡介质进行放电,产生低温等离子体。如图 3.21 所示,旋转爆震燃烧室由内圆柱与外圆筒组成,其中内圆柱由 4 个部分组成,A 表示喷注进气部件,B 表示聚四氟乙烯绝缘体连接部件,C 表示高压极点火芯,D 表示陶瓷套筒。其中 B 主要将喷注进气部件与高压点火芯之间绝缘隔离;C 接入低温等离子体高压电源的高压端,旋转爆震燃烧室壳体接高压电源的低压端。在一定的条件下,高压极点火芯与燃烧室壳体之间的环形通道内可产生大体积、高浓度的低温等离子体放电流注。陶瓷套筒 D 的作用是在高低压电极之间形成阻挡,避免全场放电,使放电在需要的区域内进行,如图 3.22 所示。当高低电压极的两端电压差足够大时,燃烧室环形通道内的可爆混合气体被击穿,高低压电极间出现了大量的放电流注细丝,并产生大量的活性物质。

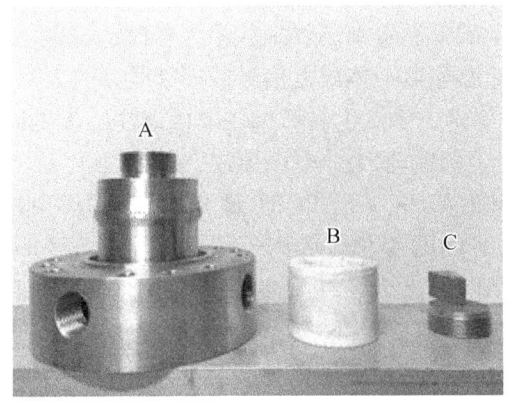

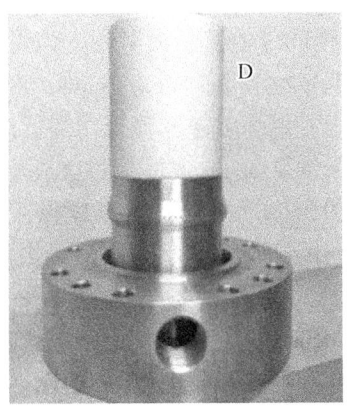

(a) 燃烧室内圆柱部件　　　　　　(b) 燃烧室内圆柱

图 3.21　低温等离子体阻挡放电旋转爆震燃烧室部件实物图

本节采用体积固定的高压点火芯进行实验研究,高压点火芯为扇形,其弧长为 32 mm,厚度为 20 mm。在考虑陶瓷管厚度为 10 mm 的情况下,燃烧室环形通道内形成的放电流注体积为 128 mm^3。

实验仍然采用空气作为氧化剂,氢气作为燃料,化学当量比固定为 $\varphi = 1.0$,空气质量流量分别为 125 g/s 和 185 g/s。

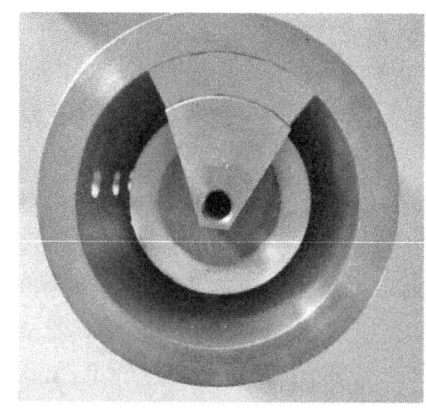 

(a) 点火区域示意图　　　　　　　(b) 点火实验

图 3.22　低温等离子体阻挡放电旋转爆震燃烧室实验

在实验中,低温等离子体发生器高压电源输入电压为 70 V,工作电流为 1.6 A,控制等离子体发生器放电频率的信号发生器的信号发生频率设定为 4 Hz,这也是点火频率,研究点火和助燃特性时放电的持续时间分别为 50 ms 和 125 ms。在常温常压空气中,低温等离子体发生器放电击穿电压为 18 kV,电流为 0.17 A,放电能量约为 1.53 J。

本节首先研究嵌入燃烧室环形通道内的低温等离子体发生器点火起爆特性。

图 3.23 给出了放电频率为 4 Hz 的低温等离子体发生器工作时的放电信号,信号表明单次放电时间为 50 ms。对低温等离子体放电信号的局部时刻放大后发现,旋转爆震燃烧室环形通道内的低温等离子体发生器形成放电微流注细丝的时间间隔小于 0.1 ms,大致估计每次放电产生 500 多个放电微流注。

图 3.24 给出了当空气质量流量为 125 g/s 时 PCB1 和 PCB2 高频压力传感器测量到的旋转爆震燃烧室内压力随时间的变化。等离子体点火器在 377 ms 开始工作,旋转爆震燃烧室内在 400～475 ms 出现了明显的高频压力峰,其幅值约为 0.65 MPa。压力峰值在氢气停止供给后(475 ms 时)逐渐减弱直至消失。

在相同实验条件下,环形通道内的低温等离子体发生器诱导产生的旋转爆震波强度明显高于普通火花塞和高能点火器等点火方式产生的旋转爆震波强度。这是由于介质阻挡放电在燃烧室环形通道内产生了大量的活性粒子、电子等非平衡等离子体,它们能够激发并加速化学反应,增强燃烧强度及火焰传播速度。

图 3.25 进一步给出了点火初始阶段的压力随时间的变化关系。在 377 ms,旋转爆震燃烧室环形通道产生大量的放电流注,经历 3 ms 放电过程后可爆混合气体被点燃,燃烧室环形通道内出现火焰,放电受到抑制,压力幅值显著衰减。经历了大约 20 ms 的转换过程,爆燃波形成了连续旋转传播的爆震波。

图 3.26 进一步给出了形成旋转爆震波的压力信号。分析表明,燃烧室内产生

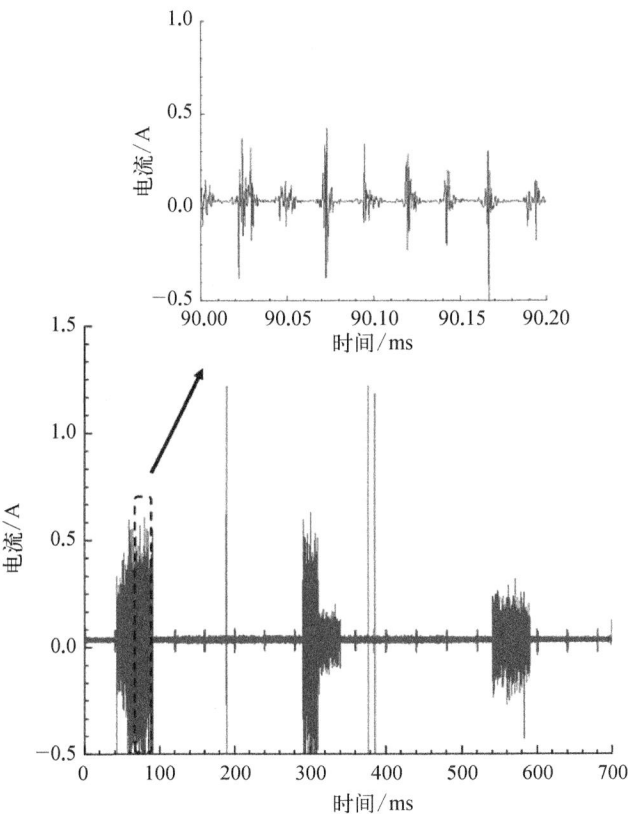

图 3.23 嵌入式低温等离子体发生器放电信号

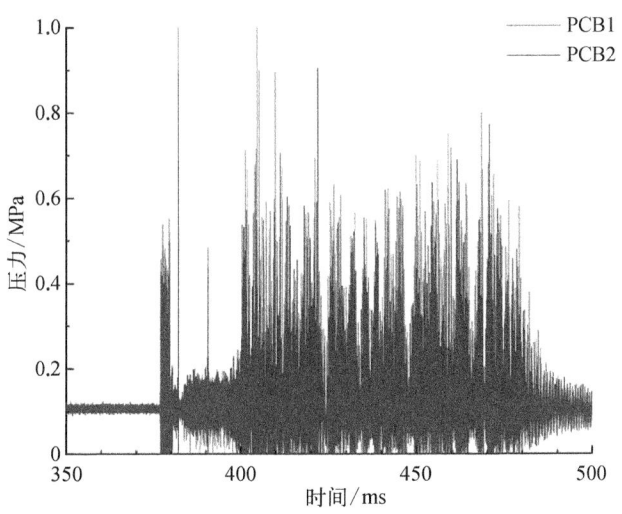

图 3.24 嵌入式低温等离子体发生器工作过程中旋转爆震波的
压力信号($\dot{m}_a$ = 125 g/s, φ = 1.0)

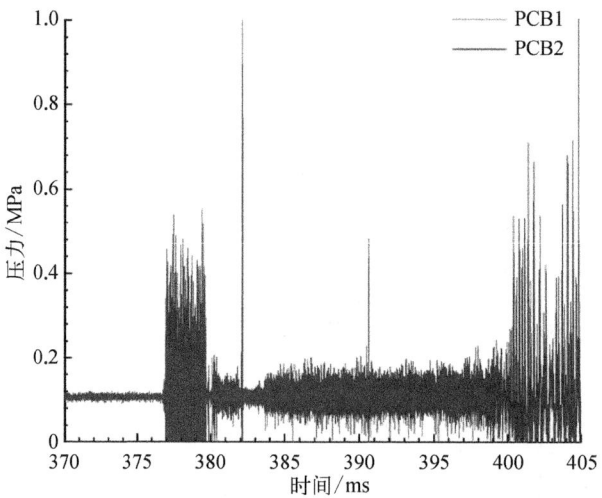

图 3.25　嵌入式低温等离子体发生器点火起爆过程的压力信号

了两个反向传播的旋转爆震波,并且得以维持一段时间。爆震波的压力峰值在 0.4~0.6 MPa 变化。图 3.27 给出了旋转爆震燃烧室工作过程中旋转爆震波的速度分布,燃烧室内两个反向传播的爆震波波速变化非常显著,速度波动率达到 65%。这主要是由于两个反向传播的爆震波相互作用,燃烧室内燃料和氧化剂的掺混受到影响,不均匀的掺混使燃烧室内爆震波强度出现较大幅度的波动。

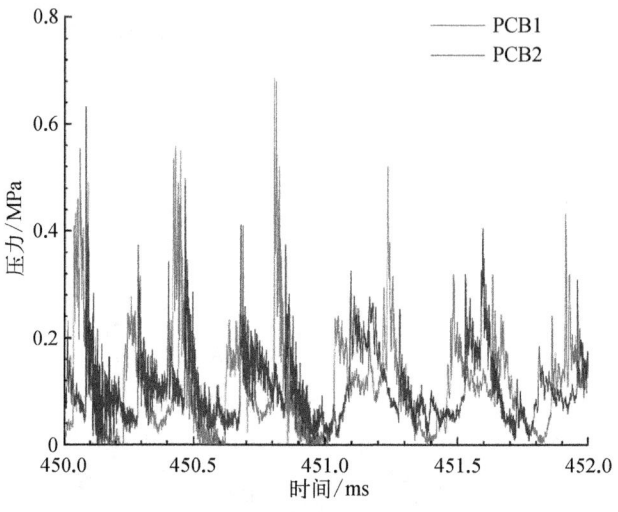

图 3.26　反向传播旋转爆震波压力信号($\dot{m}_a = 125$ g/s, $\varphi = 1.0$)

图 3.28 给出了空气和氢气集气腔中的压力变化信号。分析表明,旋转爆震燃烧室内可爆混合气体在 377 ms 被点燃,环形通道内产生的较弱爆燃波并未对空气

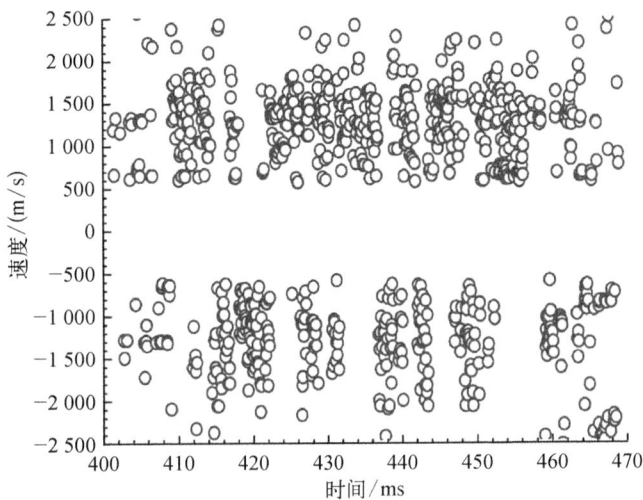

图 3.27　反向传播双波速度分布（$\dot{m}_a = 125\ \text{g/s},\ \varphi = 1.0$）

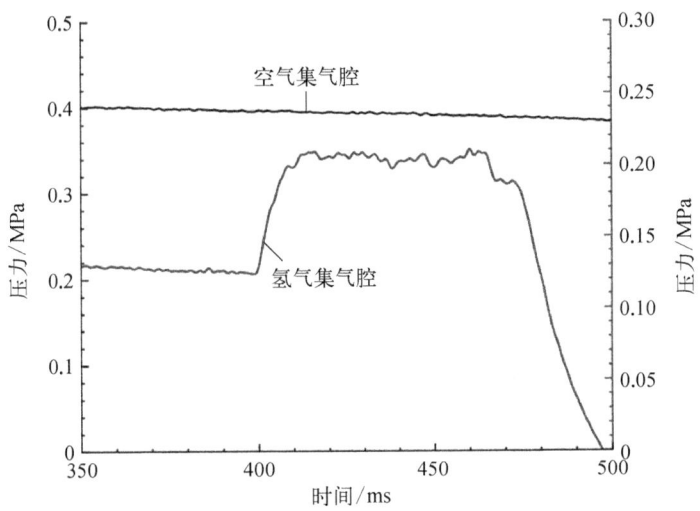

图 3.28　嵌入式低温等离子体发生器的旋转爆震燃烧室工作
过程中集气腔压力信号（$\dot{m}_a = 125\ \text{g/s},\ \varphi = 1.0$）

和氢气集气腔产生显著的影响。在 400 ms 前后，爆燃波加速形成爆震波，爆震波的强压力反传至氢气集气腔中，导致了集气腔压力升高。空气集气腔由于总压较高，并没有受到爆震波压力反传的影响。

对测量得到的爆震燃烧室内的压力信号进行 FFT 和 STFT 分析，结果如图 3.29 所示。这表明旋转爆震燃烧室内压力信号的两个主频分量频率分别为 2 642 Hz 和 4 990 Hz。STFT 结果表明这两个能量集中的频率条带随时间增长而逐渐变窄，但带宽仍然超过 1 000 Hz。这表明旋转爆震燃烧室内的燃烧模式在工作过程中处于不稳定状态,与图 3.26 和图 3.27 的结果对应,燃烧室内反向传播的两个爆震波在传播过程中出现了强度的交替变化。

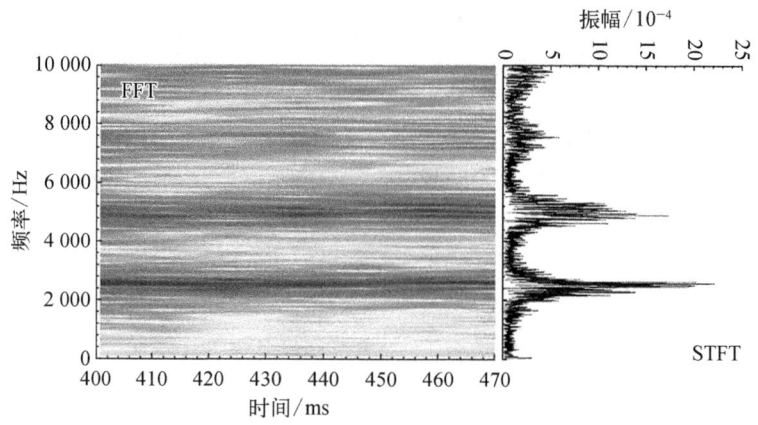

图 3.29 嵌入式低温等离子体发生器爆震燃烧室工作过程中压力信号的 FFT 和 STFT 结果

先前的文献研究表明,低温等离子体能够辅助燃烧,提升燃烧性能,这些研究主要针对爆燃燃烧过程开展。对于连续旋转爆震燃烧室,低温非平衡等离子体是否能够改善燃烧特性,尤其是否能够提升不稳定的爆震波或者强爆燃波向稳定传播的爆震波转变,未见相关研究报道。因此,可以结合自主设计的嵌入式等离子体发生器与连续旋转爆震燃烧室的配合,探索研究低温等离子体对连续旋转爆震燃烧室的助燃特性。

实验研究工况设置如下:首先等离子体发生器作为点火器工作,当未燃混合气体被点燃后,继续保持等离子体发生器放电状态,此时等离子体发生器产生的低温等离子体辅助燃烧。通过压力传感器获得的压力信号,比较分析局部空间产生的低温等离子体对燃烧特性的影响。

图 3.30 给出了当空气质量流量为 125 g/s 时压力传感器采集到的压力瞬变信号。其中,在 354~392 ms,为等离子体发生器作为点火器工作时的压力信号;在 354 ms,旋转爆震燃烧室内产生大量的放电微流注,表现为大量频繁出现的压力峰;在 392~476 ms,等离子体发生器产生低温非平衡的等离子体辅助燃烧,爆震燃烧室内形成了稳定传播的爆震波,爆震波的波峰平均压力为 1.1 MPa。

在相同实验工况条件下,采用等离子体助燃的燃烧室爆震波压力峰值明显高于没有等离子体助燃时爆震波压力峰值(图 3.24),这表明发生器在环形通道内持续放电产生的等离子体增强了旋转爆震波的强度和传播稳定性。

图 3.31 比较分析了无低温等离子体助燃和低温等离子体助燃时,旋转爆震燃烧室中爆震波的传播特性。在相同实验条件下,由于低温等离子体的助燃作用,旋

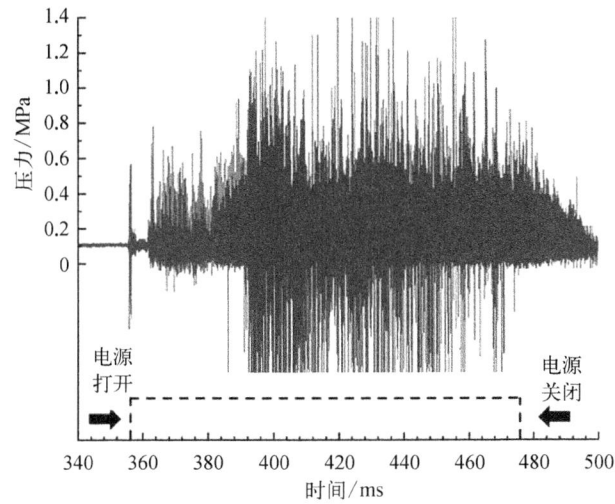

图 3.30　嵌入式低温等离子体发生器持续放电时燃烧室内的压力信号（$\dot{m}_a = 125 \text{ g/s}, \varphi = 1.0$）

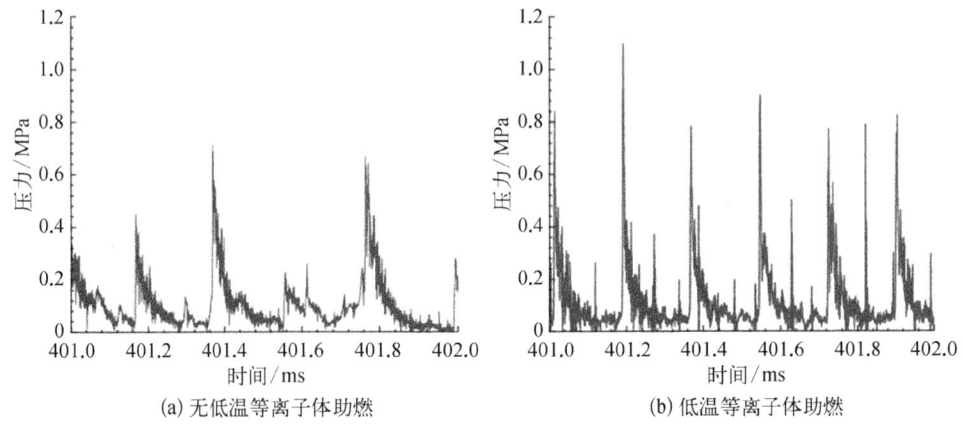

(a) 无低温等离子体助燃　　　　(b) 低温等离子体助燃

图 3.31　无低温等离子体助燃和低温等离子体助燃时燃烧过程的压力信号比较分析（$\dot{m}_a = 125 \text{ g/s}, \varphi = 1.0$）

转爆震燃烧室产生了单个旋转爆震波，并且稳定传播，体现为峰值压力近似相等，传播速度几乎保持不变。与此不同，无低温等离子体助燃时，旋转爆震燃烧室内产生了不稳定传播的爆震波，表现为峰值压力显著变化，传播速度波动大。

基于旋转爆震波相邻波峰的时间间隔和旋转爆震燃烧室的周长，可以计算出旋转爆震波的平均传播速度和速度波动，如图 3.32 所示。在当前实验条件下，低温等离子体助燃时旋转爆震波的传播速度范围为 1 200~1 298 m/s，分布相对集中，速度波动率小于 10%；在无低温等离子体助燃时，燃烧波的传播速度范围为 900~1 350 m/s，速度分散，波动大。低温非平衡等离子体作用时，燃烧室产生了稳定传播的爆震波。

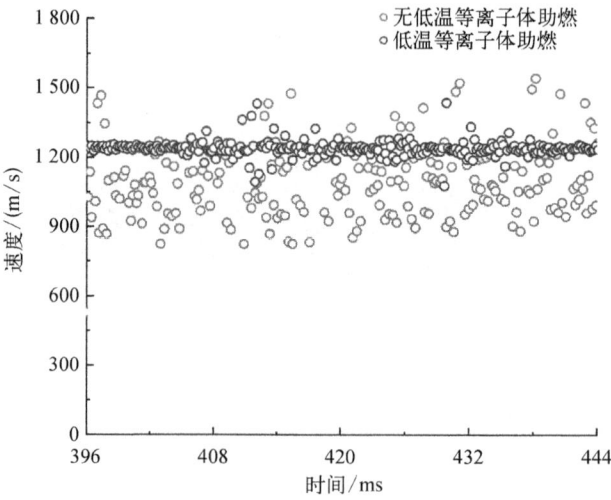

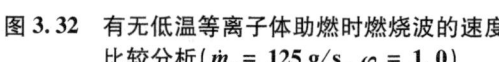

图 3.32　有无低温等离子体助燃时燃烧波的速度
比较分析（$\dot{m}_a = 125 \text{ g/s}$，$\varphi = 1.0$）

图 3.33 比较了有无低温等离子体助燃时空气和氢气集气腔中的压力信号。由于低温等离子体的作用，燃烧室内形成了稳定传播的旋转爆震波。因此，爆震波诱导的高压力反传至氢气集气腔中，对氢气集气腔的压力分布产生了显著影响。空气集气腔由于总压较高，并没有受到压力反传的影响。

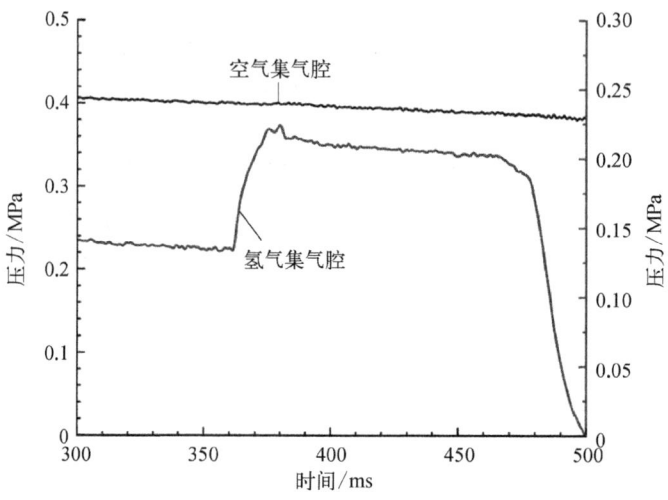

图 3.33　嵌入式低温等离子体发生器持续放电过程中集气腔
压力信号（$\dot{m}_a = 125 \text{ g/s}$，$\varphi = 1.0$）

为了进一步分析，图 3.34 给出了当低温等离子体放电脉冲中微流注与爆震波作用时的压力信号。图 3.34 表明，旋转爆震波沿周向传播的 1 个周期内，出现了 2

次放电微流注导致的脉冲压力,分布在 403.76~403.80 ms,这对应了放电信号,2次脉冲放电微流注时间间隔小于 0.05 ms。之后传感器再次探测到爆震波压力信号。这说明旋转爆震波在传播过程中受到了低温等离子体的影响,由低温等离子体放电流注过程中产生的大量等离子体态活性离子和自由基被不断注入燃烧系统,加速了化学反应速率,促进了形成稳定的旋转爆震波。

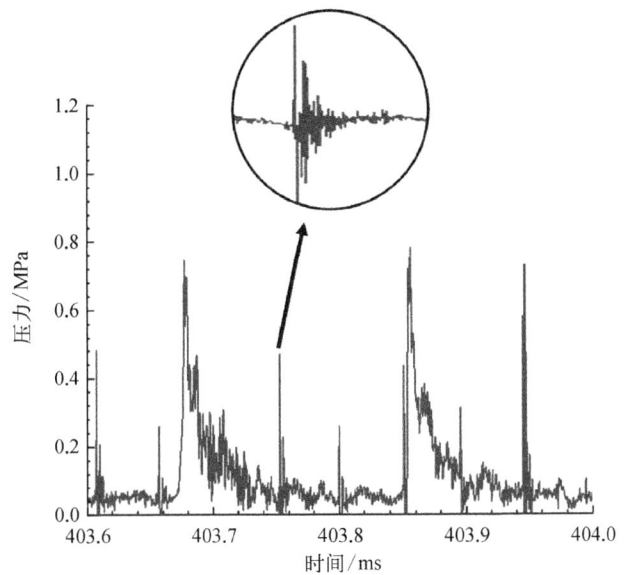

图 3.34　嵌入式低温等离子体发生器持续工作中放电脉冲与旋转爆震波的相互作用

图 3.35 给出了低温等离子体助燃时爆震燃烧室中的压力信号的 FFT 和 STFT 分析结果。结果表明,旋转爆震燃烧室内压力信号的 1 个主频分量为 5 642 Hz。

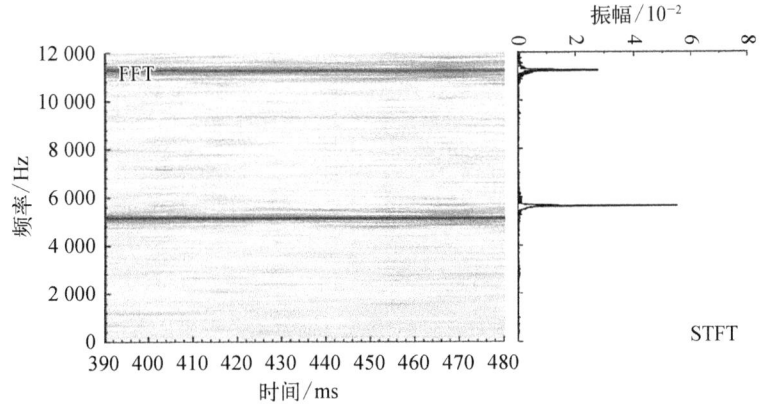

图 3.35　低温等离子体助燃条件下燃烧室压力信号频谱分析结果

STFT 结果表明这两条能量集中的频率条带非常狭窄,条带频率宽度小于 200 Hz。比较图 3.29 的结果,可以说明在低温等离子体作用下没有形成稳定传播爆震波的工况形成了稳定传播的爆震波。

3.3 多孔壁面调控技术

本节继续基于实验方法介绍多孔壁面对旋转爆震燃烧室中声学不稳定性的调控特性。本节采用的燃烧室在 2.1 节介绍的燃烧室上进行改造,如图 3.36(a) 所示,燃烧室的喷注结构、长度和宽度等主要尺寸保持不变,将燃烧室外环的内壁替换成如图 3.36(b) 所示的多孔壁面,其中多孔壁面的厚度为 3 mm,长度为 55 mm,多孔壁面与燃烧室外环的外壁之间还存在宽度为 5 mm 的空心环腔。如表 3.1 所示,实验中对比研究了实心壁面和多种多孔壁面,分析了几何参数和穿孔面积比等参数对旋转爆震声学不稳定性的调控规律,表 3.1 中列出的主要几何参数在图 3.36(b) 和 (c) 中标注。

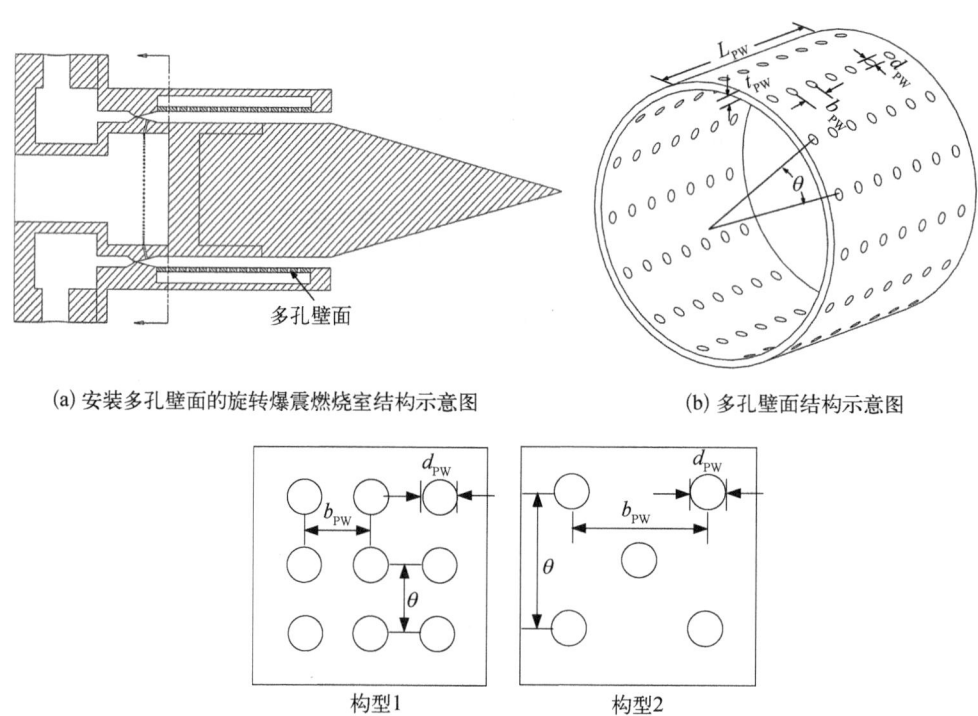

(a) 安装多孔壁面的旋转爆震燃烧室结构示意图   (b) 多孔壁面结构示意图

(c) 两种多孔壁面构型示意图

图 3.36　安装多孔壁面的旋转爆震燃烧室结构示意图、多孔壁面结构示意图和两种多孔壁面构型示意图

表 3.1 研究中采用的不同壁面及其主要几何参数

编号	构型	d_{PW}/mm	b_{PW}/mm	θ/(°)	穿孔面积比/%
SW	实心壁面	—	—	—	0
PW1	构型 1	1.0	5	14	0.85
PW2	构型 2	1.5	10	30	0.88
PW3	构型 1	1.5	5	15	1.75
PW4	构型 2	1.5	5	15	3.50

3.3.1 旋转爆震燃烧室中的声学不稳定性

爆震是一种激波和释热耦合的燃烧方式,意味着对稳定旋转爆震而言,燃烧室中不会出现其他频率分量的压力波。对燃烧室压力信号进行 FFT 分析,除了供气系统的 Helmholtz 振荡导致的燃烧室压力振荡[1],将仅存在旋转爆震基频及其倍频这一组峰值频率,这也在先前的实验研究中被印证[2,3]。而对于不稳定旋转爆震,燃烧室压力信号的频谱中则出现了其他峰值频率[1,2],这些频率是由不稳定旋转爆震所激发的燃烧室的声学模态。

图 3.37 为采用实心壁面获得的一组典型不稳定工况的燃烧室压力信号及其 FFT 结果。该工况为不稳定反向双波爆震情况,由压力信号(图 3.37(a))可以看到,两个旋转爆震波反向传播,压力峰值大幅振荡,两个爆震波在 PCB2 附近对撞,产生了较高的压力峰值。如图 3.37(b)所示,该工况压力信号的 FFT 结果呈现出复杂的频率分布,其中 4 844 Hz 和 9 719 Hz 分别为旋转爆震的基频(记为 1D)及其倍频(记为 2D),PCB1/PCB2 处信号的相位差分别为 89.7°和 174.5°。其余 3 个峰

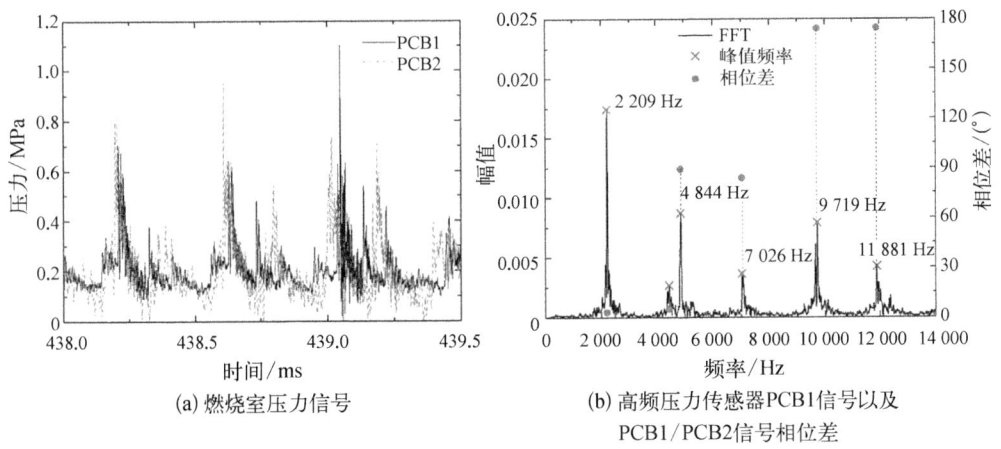

(a) 燃烧室压力信号　　　　(b) 高频压力传感器PCB1信号以及
　　　　　　　　　　　　　　　PCB1/PCB2信号相位差

图 3.37 采用实心壁面条件下典型反向双波旋转爆震波典型工况($\dot{m}_a$ = 170 g/s)

值频率,即 2 209 Hz、7 026 Hz 和 11 811 Hz 的比值为 1∶3.18∶5.35,相位差分别为 3.0°、84.0°和 174.9°。对于实验中的不稳定工况的统计发现,该 3 个峰值频率的比值始终在 1∶(3.1~3.2)∶(5.2~5.4)小幅波动。本研究中采用的实心壁面燃烧室可近似为纵向一端开口、一端闭口,切向为周期边界矩形管道,若假设燃烧室内流场均匀,根据声学理论[4],其固有声学频率的理论解为

$$f_{n,m} = \frac{c_0}{2\pi}\sqrt{\left[\frac{(2n-1)\pi}{2L_{ch}}\right]^2 + \left(\frac{2m\pi}{\pi D_{ch}}\right)^2} \quad (3.3)$$

其中,c_0 为参考声速;n 和 m 分别为纵向和切向模态阶数。根据式(3.3)可得,燃烧室一阶纵向(1L)、二阶纵向/一阶切向(2L/1T)和三阶纵向/二阶切向(3L/2T)声学模态的比值为 1∶3.26∶5.61,PCB1/PCB2 处理论相位差分别为 0°、90° 和 180°,与实验中测得频率的参数较为接近。假设 2 197 Hz 为 1L 声学模态,可解得参考声速 c_0 = 615 m/s。给定初温 300 K、初始压力 1 atm,由 CEA 软件计算得到一维 C-J 爆震后声速为 1 089 m/s,考虑到旋转爆震燃烧室中实际平均声速应小于该值,且大于未燃区声速 408 m/s,参考声速处于合理范围内。因此,不稳定旋转爆震燃烧室中出现的 3 个峰值频率可以确定为 1L、2L/1T 和 3L/2T 声学模态,从幅值上看,1L 占据主导地位。另外注意到,在 1D 附近还有一个幅值较低的峰值频率为 4 433 Hz,其相位差为 5.1°,判断为 1L 的倍频。

图 3.38 是采用实心壁面时 PCB1 压力信号 FFT 随空气质量流量的变化,除了在 $\dot{m}_a$ > 180 g/s 时未成功起爆,当质量流量在 100~180 g/s 变化时,燃烧室中始终存在声学模态,说明旋转爆震一直处于不稳定状态。可以看到,随着质量流量的降低,旋转爆震基频 1D 和各声学模态的幅值均在逐渐减小,但声学模态幅值减幅大

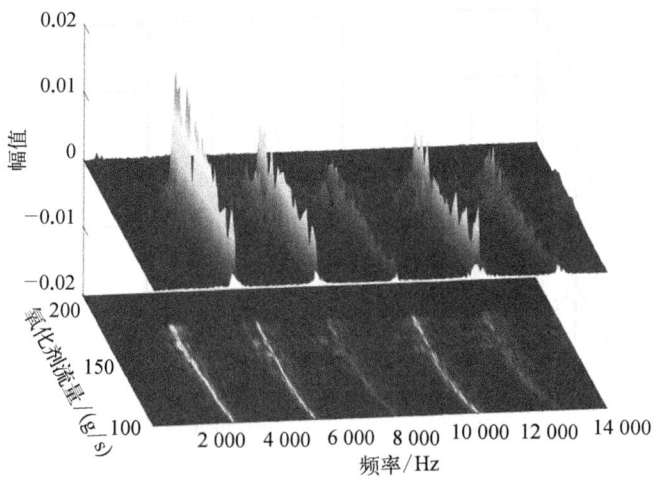

图 3.38 采用实心壁面时燃烧室压力信号 FFT 随质量流量的变化

于 1D；当 $\dot{m}_a$ = 180 g/s 时，1L 幅值约为 1D 的 2 倍，至 $\dot{m}_a$ = 100 g/s 时，二者幅值已接近相等。此外，各声学频率的带宽随质量流量减小也逐渐变窄。上述特征说明随着质量流量的降低，燃烧室内声学模态有所削弱。另外注意到，各模态的频率值随质量流量减小均有小幅的提升，1D 变化范围为 4 737~4 981 Hz，1L 变化范围为 2 200~2 479 Hz。其中 1D 的提升可能是由于稳定性提高引起的波速增长，而声学模态的频率提升与燃烧室流场参数的改变有关。

3.3.2 多孔壁面对旋转爆震燃烧的调控规律

将实心壁面替换为多孔壁面后，燃烧室压力信号的频率分布发生了显著变化。图 3.39 是采用不同多孔壁面时压力信号 FFT 随质量流量的变化，红色映射至最大幅值，对于每一张子图，该值是不同的。图 3.39(a) 和 (b) 为采用 PW1 和 PW2 时，声学模态依旧存在。对于 PW1，在全质量流量范围内，1L 声学模态相对 1D 的强度未见显著降低；对于 PW2，在高质量流量条件下（$\dot{m}_a$ > 150 g/s），1D 幅值明显提

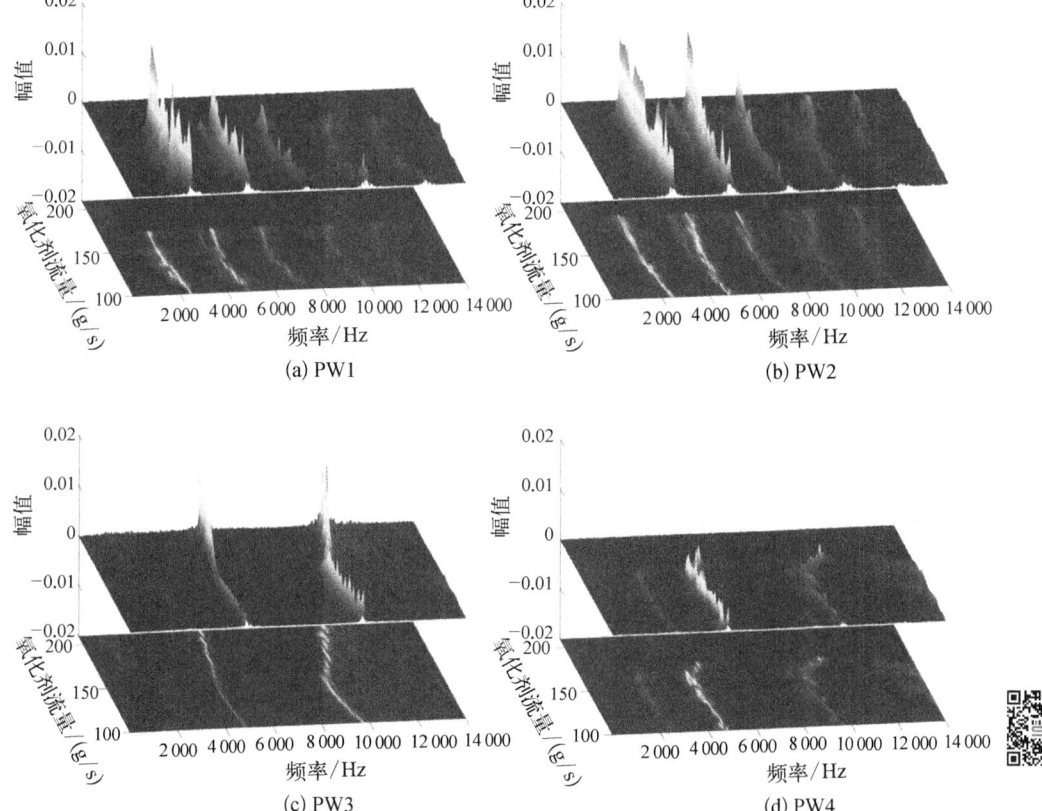

图 3.39 采用不同壁面时燃烧室压力信号 FFT 随质量流量的变化

升,但随着质量流量减小,其幅值快速下降,在小质量流量条件下,1L 相对强度再次增加。另外注意到,对于这两种多孔壁面,随着质量流量减小,其 1L 声学的频率值逐渐提高,但 1D 则先小幅下降随后提高,这一点和采用实心壁面时是不同的,并且由于多孔壁面改变了燃烧室的声学特征,1L 频率变化范围相较于实心壁面均有所扩大,分别为 2 021~2 426 Hz 和 2 052~2 456 Hz。

采用 PW3 和 PW4 时,声学模态则在整个质量流量范围内得到了有效抑制,在图 3.39(c)和(d)中仅能明显分辨出旋转爆震基频 1D 及其倍频 2D。对于 PW3,其 2D 频率分量的幅值显著上升,在后面将看到(图 3.42(a)),这主要是由于 PCB1 恰好处于反向双波对撞的中分点处,其压力波形近似于同向双波旋转爆震,导致由 PCB1 信号得到的 FFT 结果中 2D 频率分量有所增强。与 PW1 和 PW2 相同,随着质量流量减小,PW3 的 1D 及 2D 频率也表现为先下降后提高的趋势。对于 PW4,1D 则占据了主导地位,这主要是由于此时燃烧室内形成了单波爆震,其频率在质量流量由 180 g/s 减至 170 g/s 时明显下降,之后仅有小幅增长。

图 3.40 对比了 $\dot{m}_a$ = 165 g/s 时不同壁面的 PCB1 信号 FFT 结果,进一步说明各频率分量的强度和带宽变化。可以看到,SW、PW1 和 PW2 三种壁面 1L 和 1D 频率幅值之比分别为 2.37、1.55 和 1.47,但是注意到,SW 和 PW1 的 1L 幅值均约为 0.02,而相对于 SW,PW1 的 1D 带宽明显变窄,说明 PW1 未能降低声学模态的绝对强度,但由于一定程度提高了旋转爆震的稳定性,1D 的幅值增大。而对于 PW1~PW4 四种多孔壁面,在 1L 强度逐渐削弱的同时,其 1D 幅值也相继减小。

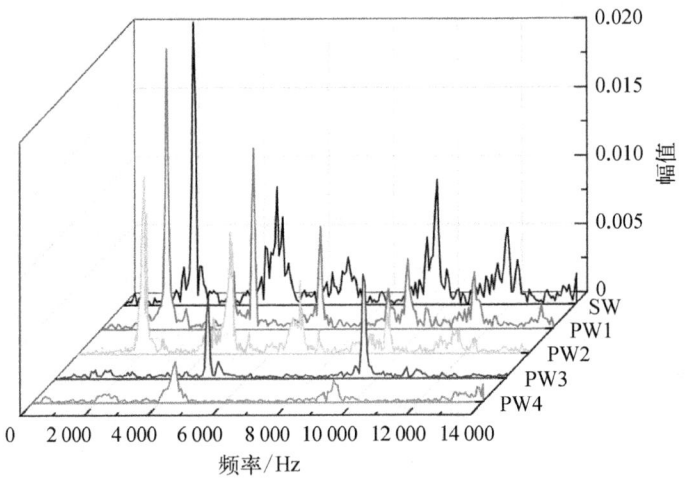

图 3.40　采用不同壁面时燃烧室压力信号 FFT 结果的对比($\dot{m}_a$ = 165 g/s)

可以看到，多孔壁面的穿孔面积比增大，有利于抑制声学模态，但同时也削弱了旋转爆震强度。通过 PW1 和 PW2 的结果对比发现，当穿孔面积比相近时，增加孔径一定程度上更有利于抑制燃烧室的声学模态。

多孔壁面在抑制燃烧室声学模态的同时，也改善了旋转爆震的稳定性，甚至改变了燃烧模态。图 3.41 列出了各工况条件下燃烧室的燃烧模态。实验中出现的不稳定现象均为反向双波，以是否出现声学模态为标准将其划分为声学反向双波模态和反向双波模态。可以看到，在采用 SW 和 PW1～PW3 壁面时，燃烧室中始终形成反向双波旋转爆震，而采用 PW4 壁面时，则获得了单波旋转爆震。此外，多孔壁面也改变了起爆上限。根据数值结果分析，在该质量流量范围内，实验中出现的起爆失败可能是由于当空气质量流量增大时，点火前冷态流场中氢气穿深减小，点火器位置附近氢气局部当量比较小，导致点火后无法形成局部爆点，进而转换为旋转爆震，火焰核心被吹除至下游，实验中则观察到反应物在燃烧室外着火并以爆燃形式被消耗。多孔壁面一定程度上改变了燃烧室的掺混情况和氢气穿深，从而改变了起爆上限，不过，上述变化并非总有利于提高起爆上限。可以看到，相较于 SW，仅有 PW3 显著扩展了起爆极限，PW1 反而小幅缩小了起爆极限。需要说明的是，由于与流场瞬时结构相关，点火起爆存在一定随机性，因此在起爆上限的临界质量流量点上，每组工况重复 3 次，如果全部无法起爆，则该工况点才被定义为起爆失败。

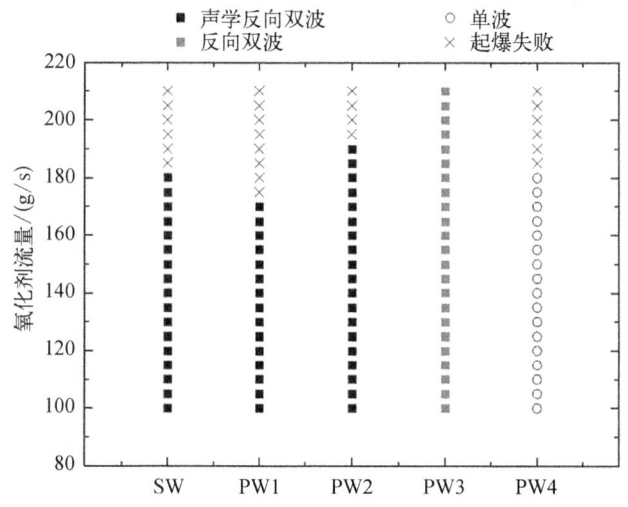

图 3.41 采用不同壁面的旋转爆震燃烧室燃烧模态

图 3.42(a) 是在同一质量流量条件下(165 g/s)采用不同壁面时 PCB1 的压力信号对比图，用以说明旋转爆震稳定性的变化。可以看到，在采用 SW 时，其不同

周期内的波形重复性较差,压力峰值存在较大幅度的波动,这种波动反映了两个反向传播的爆震波在对撞后强度的不断交替变化,该波动频率对应于 FFT 中的 1L 模态。在采用 PW1 和 PW2 壁面后,上述情况并未得到显著改善。在采用 PW3 壁面后,1L 声学模态消失,可以看到,其波形更加规则,压力峰值的波动基本消失,表明此时燃烧室内两个反向传播爆震波对撞后强度基本相等且可稳定传播。采用 PW4 壁面后则获得了单波旋转爆震,其波形也基本稳定。

图 3.42(b) 为 400~500 ms 内压力峰值的分布点图,并在表 3.2 中列出了该分布的部分统计参数。根据激波相撞的理论解,当具有 ZND 结构的两个反向传播的旋转爆震波对撞时,其前导激波区会产生强于其初始状态压力(von Neumann 状态)的高压区,透射激波重新诱导形成爆震波,而高压区压力衰减。若对撞点发生在压力测量点附近,则会得到一个较强的压力峰值,随着对撞点远离测量点,压力峰值恢复至 von Neumann 状态。在图 3.42(b) 中可以看到,由于双波对撞后强度变化,在采用 SW、PW1 和 PW2 壁面时,PCB1 和 PCB2 处的压力峰值均呈现较强的离散度。由表 3.2 可知,对于 SW,PCB1 和 PCB2 处的压力峰值统计参数基本一致,这可能是对撞点不断变化导致的平均效果。对于 PW1,虽然 PCB1 处压力峰值强度接近 SW,但 PCB2 处压力峰值分布明显向下偏移,且离散度减弱,两个测量点压力峰值分布的差异表明对撞更多发生在靠近 PCB1 处。PW2 工况中 PCB1 处的压力峰值略弱于 PW1,而在 PCB2 处略强,且 PCB1 处极大值显著减小,这表明对撞点更远离 PCB1 而靠近 PCB2。在采用 PW3 时,压力峰值分布出现了明显的分层且离散度进一步减弱,说明此时对撞点位置已经相对固定于 PCB2 附近。在采用 PW4 时,由于反向双波消失,两个测量点处压力峰值总是维持在相近水平。上述现象表明,多孔壁面能够削弱旋转爆震的压力峰值并抑制其振荡,且穿孔面积比越大,效果越显著。

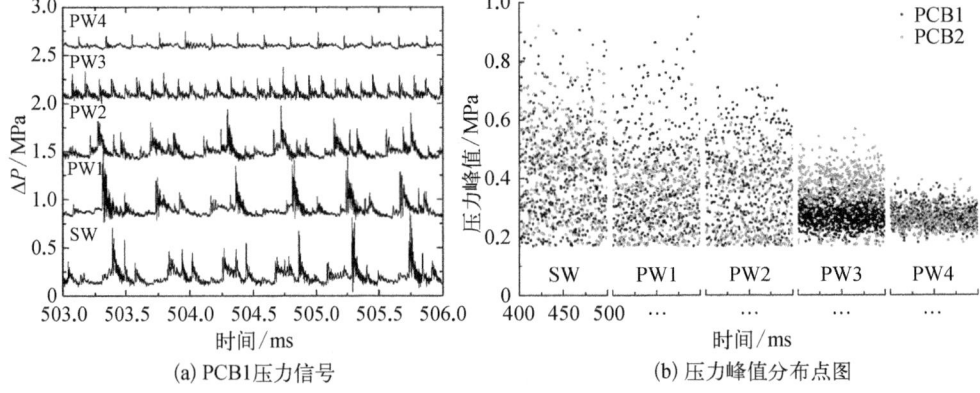

(a) PCB1压力信号　　　　(b) 压力峰值分布点图

图 3.42　采用不同壁面时燃烧室压力信号和压力峰值分布点图的对比($\dot{m}_a = 165$ g/s)

表 3.2　燃烧室压力峰值的统计数据

壁面类型	90%压力峰值/MPa PCB1/PCB2	最大压力峰值/MPa PCB1/PCB2
SW	<0.62/<0.62	0.91/0.92
PW1	<0.62/<0.46	0.95/0.72
PW2	<0.59/<0.49	0.72/0.67
PW3	<0.32/<0.44	0.57/0.39
PW4	<0.31/<0.31	0.40/0.38

多孔壁面也对爆震波速度产生了一定影响。图 3.43 为不同壁面条件下归一化平均波速 V/V_{CJ} 及其波动率随质量流量的变化曲线。其中,理论 C-J 速度 V_{CJ} = 1 937 m/s,由 CEA 在给定初始压力 1 atm、温度 300 K、当量比 1 的条件下计算得到;$V = \pi D_{ch}/\Delta t$ 为由 PCB1 信号相邻周期压力峰值点时间间隔 Δt 计算的平均波速。如图 3.43(a)所示,对于 SW,随着质量流量降低,旋转爆震波速仅有小幅上升趋势,而在 110~180 g/s 范围内,则始终保持在 $0.550V_{CJ}$ 附近,最大差值仅为 $0.008V_{CJ}$。但是对于几种多孔壁面,平均波速则有较大变化,随质量流量变化呈 V 形趋势。当质量流量较高时($\dot{m}_a$ > 165 g/s),几种多孔壁面的波速接近甚至大于 SW,但随着质量流量降低,波速快速下降,且均在 $\dot{m}_a$ = 140 g/s 附近达到最小值,随后再次上升。以 PW3 为例,当 $\dot{m}_a$ = 210 g/s,其波速为 $0.578V_{CJ}$,在 $\dot{m}_a$ = 150 g/s 时达到最小值 $0.520V_{CJ}$,随后在 $\dot{m}_a$ = 100 g/s 恢复至 $0.546V_{CJ}$。

对于 PW3 和 PW4,在大质量流量条件下其速度高于 SW,可能是由于减小了由于不稳定性引起的速度亏损,尤其是对于 PW4 壁面,由于形成了稳定单波旋转爆震,消除了双波对撞阶段导致的速度衰减,其速度的增长率高于 PW3 壁面。

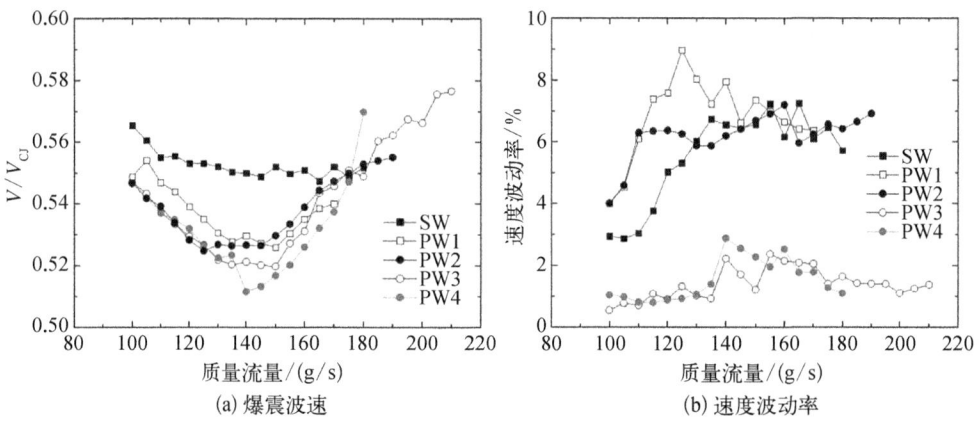

图 3.43　采用不同壁面时爆震波速度和速度波动率随空气质量流量的变化曲线

如图 3.43(b)所示,对于 PW3 和 PW4,当燃烧室声学模态被抑制后,旋转爆震的速度波动率也显著降低,且二者波动率相近,与压力的表现相同(图 3.42),均说明了旋转爆震稳定性的提高。而上述掺混条件的变化不仅导致了速度亏损的改变,也体现在了速度波动率的变化上。对于 5 种壁面,在 140~180 g/s,质量流量下降时,速度波动率均表现出了一定上升趋势,其中以 PW1、PW3 和 PW4 最为显著;之后,波动率反而下降。

3.3.3 多孔壁面的调控机制

作为声阻尼器(acoustic damper)的一种,在传统发动机燃烧室中,穿孔板(perforated plate)通过涡脱落(vortex shedding)将声能转化为动能并耗散掉,抑制声学模态,进而起到稳定燃烧的作用[5]。穿孔板吸声效果受到孔径、形状、厚度等因素的影响,通常来讲,固定参数的穿孔板吸声带宽较窄[6]。然而,在本节的结果中(图 3.39),几个不同频率的声学模态是同步消失的,且孔径相同的几个多孔壁面对声学抑制起着截然不同的效果。可见,在旋转爆震燃烧室中,多孔壁面对声学的抑制机制与常规的穿孔板阻尼器有所不同。

分析认为,本研究中燃烧室声学模态的产生与双波对撞密切相关。如上所述,反向双波对撞后形成一段高压区,该区域内由于没有氢气喷注,激波与火焰面解耦,形成的透射激波随后在混合气体区域重新诱导形成爆震波,但同时,该过程中也有部分压力波扩散出去,在燃烧室内激发出相应的声学模态,而声学模态则通过影响喷注造成了旋转爆震的不稳定性。图 3.44 为采用 SW 时集气腔 PCB 信号的 FFT 结果,其中 2 202 Hz 对应于燃烧室 1L 模态,其他未标注的峰值频率与空气和

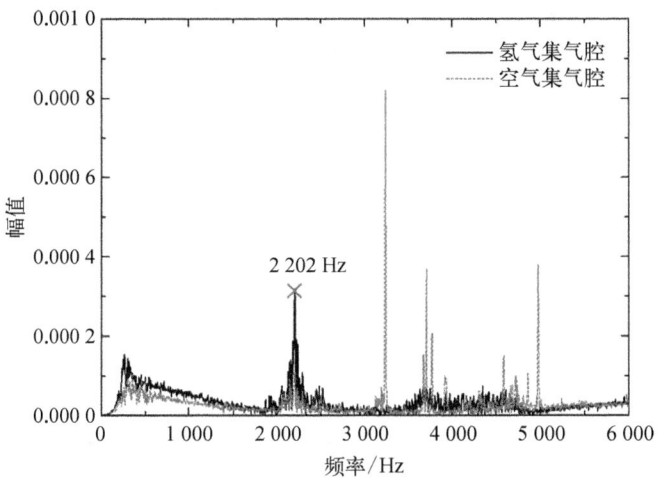

图 3.44 采用 SW 壁面时氢气和空气集气腔中高频压力信号的 FFT($\dot{m}_a$ = 155 g/s)

氢气集气腔的Helmholtz共振频率相关,这里不进行具体分析。显然,燃烧室声学模态会对集气腔产生影响,但由于空气集气腔压力较高,影响较小,而对氢气的喷注产生了更显著的影响。当氢气喷注孔处于声学模态波峰时,爆震波后高反压区变长,氢气喷注减少;反之,氢气喷注增加,导致掺混区的当量比随着声学模态浮动,进而影响了旋转爆震波的强度,导致较大的压力峰值波动(图3.42(b))和速度波动(图3.43(b))。

采用多孔壁面后,双波对撞时产生的压力波在小孔中耗散,由于释放的非耦合压力波能量减少,声学模态被削弱。对于PW1和PW2两种多孔壁面,由于穿孔面积比较小,压力耗散有限,仍有声学模态存在(图3.39(a)和(b));但增大穿孔面积比后,对于PW3,声学模态则被完全抑制(图3.39(c)),因此可以看到,尽管PW3燃烧室中仍为反向双波,但其压力峰值波动和速度波动均显著降低。而对于PW4,由于形成了单波爆震,上述声学激发机制消失,因此燃烧室中不再出现声学模态。

参考文献

[1] Anand V, St George A, Driscoll R, et al. Characterization of instabilities in a rotating detonation combustor [J]. International Journal of Hydrogen Energy, 2015, 40(46): 16649 - 16659.

[2] Xie Q F, Wen H C, Li W H, et al. Analysis of operating diagram for H_2/air rotating detonation combustors under lean fuel condition [J]. Energy, 2018, 151: 408 - 419.

[3] Zhang H L, Liu W D, Liu S J. Effects of inner cylinder length on H_2/air rotating detonation [J]. International Journal of Hydrogen Energy, 2016, 41(30): 13281 - 13293.

[4] Lieuwen T C. Unsteady Combustor Physics [M]. Cambridge: Cambridge University Press, 2012.

[5] Zhao D, Li X Y. A review of acoustic dampers applied to combustion chambers in aerospace industry [J]. Progress in Aerospace Sciences, 2015, 74: 114 - 130.

[6] Maa D Y. Practical single MPP absorber [J]. The International Journal of Acoustics and Vibration, 2007, 12(1): 3 - 6.

第4章
环形燃烧室液雾两相连续旋转爆震稳定性分析

本章基于数值仿真算例对环形燃烧室中液雾两相旋转爆震波的传播特性和稳定性进行分析。首先介绍分散燃料液滴在连续旋转爆震流场中的弥散、蒸发和掺混过程,分析液雾弥散规律及其对连续旋转爆震波的影响,以及燃料液滴和气相爆震波的相互作用规律。然后分析燃料液滴直径、预蒸发度、液滴初始直径、雾化角等参数对液雾两相连续旋转爆震波稳定传播特性的影响,获得液雾两相连续旋转爆震燃烧的稳定边界,并给出稳定性判别准则。

4.1 液雾两相旋转爆震场中的液雾弥散特性

本节讨论旋转爆震场中液雾的弥散、蒸发和掺混过程,研究旋转爆震场中气相和分散相的相间相互作用规律。本节暂不考虑液滴蒸发后的燃烧过程,通过研究惰性不蒸发/可蒸发液雾的旋转爆震场,分析旋转爆震场中液雾粒径和质载比对液雾弥散和蒸发特性的影响规律。

本节以2.3节的基准工况C0(当量比煤油气与空气的预混气,总温900 K,总压7 atm)作为预设稳定传播的爆震流场,直径相同的雾化煤油液滴从燃烧室入口空间分布均匀喷入,液滴速度给定为 u_d = 200 m/s,液滴初始温度给定为 T_d = 298 K。因为本节忽略液滴蒸发后的燃烧过程,所以在模拟中设定液滴蒸发后生成一个新的惰性气相组分K2,该组分不参与反应。

为定量分析液雾与气相相互作用,定义两个无量纲数:液滴运动的初始斯托克斯数 St_0 和质载比 ζ。

定义液滴运动的初始斯托克斯数 St_0 为

$$St_0 = \frac{\tau_{a,0}}{\tau_{f,0}} = \left(\frac{\rho_d d_{d,0}^2}{18\mu}\right) \bigg/ \left(\frac{L_f}{U_f}\right) \tag{4.1}$$

其中,St_0 表征液滴颗粒在流体运动中的动量响应特性,是两相流动中重要的无量纲参数；$\tau_{a,0}$ 为液滴的特征弛豫时间，$\tau_{f,0}$ 为流体运动特征时间；本节流场特征长度 L_f 给定为 y 方向计算域长度，即 $L_f = L_y = 0.1$ m；特征速度 U_f 给定为爆震波速度 u_D，约为 1 700 m/s。

定义质载比 ζ 为煤油液滴和混合气体的质量流率之比为

$$\zeta = \frac{\dot{m}_d}{\dot{m}_g} \tag{4.2}$$

其中，$\dot{m}_d$ 和 $\dot{m}_g$ 分别为燃烧室入口处煤油液滴和预混合气体的质量流率，对于煤油/空气，在化学当量条件下质载比 $\zeta = 0.067$。

4.1.1 不同粒径的影响

液滴粒径直接影响液滴在两相流流动中的动量响应、特征蒸发时间等特性。

首先研究不同斯托克斯数下液雾的弥散规律，给定质载比 $\zeta = 0.067$，计算比较液滴直径 d_d 分别为 2 μm、5 μm 和 10 μm 的三种工况，工况设置如表 4.1 所示。

表 4.1 不同粒径液滴弥散计算工况设置

工况	DDL	DDM	DDS
液滴直径 d_d/μm	2	5	10
初始斯托克斯数 St_0	0.084 6	0.529	2.12
质载比 ζ	0.067	0.067	0.067

小颗粒液滴动量响应快，跟随性好，因此在非均匀剪切流场中通常呈现倾向性分布。图 4.1 为液滴颗粒在不同斯托克斯数下燃烧室流场中的瞬时分布，其中黑

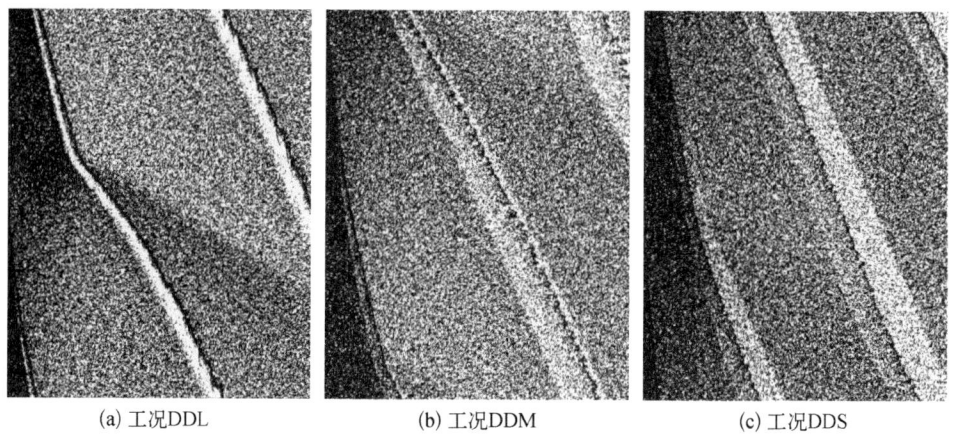

(a) 工况DDL　　　　(b) 工况DDM　　　　(c) 工况DDS

图 4.1 液滴颗粒在流场中的瞬时分布

点表示燃料液滴。受气流加速的影响,液滴颗粒分布在上游较为稠密,而在下游较为稀疏。从图 4.1 中也可以看到工况 DDL(d_d = 2 μm)的颗粒在流场中存在明显的空白区域,此即颗粒的倾向性分布现象[1]。随着颗粒直径的增大,颗粒跟随性变差,这种倾向性分布也变得不明显。

对不可压缩两相流动的研究表明,颗粒的倾向性分布与流动剪切有关,在涡心等高涡量区(绝对值意义)颗粒分布少,在涡边缘等低涡量区颗粒聚集[1]。图 4.2 为工况 DDL(d_d = 2 μm)的颗粒倾向性分布现象,可以看到在滑移线处几乎不存在颗粒分布,而在稍远离滑移线处存在条带状颗粒聚集区。这表明,滑移线两侧为新鲜预混合气体和爆震燃烧后的高温已燃气体,二者存在较大的速度差,因此在滑移线处为高涡量区。尽管流场还没有发生失稳,在滑移线附近也不存在明显的涡,但通过气流剪切作用颗粒还是被输运到稍远离滑移线的位置。

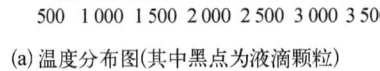
(a) 温度分布图(其中黑点为液滴颗粒)

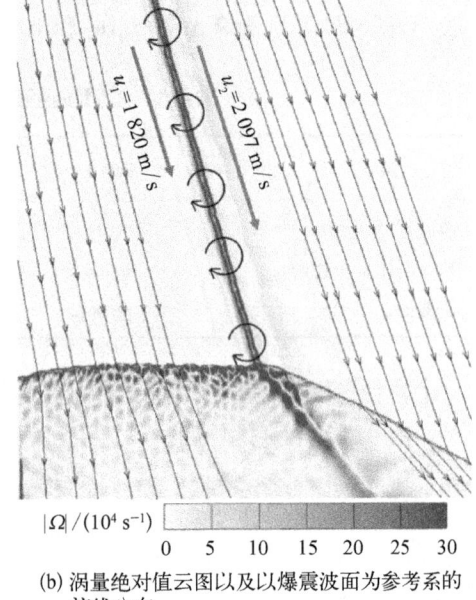

(b) 涡量绝对值云图以及以爆震波面为参考系的流线分布

图 4.2 工况 DDL 局部放大图

为了研究液滴颗粒在爆震流场中的动力学规律,在燃烧室入口处释放液滴颗粒并在拉格朗日坐标系下追踪颗粒运动过程。定义液滴所在位置的气相物理量为颗粒所见物理量,其通过拉格朗日插值得到,计算公式在附录 B.1.2 中给出。图 4.3 给出了工况 DDL(d_d = 2 μm)颗粒速度与其所见气体速度随时间的变化,可以看到液滴颗粒在绝大多数区域内跟随性良好,颗粒速度与当地气相速度接近。在爆震波波面附近,由于前导激波的存在,气相速度存在强间断,但由于弛豫作用,液滴速度变化剧烈程度显著弱于气相速度变化。此外,受横波影响,爆震波波后气体 x 方向速度存在较大波动,而相应的液滴速度波动较小。

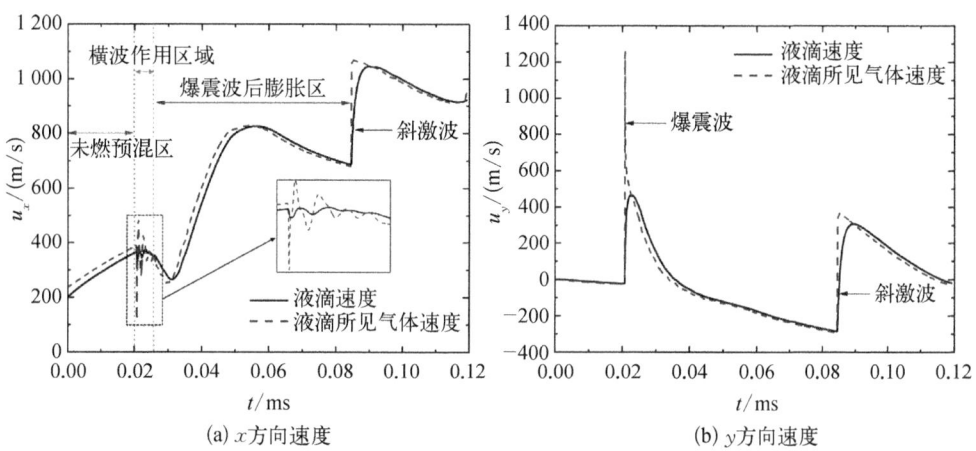

图 4.3　工况 DDL 液滴颗粒速度及其所见气体速度随时间的变化

图 4.4 和图 4.5 分别给出了工况 DDM($d_d = 5\ \mu m$)和工况 DDS($d_d = 10\ \mu m$)的颗粒速度及其所见气体速度随时间的变化。可以看到,随斯托克斯数 St_0 增加,液滴对气相的动量响应变慢,滞后性越来越明显。对于工况 DDS($d_d = 10\ \mu m$),液滴和气相间存在较大的滑移速度,其中液滴 x 方向速度近似单调递增,对气相速度在横波作用区域的快速变化基本没有影响;而液滴 y 方向速度在爆震波和斜激波后存在较大提升,但在大部分区域变化缓慢。三种工况下时间统计平均的滑移速度如表 4.2 所示,数据表明随液滴直径增大,斯托克斯数增大,平均滑移速度逐渐增大。

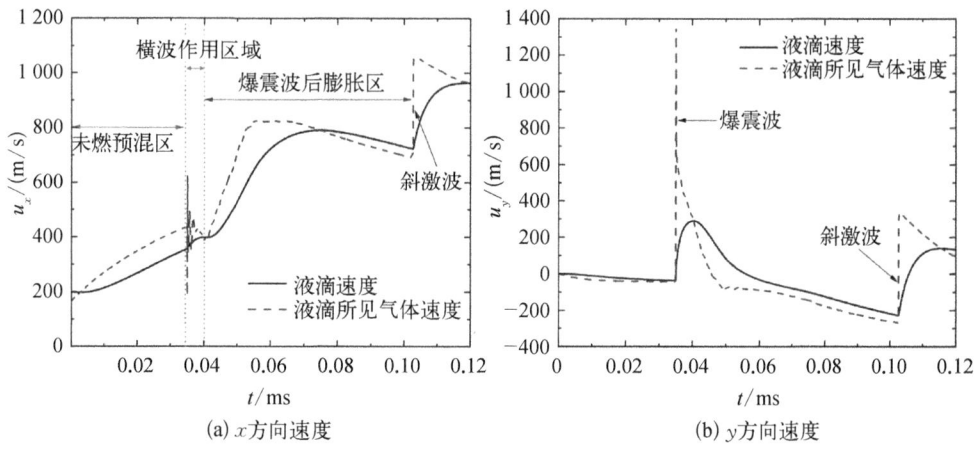

图 4.4　工况 DDM 液滴颗粒速度及其所见气体速度随时间的变化

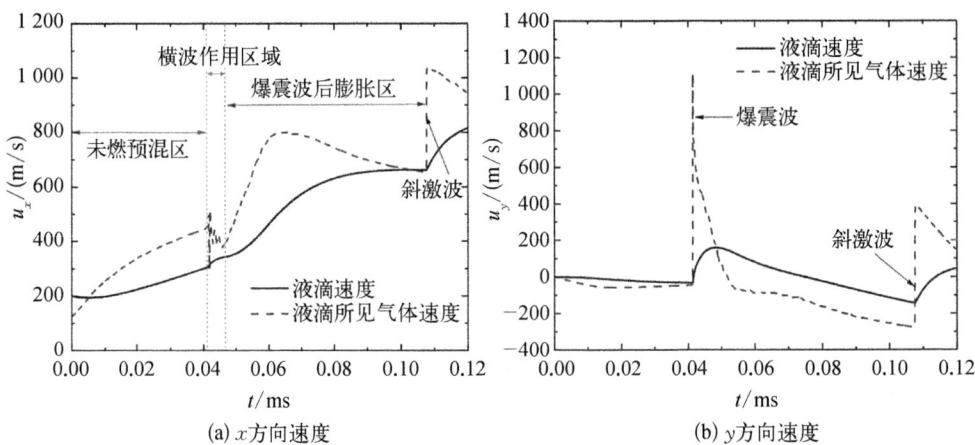

图 4.5 工况 DDS 液滴颗粒速度及其所见气体速度随时间的变化

表 4.2 不同粒径下平均滑移速度比较

工况	DDL	DDM	DDS
液滴直径 $d_d/\mu m$	2	5	10
斯托克斯数 St_0	0.0846	0.529	2.12
平均滑移速度/(m/s)	37.1	99.6	169.2

爆震流场会影响液雾的弥散规律,而与此同时液滴颗粒对气流运动产生阻力,进而可能影响连续旋转爆震波的传播规律。图 4.6 给出了在不同粒径下,燃烧室的胞格结构分布。可以看到这三种工况下胞格分布基本一致,表明在质载比 $\zeta = 0.067$ 的条件下时,气体与颗粒的动量交换对连续旋转爆震波传播的影响很小。

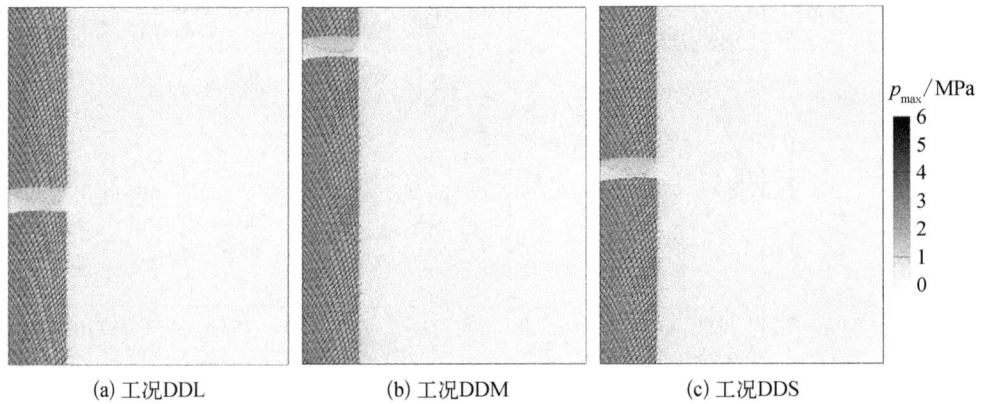

图 4.6 流场压力最大值分布

表 4.3 统计了不同工况下流场中的胞格尺寸和爆震波速,可以看到随液滴直径 d_d 下降,液滴颗粒群对气相的阻力逐渐增大,爆震波速略微下降,胞格尺寸也略微减小。这表明颗粒阻力会同时对爆震波和横波的传播有微弱的抑制作用。当液滴直径 $d_d = 10~\mu m$ 时,爆震波速和胞格尺寸与无颗粒的工况 C0 几乎相同,即此时颗粒阻力对爆震波传播几乎没有影响。

表 4.3 不同粒径下液雾对爆震波的影响比较($\zeta = 0.067$)

工况	C0(无颗粒)	DDL	DDM	DDS
液滴直径 $d_d/\mu m$	—	2	5	10
爆震波速 $u_D/(m/s)$	1 774	1 756	1 771	1 774
胞格尺寸 λ_c/mm	1.14	1.09	1.11	1.14

为了研究在不同斯托克斯数下液雾的蒸发和掺混过程中液雾与爆震流场的相互作用规律,给定质载比 $\zeta = 0.067$,计算比较液滴直径 d_d 分别为 $5~\mu m$、$10~\mu m$ 和 $15~\mu m$ 的三种工况,工况标号为 DFL-2、DFM 和 DFS,工况设置如表 4.4 所示。由于工况 DFL-2($d_d = 5~\mu m$)中爆震波熄灭,另外计算了工况 DFL-1(质载比 $\zeta = 0.033~5$,液滴直径 $d_d = 5~\mu m$),以供比较。

表 4.4 不同粒径对液滴蒸发影响计算工况设置

工况	DFL-1	DFL-2	DFM	DFS
液滴直径 $d_d/\mu m$	5	5	10	15
斯托克斯数 St_0	0.529	0.529	2.12	4.76
质载比 ζ	0.033 5	0.067	0.067	0.067
爆震波	稳定传播	熄灭	稳定传播	稳定传播

首先分析液雾的蒸发和掺混规律。图 4.7 分别给出了工况 DFL-1、DFM 和 DFS 中液滴颗粒和燃料蒸气的瞬时分布。在工况 DFL-1 中,颗粒直径较小,比表面积更大,因此蒸发速度更快,绝大部分液滴颗粒都分布在未燃预混区,在爆震波后方会快速蒸发完毕。随着颗粒直径的增加,颗粒的生存时间变长。在工况 DFS 中,部分颗粒在穿越二次爆震波或斜激波后才蒸发完毕。此外,在这三个工况中都可以看到燃料蒸气分布的不均匀性。预混合气体在进入燃烧室后会经历加速过程,由于惯性颗粒的滞后效应,颗粒运动慢于气体运动。因此,在靠近入口处(上游区域)呈现燃料蒸气聚集区,而在滑移线附近(下游区域)燃料蒸气分布较少。随

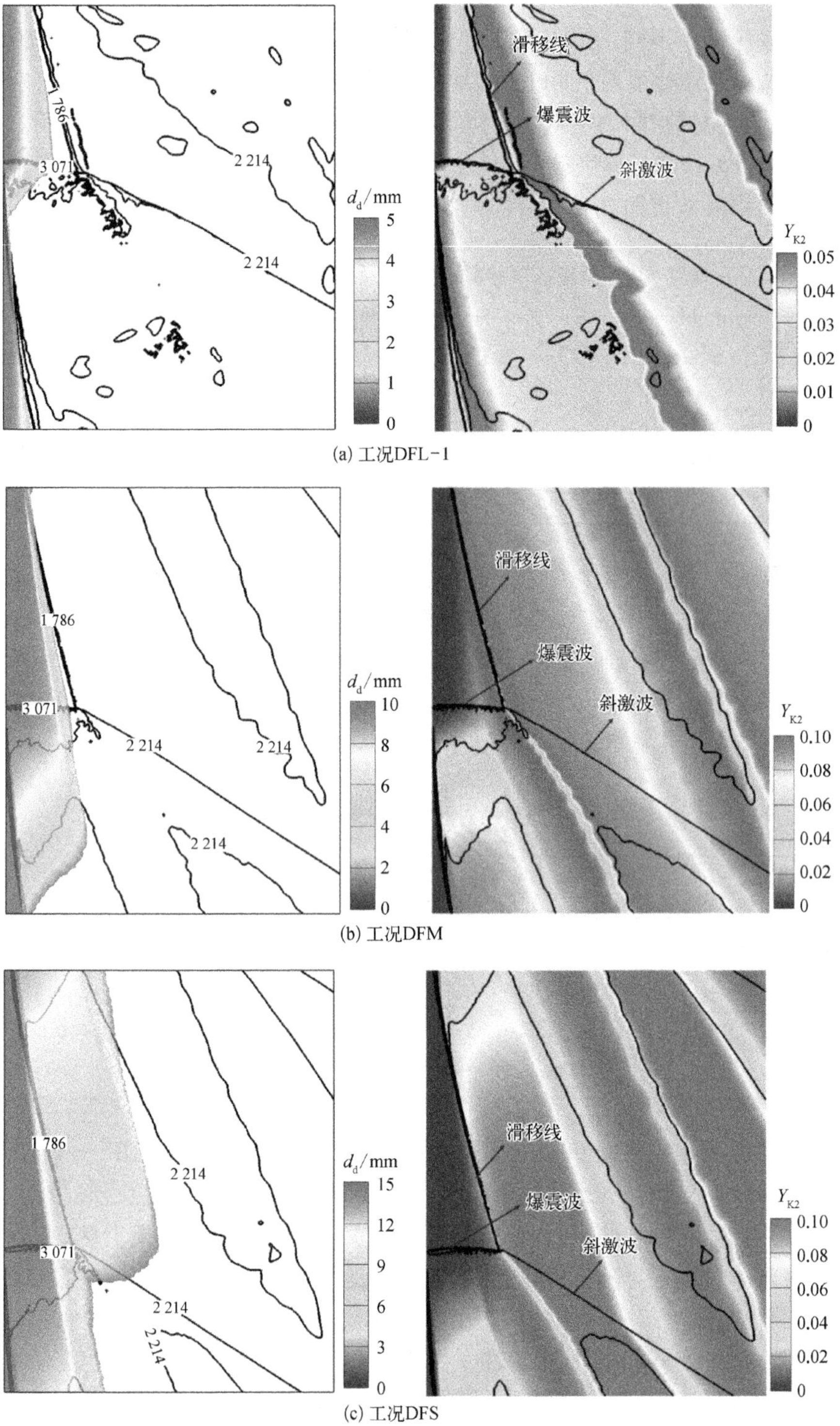

图 4.7 液滴颗粒(其中颜色表征液滴直径,左)和蒸气 K2 质量分数(右)组分瞬时分布(实线为温度等值线图)

着液滴直径的增加,颗粒的跟随性变差,这种现象更加明显。

为了研究单个液滴的蒸发规律,同样追踪在燃烧室入口处释放的液滴的运动过程。图4.8为工况DFL-1、工况DFM和工况DFS液滴蒸发过程中液滴温度、液滴所见气体温度以及液滴直径平方随时间的变化。液滴的蒸发过程主要受周围气体温度和颗粒尺寸的影响。在工况DFL-1中,颗粒尺寸较小,所以蒸发更快速。在未燃预混区,液滴颗粒在经历初始加热后,其直径平方近似线性下降;遇到爆震波后,周围气体温度急剧上升,蒸发速率加快,液滴直径平方下降斜率明显增大,液滴迅速完成蒸发。对于工况DFM和工况DFS,颗粒尺寸大,比表面积小,因此蒸发缓慢。在未燃预混区,由于液滴的预热时间较长,液滴直径几乎没有变化。在穿越爆震波后,液滴直径才有明显下降,但相较于工况DFL-1,液滴的生存时间会更

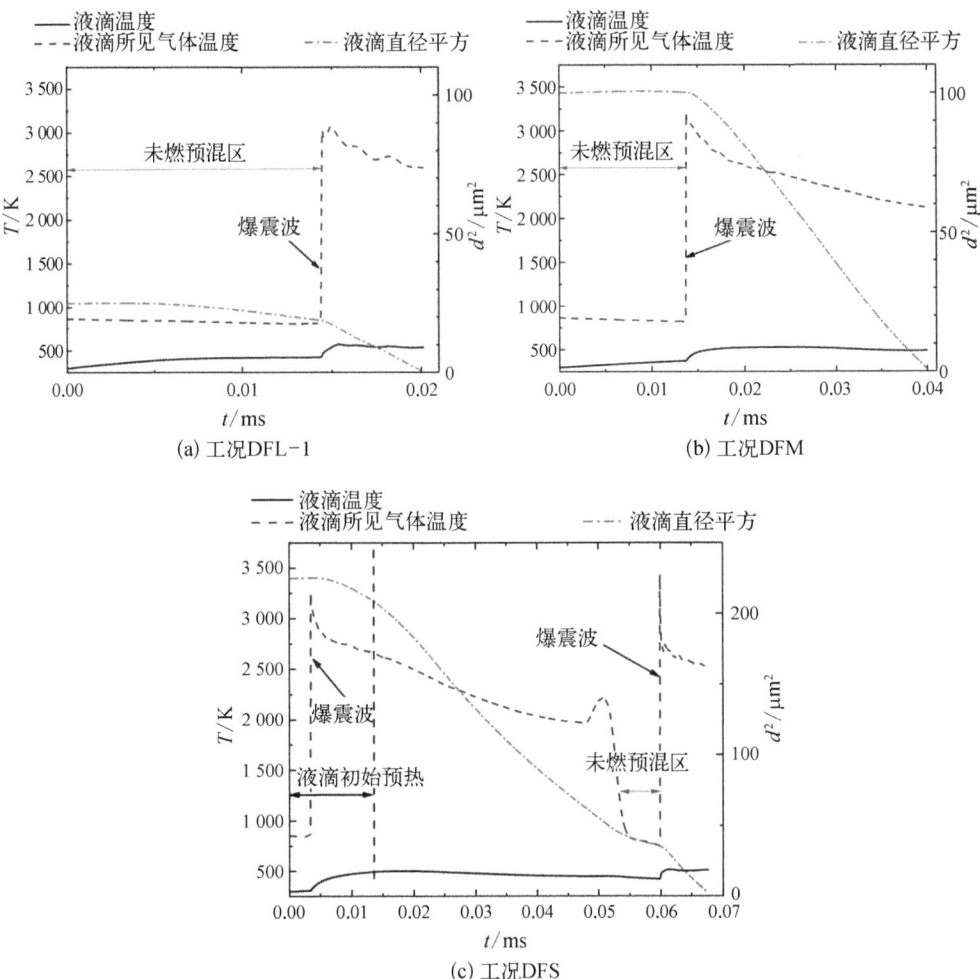

图4.8 液滴蒸发过程中液滴温度、液滴所见气体温度以及液滴直径平方随时间变化

长。值得指出的是,对于工况 DFS,液滴在第一次穿越爆震波后,又重新进入未燃预混区,并在第二次穿越爆震波后才蒸发完毕。

在工况 DFS(液滴直径 $d_d = 15~\mu m$)中,液滴在流场中的生存时间长,其蒸发过程最为复杂,因此进一步分析该工况下颗粒的蒸发规律。根据附录 B.1.2 中两相间的传质方程(B.42),液滴蒸发主要受传质系数 B_M 和舍伍德数 Sh 这两个物理参数影响[2]。

传质系数 B_M 表示在无对流作用下周围环境对液滴蒸发的影响,其主要受周围气体温度和压力影响。根据式(B.53),周围气体的高温和低压都会促进液滴的蒸发。图 4.9(a)给出了工况 DFS 在液滴蒸发过程中传质系数随时间的变化。液滴在第一次穿越爆震波后,周围环境从低温低压变成高温高压,而传质系数增大,说明对液滴蒸发影响起主导作用的是高温效应。之后液滴周围气体发生膨胀,压力下降剧烈,而温度下降则较为缓慢,因此在爆震波后传质系数逐渐上升。值得注意的是,在液滴遭遇第二道爆震波后的较短距离内传质系数是急剧下降的,这主要受爆震波附近高压的影响。

舍伍德数 Sh 则表示对流效应对液滴蒸发的影响。由式(B.50)可知,舍伍德数主要与当地液滴雷诺数有关。根据当地液滴雷诺数的定义式(B.45),两相滑移速度越大,相应的液滴雷诺数也越大,此时对流效应也就越强,舍伍德数 Sh 也就越大。图 4.9(b)给出了工况 DFS 在液滴蒸发过程中舍伍德数 Sh 随时间的变化。在爆震波前后气相速度存在强间断,由于弛豫效应,颗粒与气相间的滑移速度急剧增大,因此舍伍德数在爆震波后附近急剧增长。在层流流动中,舍伍德数通常为常数($Sh = 2$)。而对于工况 DFS,斯托克斯数 St 较大,颗粒跟随性较差,因此液滴在生存时间内与气相都存在较大的速度滑移,这使得舍伍德数较大,会促进液滴的蒸发。

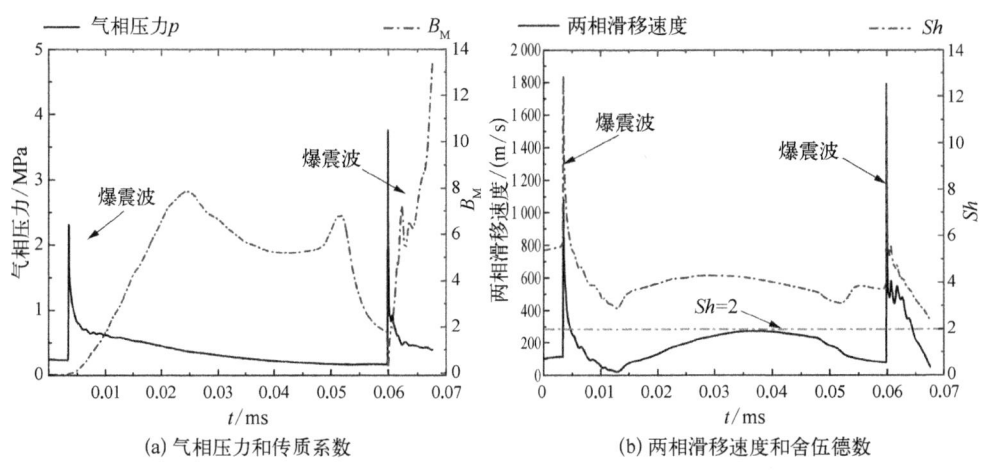

图 4.9 工况 DFS 液滴蒸发过程中物理量随时间变化

由 3.2.1 节可知爆震波前的预混合气体温度会影响连续旋转爆震波的传播稳定性。液滴的蒸发吸热会造成周围气体温度下降,因此会使爆震波传播稳定性下降。图 4.10 为不同工况下燃烧室的胞格结构分布。对于工况 DFM 和工况 DFS,液滴直径较大,在爆震波前只有极少量的蒸发,因此液滴的冷却效应较小,胞格分布与无颗粒的工况 C0 基本相同。而对于工况 DFL-1,液滴颗粒蒸发距离与爆震波长度相当,因此在爆震波前的未燃预混区已经发生了大量的液滴蒸发,冷却效应极大地影响了爆震波的稳定传播,从图 4.10(a) 中也可以看到胞格结构的不规则性。事实上,当质载比取为与工况 DFM 和工况 DFS 相同的 $\zeta = 0.067$ 时(工况 DFL-2),爆震波最终会熄灭。表 4.5 统计了不同工况下流场中的爆震波速 u_D 和胞格尺寸 λ_c。数据表明随着液滴直径 d_d 下降,液滴蒸发导致的冷区效应增强,爆震波速下降,胞格尺寸逐渐增大。

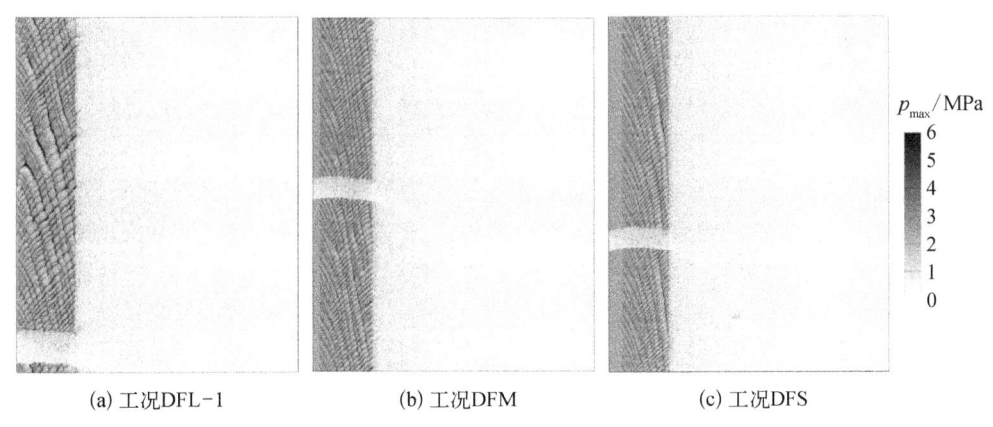

(a) 工况DFL-1　　　　(b) 工况DFM　　　　(c) 工况DFS

图 4.10　流场压力最大值分布

表 4.5　不同液滴直径下液雾对爆震波的影响比较

工况	C0(无颗粒)	DFL-1	DFM	DFS
液滴直径 $d_d/\mu m$	—	5	10	15
爆震波速 $u_D/(m/s)$	1 774	1 719	1 769	1 773
胞格尺寸 λ_c/mm	1.14	1.40	1.24	1.14

综上所述,随着液滴直径 d_d 下降,斯托克斯数 St_0 降低,液滴跟随性提高,两相间平均滑移速度降低,对气相阻力增大。对于不考虑蒸发的液滴颗粒群,会降低爆震波速,胞格尺寸也略微减小;对于考虑蒸发的液滴颗粒群,液滴直径减小,液滴蒸发导致的冷区效应越强,爆震波速越低,胞格尺寸越大。

4.1.2 质载比的影响

质载比越高,液雾就越稠密,会影响液雾与气相的动量、质量和能量交换。本节首先假设液滴不蒸发,研究不同质载比条件下液雾与气相动量交换对连续旋转爆震波传播的影响;然后考虑液滴蒸发现象,研究不同质载比条件下液雾蒸发过程对连续旋转爆震波传播的影响规律。

首先给定液滴直径 d_d = 2 μm,计算比较质载比 ζ 分别为 0.067、0.134 和 0.268 三种工况,工况设置与计算结果如表 4.6 所示。

表 4.6 计算工况设置和不同工况下爆震波传播特性(质载比的影响)

工况	C0(无颗粒)	DEL	DEM	DES
液滴直径 d_d/μm	—	2	2	2
质载比 ζ	—	0.067	0.134	0.268
爆震波速 u_D/(m/s)	1 774	1 756	1 739	1 695
胞格尺寸 λ_c/mm	1.14	1.09	1.16	1.52

当液滴直径 d_d = 2 μm 时,随着质载比 ζ 的提高,颗粒的阻力效应越来越明显。此时颗粒阻力会同时抑制横波和爆震波的传播,但爆震波的传播受到的影响更大,由表 4.6 可以看到爆震波速呈现明显的下降。爆震波传播速度的下降会减弱前导激波的强度,进而降低前导激波后混合气体的温度和压力,因此会降低爆震波传播的稳定性。

绘制不同质载比 ζ 下燃烧室的胞格结构,如图 4.11 所示。当质载比 ζ 较小时(如工况 DEL),由于横波受到抑制,胞格尺寸 λ_c 相较于气相爆震会略微下降。而当质载比 ζ 进一步提升时,爆震波传播受到明显抑制,胞格尺寸 λ_c 随着质载比 ζ

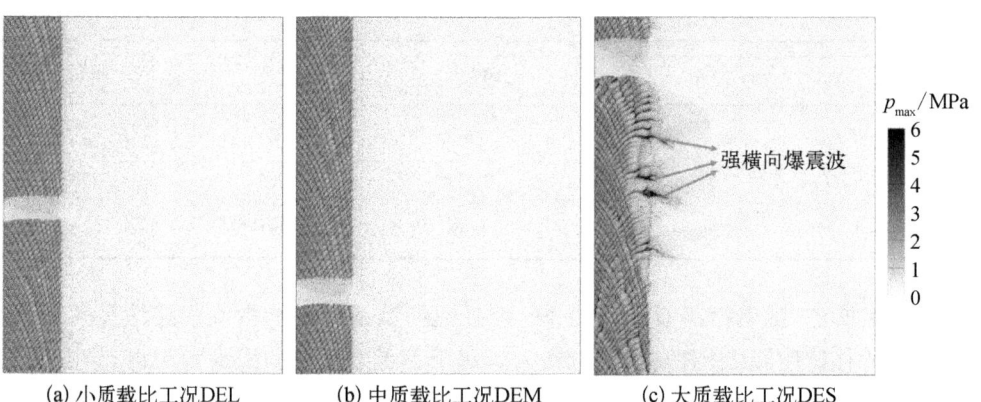

(a) 小质载比工况DEL (b) 中质载比工况DEM (c) 大质载比工况DES

图 4.11 流场压力最大值分布

的增加而显著增大。

绘制工况 DES 中爆震波附近气相温度和压力分布图,如图 4.12 所示。在靠近三波点附近,爆震波处于弱稳定传播,层状未燃混合气体区扩大为块状未燃混合气体区,横波也演变成为强横向爆震波,而块状未燃混合气体区实际上是被强横向爆震波所消耗的。由于块状未燃混合气体的温度和压力经过激波提高,所以相较于纵向爆震波,横向爆震波的强度更大。从图 4.11(c)中也可以看到在三波点附近,胞格结构呈现不规则性,而且有明显的条带状强横向爆震波。

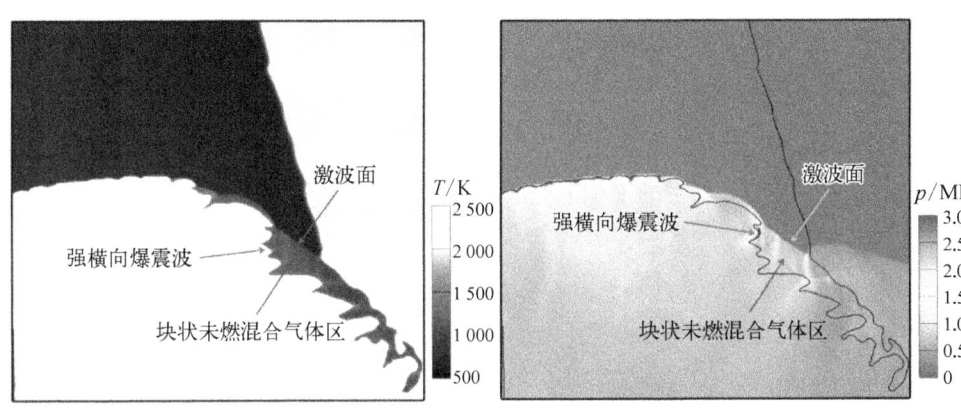

(a) 温度   (b) 压力

图 4.12 流场分布局部放大图(图中黑实线为煤油蒸气质量分数等于 0.03 时的等值线,可作为未燃气和已燃气的分界线)

当考虑蒸发效应时,质载比 ζ 越高,液雾就越稠密,液滴蒸发量越大,会增大对气相的冷却效应。因此,给定液滴直径 $d_d = 10\ \mu m$,计算比较质载比 ζ 分别为 0.033 5、0.067、0.10 和 0.134 四种工况,工况设置和计算结果如表 4.7 所示。

表 4.7 计算工况设置和不同工况下爆震波传播特性(质载比的影响)

工 况	C0(无颗粒)	DGL	DGM	DGS	DGSS
液滴直径 $d_d/\mu m$	—	10	10	10	10
质载比 ζ	—	0.033 5	0.067	0.10	0.134
爆震波速 $u_D/(m/s)$	1 774	1 771	1 769	1 766	熄灭
胞格尺寸 λ_c/mm	1.14	1.17	1.24	1.46	—

对于工况 DGSS,质载比过高,使得爆震波前温度过低,无法实现爆震波的稳定传播,而工况 DGL、工况 DGM 和工况 DGS 都能实现稳定爆震传播。绘制不同质载比条件下,燃烧室的温度分布图和压力最大值分布,分别如图 4.13 和图 4.14 所示。

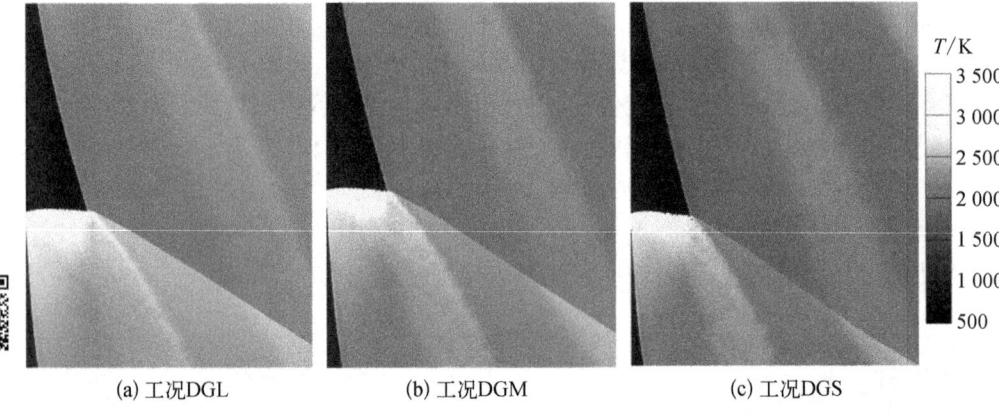

(a) 工况DGL　　　　　(b) 工况DGM　　　　　(c) 工况DGS

图 4.13　流场温度瞬时分布

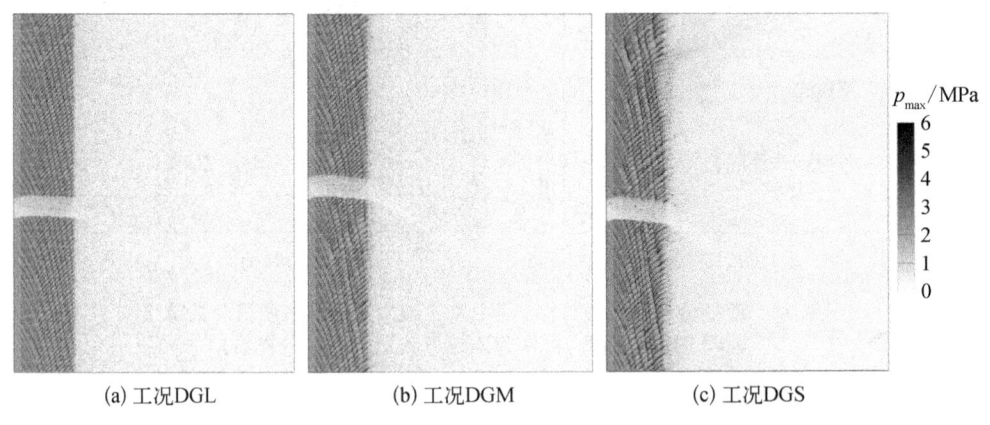

(a) 工况DGL　　　　　(b) 工况DGM　　　　　(c) 工况DGS

图 4.14　流场压力最大值分布图

由图 4.13 和图 4.14 可知，这三个稳定传播工况的流场结构较为接近，但随着质载比提高，胞格尺寸逐渐增大，爆震波传播稳定性下降，这主要受以下两方面因素影响。

一方面，由前可知，爆震波传播对来流总温较为敏感。如图 4.15 所示，随着质载比提高，爆震波前的预混合气体中蒸气 K2 质量分数的含量会逐渐增大，预混合气体温度也会受燃气蒸发冷却而下降。对于工况 DGS，在预混区内局部蒸气含量最高可以达到约 2.4%，与无蒸发的工况 C0 相比，相应的预混合气体温度会下降约 40 K。

另一方面，在未燃预混区内未蒸发完毕的燃料液滴在穿越爆震波后，会在已燃区继续蒸发，同时使得爆震波后的气体温度下降。图 4.16 给出了在 $x = 0.01$ m 处各工况的温度瞬时分布。可以看到由于在爆震波后燃料液滴蒸发速率加快，气体温度下降明显。对于工况 DGL，爆震波后气体温度与无蒸发的工况 C0 相比下降可

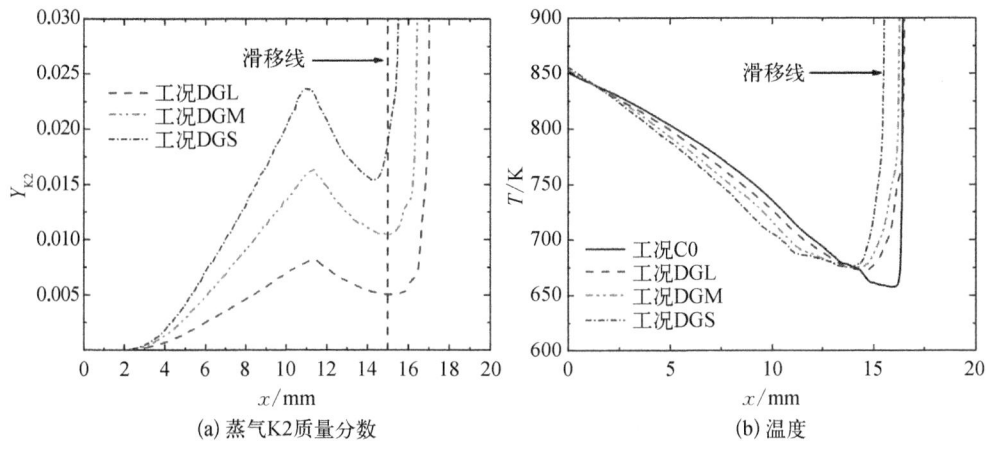

图 4.15 爆震波锋面前方沿 x 方向瞬时分布

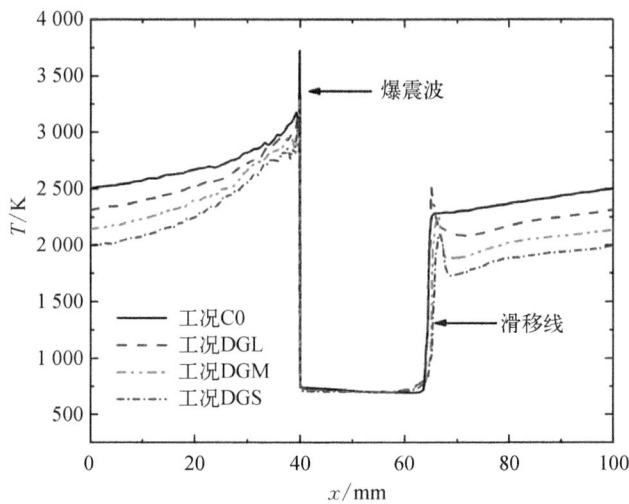

图 4.16 $x = 0.01$ m 处温度瞬时分布

以达到约 200 K。这种蒸发冷却效应会等效地降低燃烧所释放的能量,使前导激波的传播更难维持。

图 4.17 给出了工况 DGSS 的熄灭过程,在前四个周期内 ($t = 0 \sim 0.24$ ms),爆震波能够持续传播,但随着燃料液滴的喷入和蒸发,流场中温度下降。在靠近三波点附近,预混合气体的温度更低,因此燃烧波面和前导激波的解耦率先在此处出现,即使是横波也不能将其重新点燃。之后,未燃区逐步变大,在流场中形成了新的三波点并逐渐前移,经过数个周期后三波点前移到燃烧室入口附近,爆震波完全熄灭。

以上仿真结果表明:液滴蒸发过程对爆震波传播有显著影响。一方面液滴在

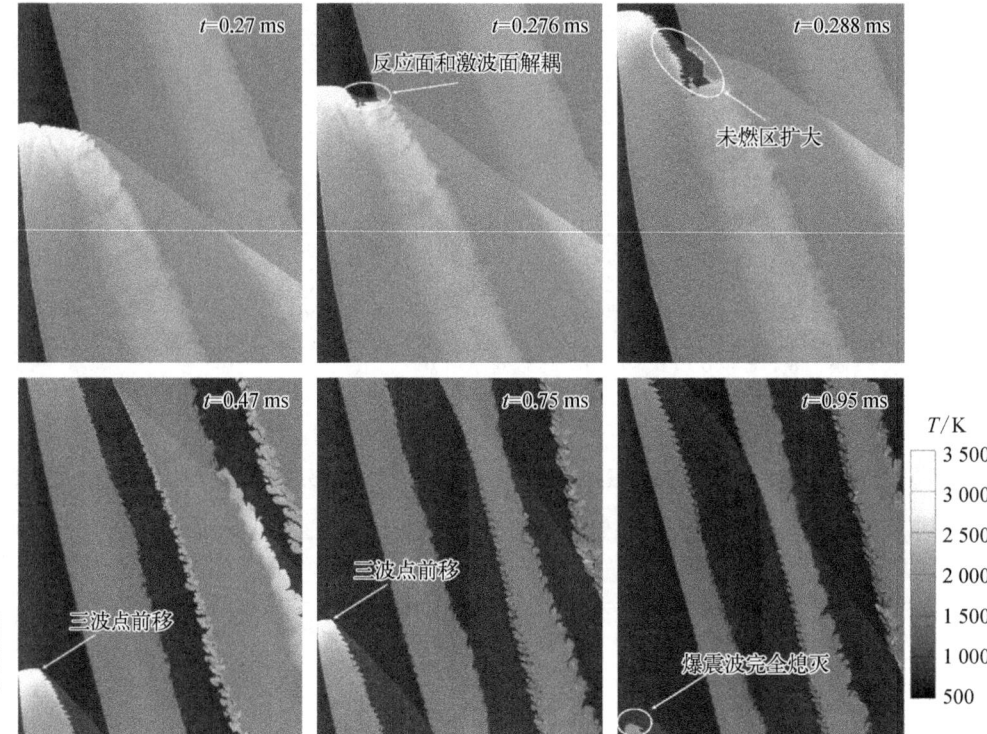

图 4.17 工况 DGSS 随时间变化的温度分布云图

未燃混合气体区的蒸发会降低来流混合气体的温度,另一方面液滴在爆震波后的蒸发也会等效减少燃烧所释放的能量,这两方面因素都会降低爆震波传播的稳定性。当液滴直径较小或质载比较大时,液滴蒸发的"冷却效应"都可使三波点的时空位置失去平衡且难以维持到新平衡,最终爆震波溃灭。

4.2 液雾两相预混燃烧特性

本节的研究对象是煤油/空气两相连续旋转爆震流动。图 4.18 给出了工况示意图,其中黑色圆点为煤油液滴。燃料液滴与预混气流混合均匀,进入燃烧室后蒸发并发生燃烧。其中预混气流的主体为空气,但为了辅助连续旋转爆震液雾燃烧,在实际中通常会对燃料液滴进行预蒸发,因此预混气流中也包含部分燃料蒸气。

定义预蒸发度 β 为煤油液滴进入燃烧室之前预先蒸发的比例,即

$$\beta = \frac{\dot{m}_{F,\text{vapor}}}{\dot{m}_{F,\text{vapor}} + \dot{m}_{F,\text{droplets}}} \times 100\% \qquad (4.3)$$

其中，$\dot{m}_{\text{F, vapor}}$ 和 $\dot{m}_{\text{F, droplets}}$ 分别为燃料蒸气和燃料液滴在燃烧室入口的质量流率。预蒸发度 β 从 0% 到 100% 变化，当预蒸发度 β = 100% 时，煤油完全蒸发，此时即煤油气相爆震；当预蒸发度 β = 0% 时，则进入燃烧室的燃料全为煤油液滴，而不含煤油蒸气。

定义喷雾当量比 φ 为[3]

$$\varphi = \frac{(\dot{m}_{\text{F, vapor}} + \dot{m}_{\text{F, droplets}})/(\dot{m}_{\text{air}} Y_{\text{O}_2})}{(\text{F/O})_{\text{st}}} \quad (4.4)$$

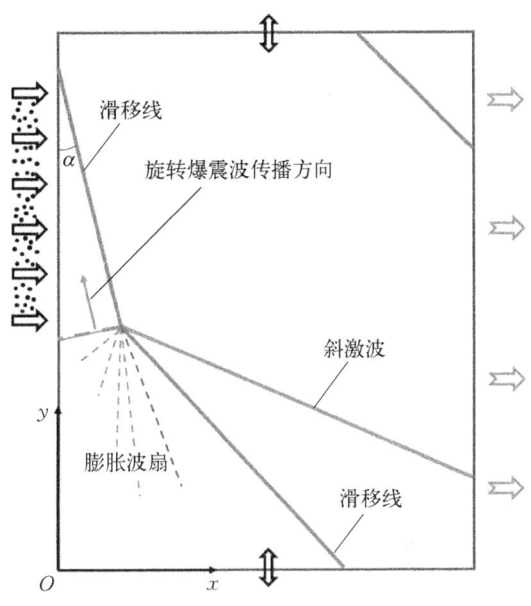

图 4.18 二维旋转爆震液雾燃烧示意图

其中，$\dot{m}_{\text{air}}$ 为空气在燃烧室入口的质量流率；$(\text{F/O})_{\text{st}}$ 为燃料和氧气在化学当量条件下的质量比。这里为了使两相连续旋转爆震波更能稳定传播，本节中设置喷雾当量比为 1。

来流条件和边界条件与工况 C0 设置基本相同，总压 P_0 为 7 atm，出口处的背压给定为 p_b = 0.5 atm。每个燃料液滴具有相同的直径，初始喷射速度与当地的预混合气体速度相同，液滴的初始温度为 T_d = 298 K。各工况的初始流场均设置为工况 C0 实现稳定工作时的流场。

由于液滴进入燃烧室后会蒸发吸热，等效地降低预混合气体温度。为了消除这方面的影响，针对不同的预蒸发度，相应提高来流预混合气体的总温，使得每个工况下液滴蒸发混合完毕后的总温与工况 C0 相同，均为 900 K。

4.2.1 液滴初始直径的影响

在燃烧室内会有很多因素影响煤油液滴的蒸发速率，包括液滴的直径和温度、周围空气的温度和压力、两相间的滑移速度等。其中对煤油液滴蒸发影响最大的参数是液滴的初始直径，因此本节研究液滴直径对两相连续旋转爆震的影响规律。

定义一个关联液滴蒸发过程的无量纲参量，液滴蒸发参量 Δ 为

$$\Delta = \frac{L_v}{L_D} \quad (4.5)$$

其中，L_v 为煤油液滴贯穿长度（生存长度），即液滴蒸发距离；L_D 为连续旋转爆震波

长度。这两个长度参量可通过如下方式进行估算。

煤油液滴在进入燃烧室后,在未燃预混区内速度变化不大,因此可以得到

$$L_v = \bar{u}_d t_e \propto t_e \tag{4.6}$$

其中,$\bar{u}_d$ 为煤油液滴的平均运动速度;t_e 为煤油液滴的蒸发时间。根据液滴蒸发的 d^2 规律,液滴蒸发时间与液滴初始直径的平方成正比,于是煤油液滴贯穿长度 L_v 也近似正比于液滴直径平方,即

$$L_v \propto t_e \propto d_d^2 \tag{4.7}$$

爆震波长度 L_D 可通过如下公式计算:

$$L_D = \frac{\dot{V}_{mix}}{h u_D} \tag{4.8}$$

其中,$\dot{V}_{mix}$ 是预混合气体体积流率,主要与来流总压和燃烧室尺寸相关;h 是燃烧室的宽度;爆震波速度 u_D 可通过理论计算进行估计。

进一步研究液滴蒸发参量 Δ 对两相连续旋转爆震波传播的影响,通过改变液滴初始直径,获得不同液滴蒸发参量 Δ 的计算工况 FD2~FD5,工况设置如表 4.8 所示。其中工况 FD2~FD4 能实现稳定爆震传播,而工况 FD5 无法实现爆震波的稳定传播。以下对这两种现象分别进行分析。

表 4.8 工况设置(不同液滴蒸发参量的影响)

工况	FD2	FD3	FD4	FD5
液滴直径 $d_d/\mu m$	2	3	4	5
预混气总温/K	1 040	1 040	1 040	1 040
液滴蒸发参量 Δ	0.13~$O(0.1)$	0.31~$O(0.1)$	0.55>$O(0.1)$	0.84~$O(1)$

绘制在不同液滴初始直径条件下,燃烧室的温度分布(图 4.19)和压力最大值分布(图 4.20)。对于工况 FD2,液滴直径小,能在较短的距离内蒸发完毕,因此其流场结构与完全蒸发的工况 C0 近似。进一步绘制工况 FD2 煤油蒸气质量分数和煤油液滴颗粒的瞬时分布图,如图 4.21 所示,由图 4.21 可知液滴蒸发距离确实远小于爆震波高度。

图 4.22 为爆震波前的燃料蒸气质量分数和温度分布。可以看到,随着液滴直径的增加,液滴的蒸发距离会变长,在入口处附近会存在越来越大的低当量比区域,因此从图 4.19 中也可以看到爆震波传播趋向于越来越不稳定。对于工况 FD4,在靠近入口处由于液滴蒸发量少,局部当量比低,无法达到爆震传播条件,只能形成激波,在激波后方伴随着"未燃混气区",如图 4.23 所示。此外,在稍下游

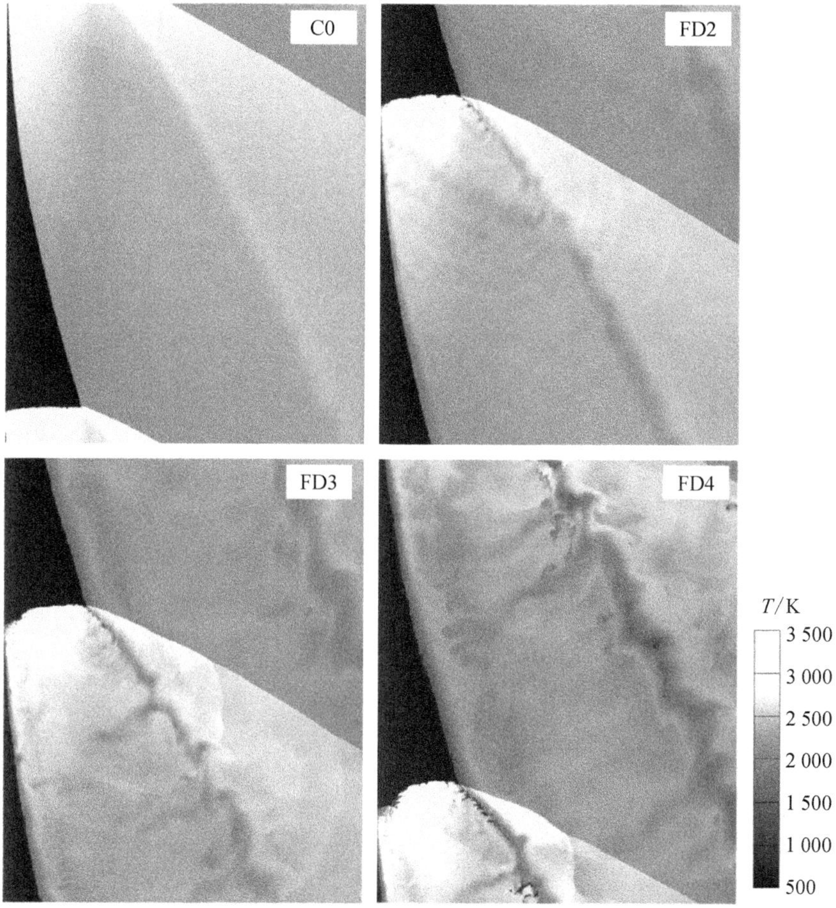

图 4.19 在不同液滴直径条件下的燃烧室瞬时温度分布比较

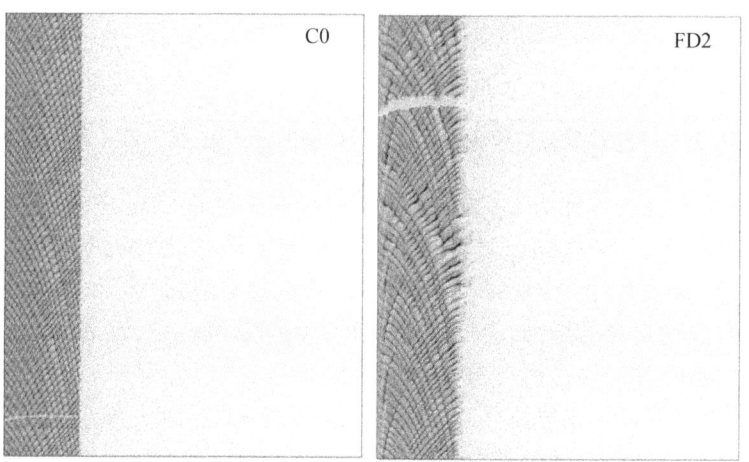

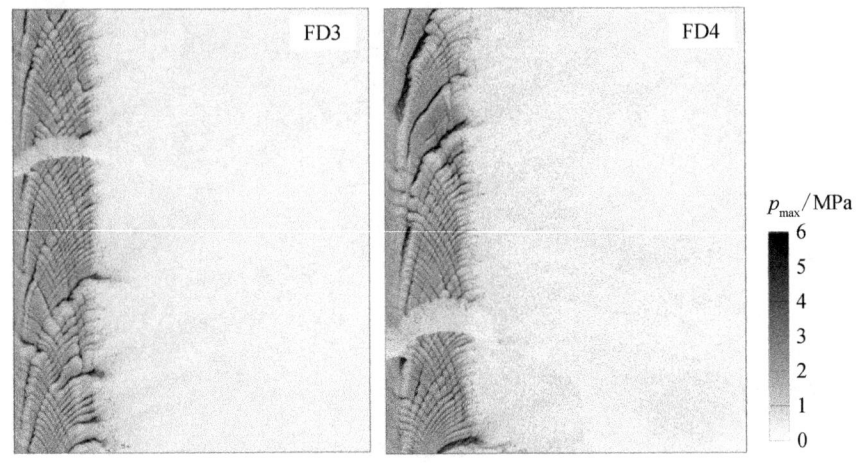

图 4.20　在不同液滴直径条件下的压力最大值分布

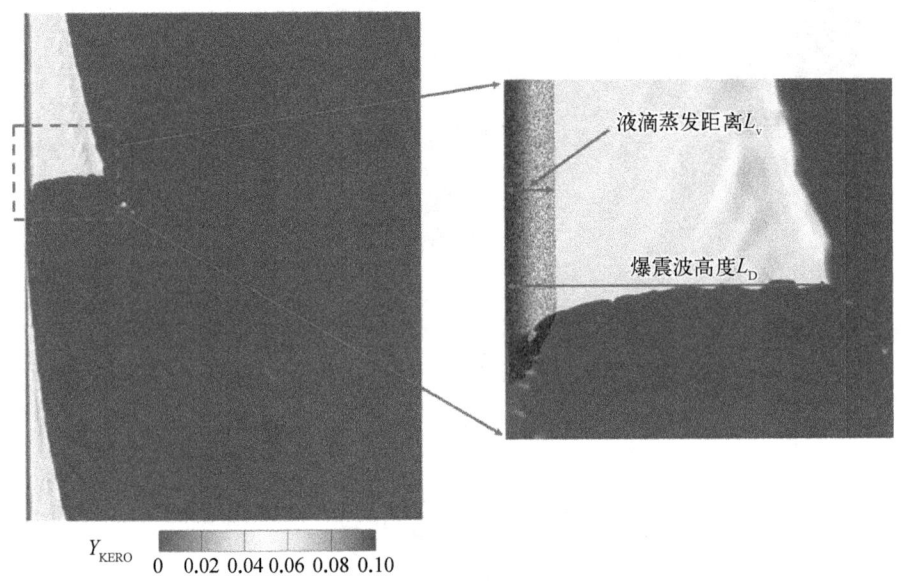

图 4.21　工况 FD2 煤油蒸气质量分数和煤油液滴颗粒的瞬时分布图（黑色圆点表示煤油液滴）

的位置，爆震波面上也还存在有"未燃混气核心"。在未燃混气核心内，激波和燃烧波（反应区）实际上已经解耦了，只有通过横向的爆震波才能重新点燃预混合气体，但这对爆震波的强度有一定要求。从图 4.20 中的燃烧室最大压力轨迹分布中也可以看到随着液滴直径的增加，会出现更明显的条带状高压区，这表征着比横波强度更大的横向爆震波。横向爆震波初始在上游形成，之后像爆炸一样快速向下游传播，而在三波点附近与未燃混气区相遇后，逐渐衰减。因此，爆震波面上的未燃混气核心实际上是由横向强爆震波燃烧消耗的。

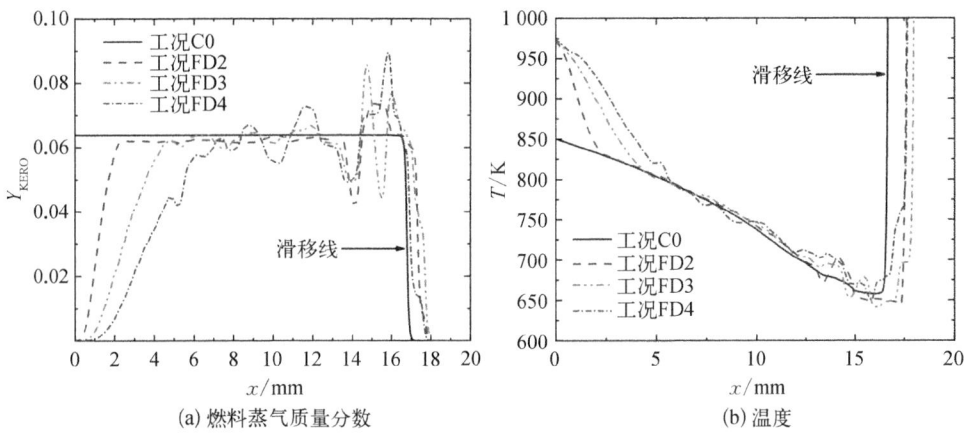

图 4.22 爆震波前沿 x 方向瞬时分布图

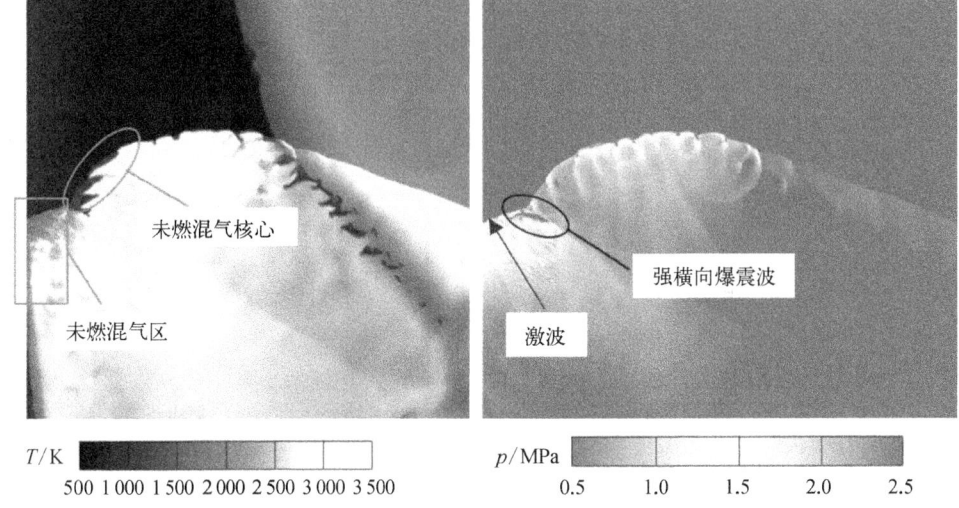

图 4.23 工况 FD4 爆震波附近温度和压力瞬时分布图

对比不同工况下流场的爆震波速和胞格尺寸,如表 4.9 所示,发现随无量纲参量 Δ 增加,爆震波速下降,胞格尺寸逐渐增大。

表 4.9 不同无量纲参量 Δ 条件下爆震波传播特性

工况	C0	FD2	FD3	FD4
液滴蒸发参量 Δ	—	0.13	0.31	0.55
爆震波速 u_D/(m/s)	1 774	1 728	1 696	1 618
胞格尺寸 λ_c/mm	1.13	1.63	1.83	2.04

统计在燃烧室头部的爆震发生区域,各工况在每个垂向位置的瞬时压力最大值分布如图 4.24 所示,随着液滴直径的增加,压力峰值数减少,表明胞格尺寸逐渐变大。在工况 FD4 中,在入口处附近存在强横向爆震波。与普通的横波相比,强横向爆震波具有更大的尺寸,并且附近有大尺度的未燃混气核心;此外,强横向爆震波是单向传播的,并且其压力峰值也比一般的横波高。

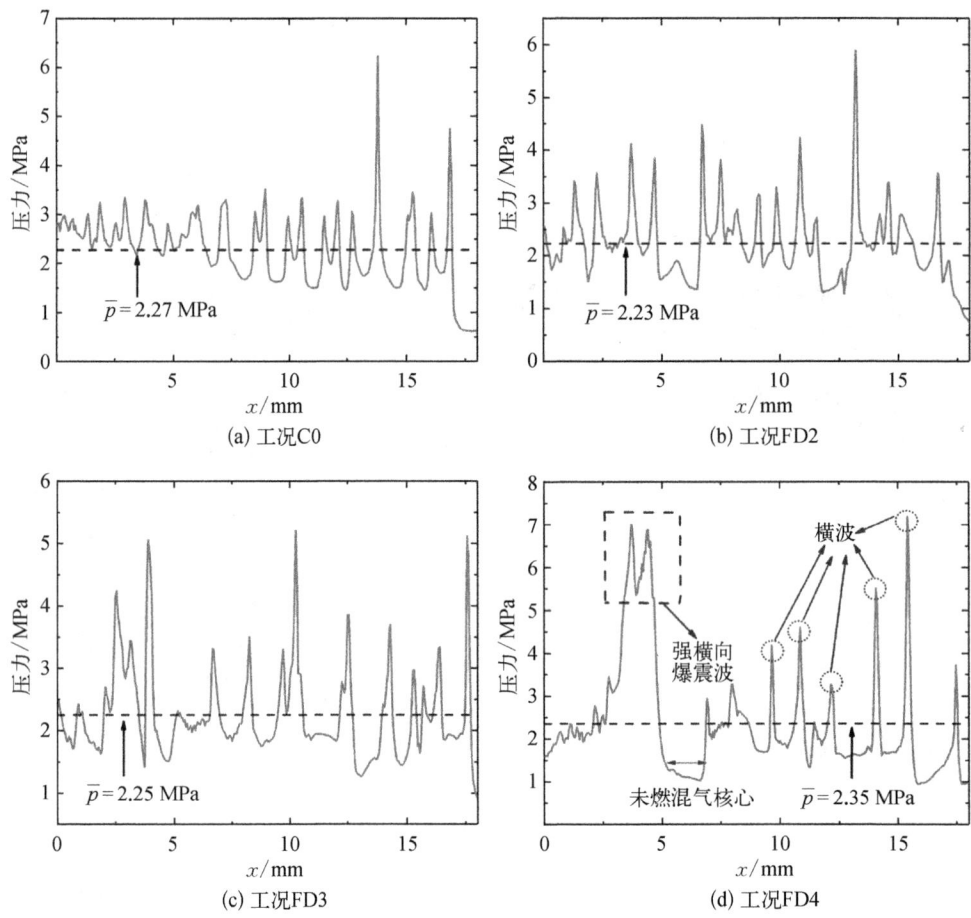

图 4.24 垂向位置上瞬时压力最大值分布(其中虚线为压力平均线)

为研究单个液滴的动力学规律,在工况 FD4 的燃烧室入口不同位置释放三个液滴颗粒并在拉格朗日坐标系下进行追踪,如图 4.25 所示。并设定液滴初始温度 T_d = 298 K,液滴初始速度与当地气体速度相同。

图 4.26 给出了在液滴生存周期内的物理量(液滴温度、液滴所见气体温度和液滴直径平方)随时间的变化曲线。其中颗粒 A 初始位置离爆震波很近,在进入燃烧室后不久即受到爆震波冲击,周围气体温度由约 900 K 突然上升到 2 000 K 以

上,蒸发速率加快,因此其生存时间最短,只有约 7.6 μs。颗粒 B 初始时刻位于未燃预混区内,在经过初始预热后,液滴直径平方近似呈线性下降。而在穿越爆震波后,周围气体温度由 800 K 急剧上升到 3 000 K 以上,液滴直径平方下降斜率明显增大,液滴迅速完成蒸发,总生存时间为约 16 μs。而颗粒 C 在整个生存周期内都位于未燃预混区内,因此其生存周期最长,达到 21 μs。

对于工况 FD5,液滴直径较大,此时燃料液滴的蒸发距离接近于爆震波的高度,这对爆震波的实现稳定传播造成了困

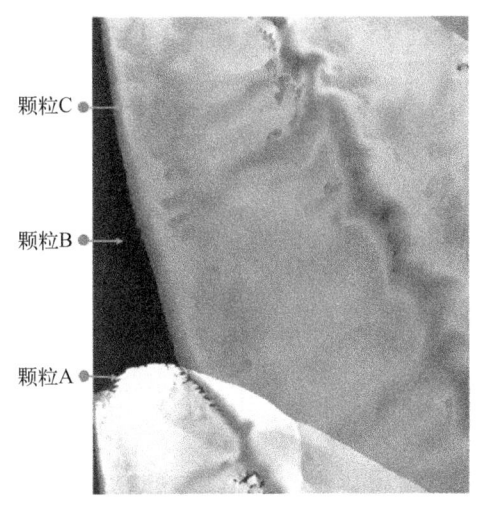

图 4.25 FD4 追踪颗粒释放位置示意图

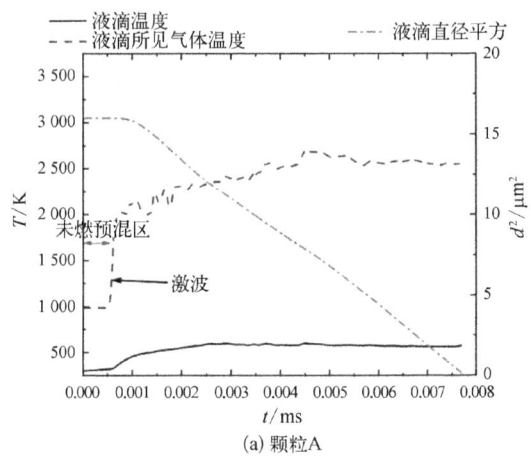

(a) 颗粒A

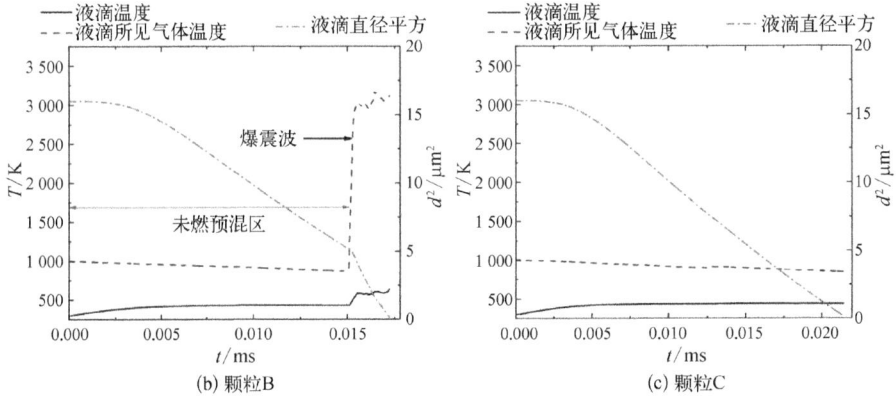

(b) 颗粒B　　　　　　　　　(c) 颗粒C

图 4.26 工况 FD4 液滴蒸发过程中液滴温度、液滴所见气体温度和液滴直径平方随时间变化

扰。图 4.27 给出了工况 FD5 的爆震熄灭过程。可以看到，随着煤油液滴的喷射，在入口处的当量比会变得很低，化学反应速率会下降，因此在入口处附近的爆震波无法自持。进一步，爆震波的长度逐渐变短，爆震波前的未燃区域越来越大。最终，前导激波和燃烧波完全解耦，爆震波逐渐熄灭。

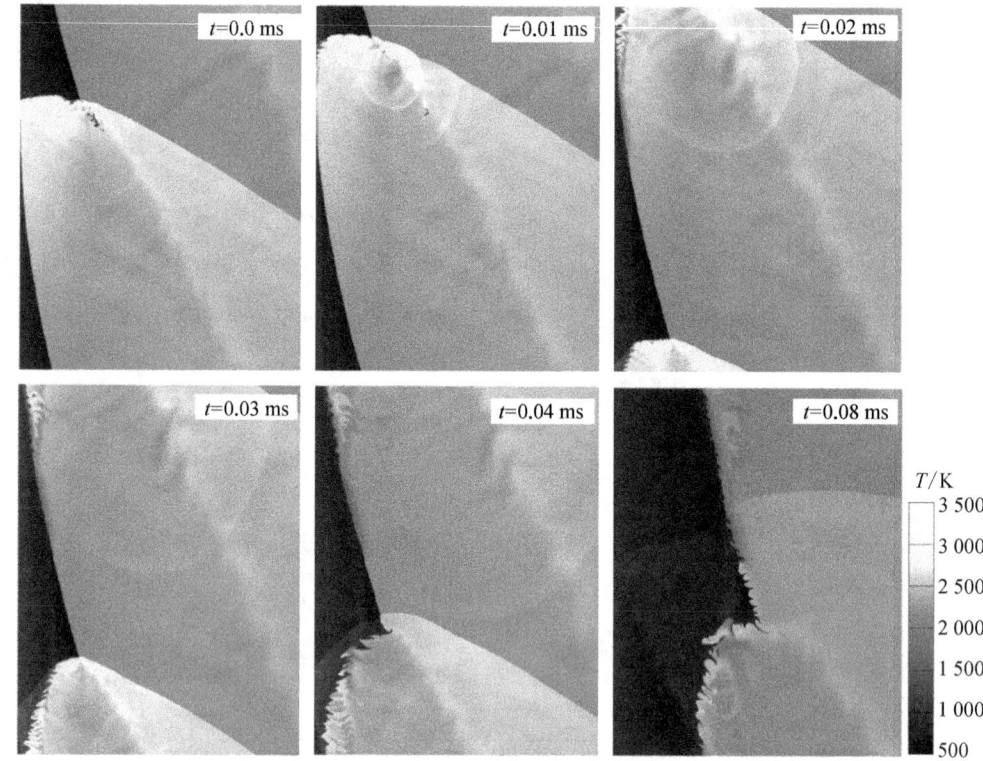

图 4.27　工况 FD5 在熄灭过程中随时间变化的温度分布云图

图 4.28 展示了工况 FD5 在熄灭过程中的压力最大值轨迹，从中同样可以看到爆震波的熄灭过程。在初始稳定爆震阶段，胞格结构较为规则；之后在入口处附近的横波衰减，胞格结构也变得更加不规则；到最后，爆震波熄灭，胞格结构也消失了。

综上所述，在没有预蒸发的条件下，液滴直径 d_d 增大，液滴蒸发参量 Δ 增大。当液滴蒸发参量 Δ 较小（约 0.1）时，液雾两相爆震波能传播稳定，此时流场结构与气相爆震相似。随着液滴蒸发参量 Δ 升高，爆震波传播稳定性减弱，并在爆震波锋面上出现未燃混气核心，这些未燃混气核心需要通过强横向爆震波才能重新点燃。当液滴蒸发参量 Δ 接近 1 时，入口处局部化学当量过低，会形成未燃混气区，该区域会逐步增大，导致激波和燃烧波解耦，最终使得爆震波熄灭。

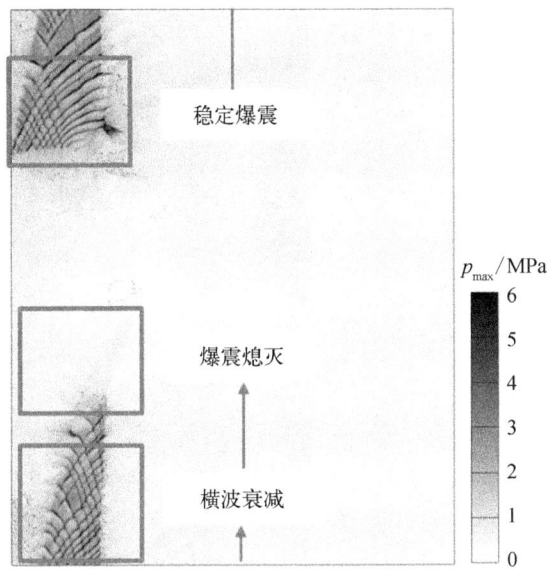

图 4.28　工况 FD5 在熄灭过程中的压力最大值轨迹

4.2.2　预蒸发度的影响

在实际工程应用中,燃料液滴在进入燃烧室之前通常会发生预蒸发,加速或有利于爆震波的形成。在本节中为了研究不同预蒸发度对两相连续旋转爆震波传播的影响,通过给定初始液滴直径 $d_d = 5\ \mu m$,设定预蒸发度 β 为 20%~60%,分别计算不同的工况 FE2~FE6,工况设置如表 4.10 所示。这里针对不同的预蒸发度 β,给定相应的来流预混合气体总温,以保证各工况液滴蒸发混合完毕后的总温相同。其中工况 FE4~FE6 能实现稳定爆震传播,而工况 FE2 和 FE3 无法实现爆震波的稳定传播。

表 4.10　工况设置(不同预蒸发度的影响)

工　况	FE2	FE3	FE4	FE5	FE6
液滴直径 $d_d/\mu m$	5	5	5	5	5
预蒸发度 β/%	20	30	40	50	60
预混合气体总温/K	1 012	998	984	970	956

图 4.29 和图 4.30 给出了在不同预蒸发度条件下,燃烧室的温度分布和胞格结构图。可以看到,随着预蒸发度的提高,爆震波的传播越来越趋于稳定,胞格结构也越来越不明显。

图 4.31 展示了工况 FE5 煤油蒸气质量分数和煤油液滴颗粒的瞬时分布,可以

图 4.29 在不同预蒸发度条件下的燃烧室瞬时温度分布比较

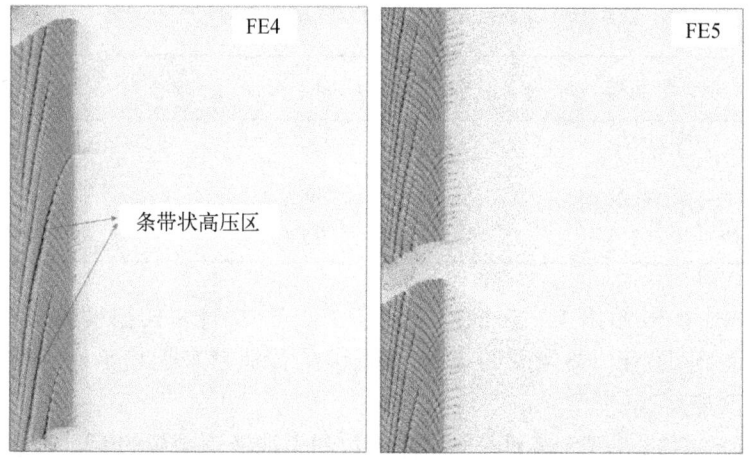

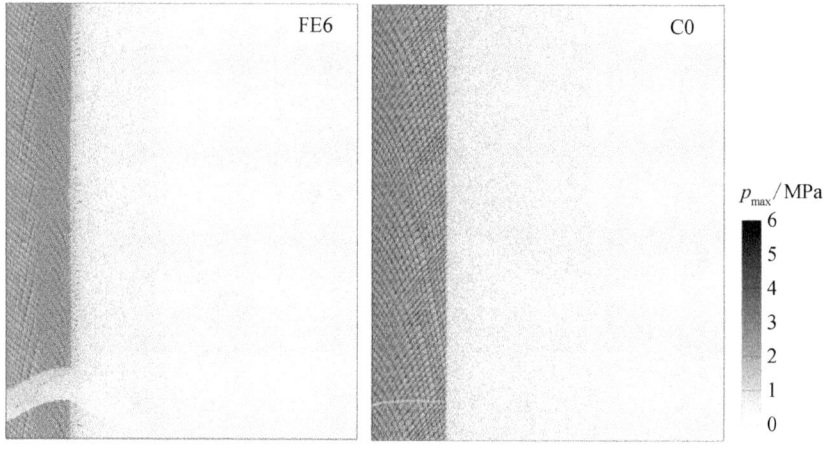

图 4.30 在不同预蒸发度条件下的压力最大值分布

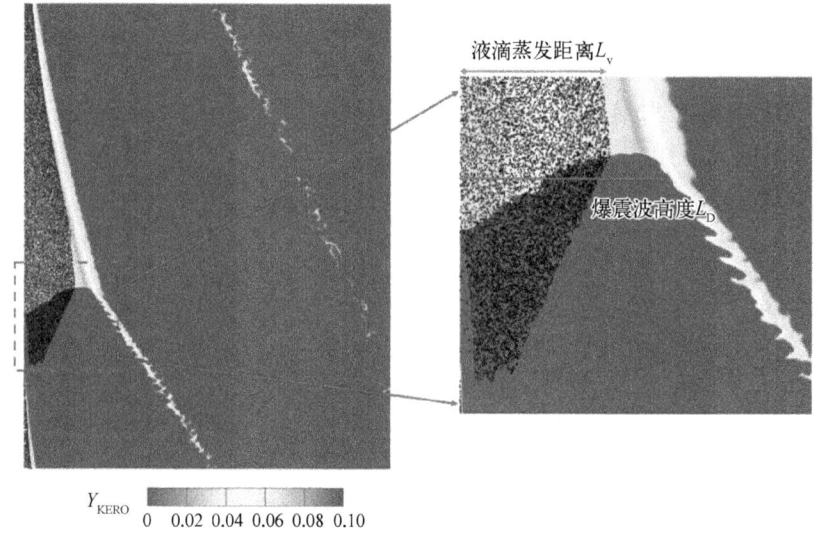

图 4.31 工况 FE5 煤油蒸气质量分数瞬时分布及局部放大图(黑色圆点表示煤油液滴)

看到液滴蒸发距离与爆震波高度接近,但由于有预蒸发的存在,在入口处的局部当量比不会过低,因此爆震波可以稳定传播。

对于工况 FE4,从图 4.29 和图 4.30 中可以看到其与气相旋转爆震(工况 C0)存在两方面显著差异。一方面是在三波点附近工况 FE4 存在未燃区域,其产生的原因是当未燃混合气体进入燃烧室后,混合气体压力会大于周围环境压力,因此混合气体会开始膨胀并加速。图 4.32 给出了在未燃三角区内的 x 方向速度分布,可以看到下游的 x 方向速度确实比上游大。而与此同时,由于工况 FE4 的液滴直径较大,液滴运动的弛豫效应更强,液滴的加速会慢于气体的加速。因此,在未燃三

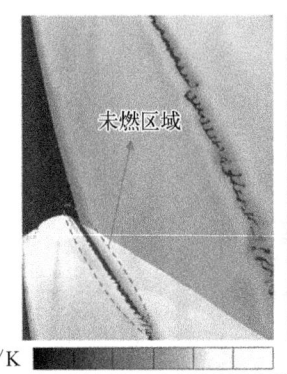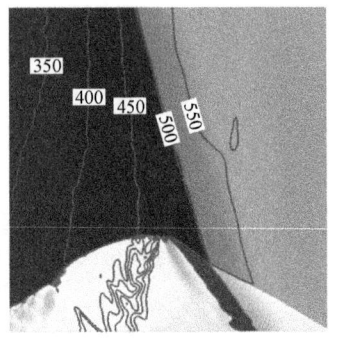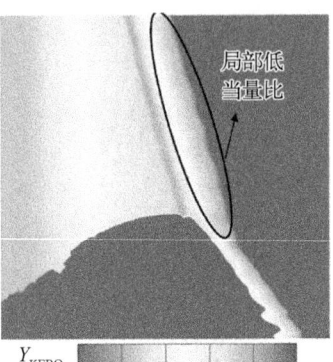

(a) 温度分布 (b) x方向速度等值线（蓝色实线，单位为m/s） (c) 煤油蒸气质量分数分布图

图 4.32　工况 FE4 瞬时分布

角区靠近滑移线位置只有少量液滴蒸发,局部当量比较低。这也导致了在这个区域爆震波难以维持,该区域蒸发的煤油蒸气直到流出计算域也未能完成燃烧。

另一方面,在压力最大值轨迹图上也可以看到工况 FE4 存在条带状高压区,其形成的原因仍然是强横向爆震波的传播。图 4.33 展示了工况 FE4 在爆震波附近的局部放大图。可以发现与工况 FD4 不同,在爆震波面上存在多个小的未燃混气核心。在这些未燃混气核心内,激波和燃烧波实际上已经解耦,只有通过强横向爆震波才能重新点燃。这些强横向爆震波不断从入口处附近产生,并且向下游传播

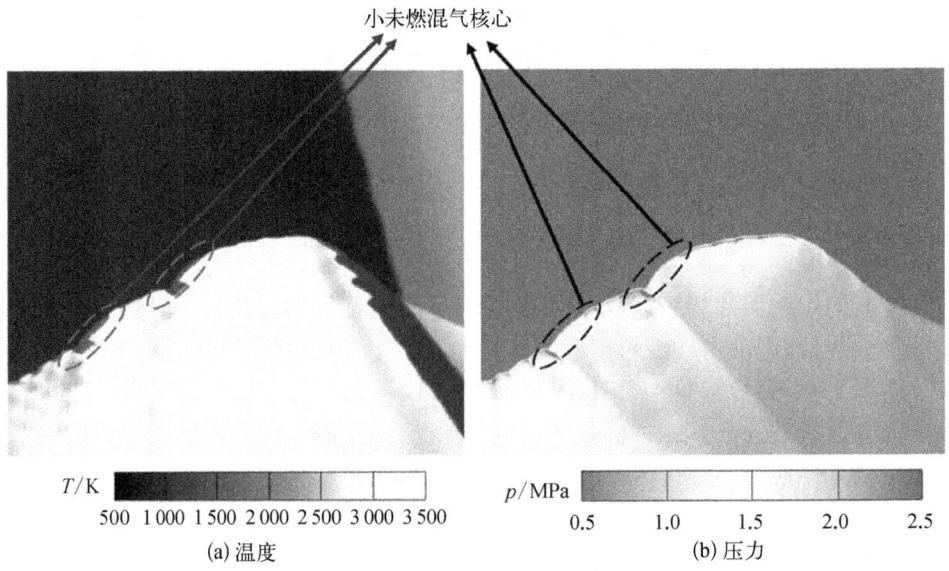

(a) 温度　　　　　　　　　　　(b) 压力

图 4.33　工况 FE4 瞬时分布局部放大图

最终形成了这些条带状高压区。

表 4.11 统计了不同工况下流场中的胞格尺寸和爆震波速,从中也可以看到随着预蒸发度的增加,爆震波传播越来越稳定,爆震波速提高,胞格尺寸逐渐变小。

表 4.11 不同预蒸发度条件下爆震波传播特性

工况	FE4	FE5	FE6	C0
预蒸发度 β/%	40	50	60	100
爆震波速 u_D/(m/s)	1 686	1 701	1 711	1 774
胞格尺寸 λ_c/mm	2.31	1.45	1.27	1.13

图 4.34 统计了垂向位置的瞬时压力最大值分布。可以看到随着液滴直径的增加,压力峰值数增加,表明胞格尺寸逐渐变小;并且爆震波面压力振荡幅值减小,

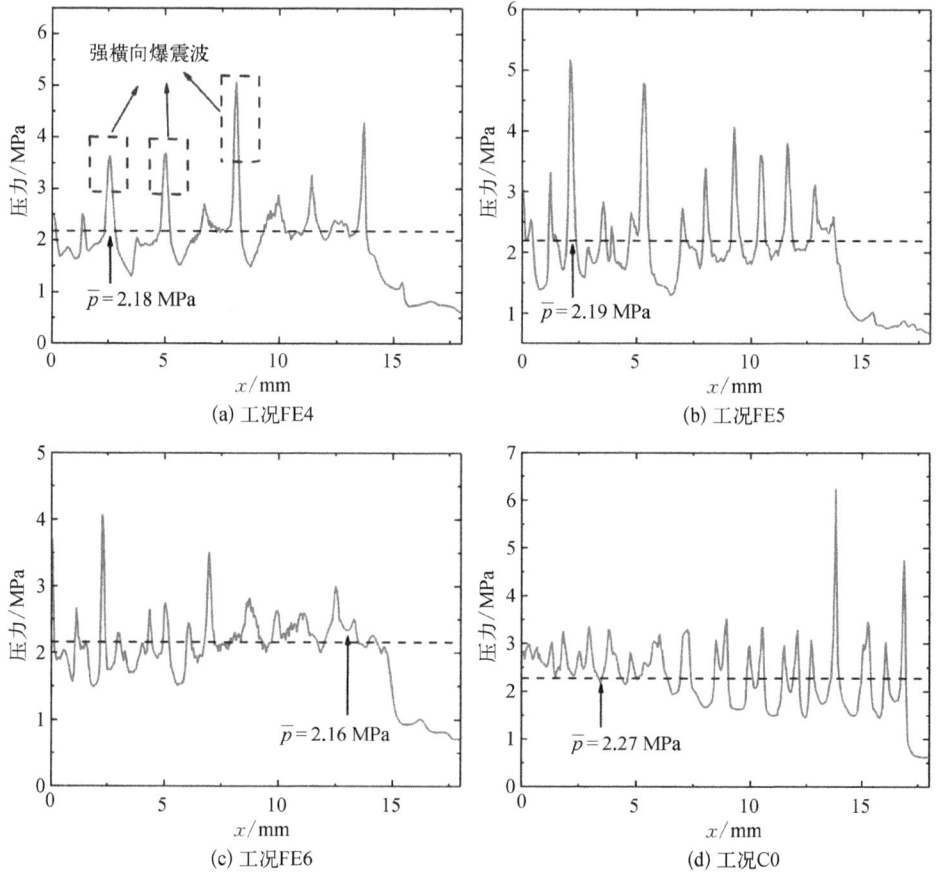

图 4.34 垂向位置上瞬时压力最大值分布(其中虚线为压力平均线)

压力逐渐趋向于均匀分布,表明横波效应减弱。在工况 FE4 中,也可以发现在入口处附近存在数道强横向爆震波,其压力峰值比周围的横波更高。

图 4.35 给出了工况 FE2 的熄灭过程中的温度分布和煤油蒸气质量分数分布,这里 T_d 是工况 C0 的爆震波传播周期。与工况 FD5 相比,虽然经过了预蒸发,但在入口处附近当量比仍然过低,形成的横波强度较弱,不足以支持爆震波的传播。最终,爆震波面上的未燃区域逐渐变大,前导激波和燃烧波解耦,爆震波熄灭。

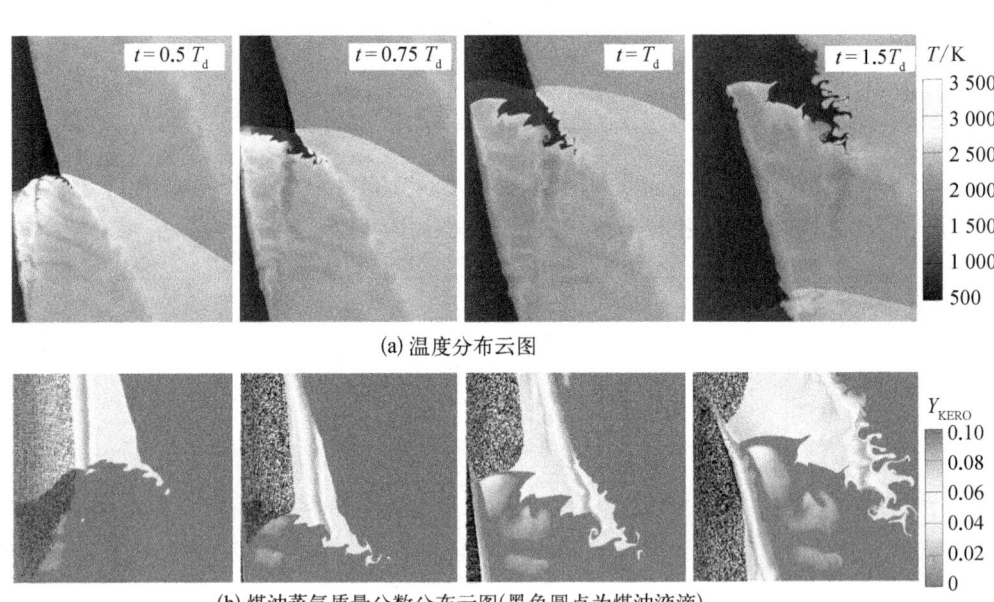

(a) 温度分布云图

(b) 煤油蒸气质量分数分布云图(黑色圆点为煤油液滴)

图 4.35 工况 FE2 在熄灭过程中随时间变化云图

4.2.3 液雾两相连续旋转爆震燃烧稳定工作边界

进一步讨论液雾两相连续旋转爆震燃烧的稳定特性。为此,给定喷雾当量比为 1,来流预混合气体和液滴的总温为 900 K,补充计算了在不同预蒸发度 β 下,液滴初始直径 d_d 分别为 6 μm、7.5 μm 和 10 μm 时的爆震波传播状态,得到的爆震波稳定传播图谱如图 4.36 所示。由图可知,随着液滴直径的增加,爆震波稳定传播所需的预蒸发度也增大。

图 4.37 给出了对于在边界处能实现稳定传播的工况,其煤油蒸气质量分数沿 x 方向的瞬时分布,其中水平和垂直虚线分别表征局部当量比 $\varphi = 0.7$ 和 $x/L_D = 0.4$。从图 4.37 中可以得出,爆震波要实现稳定传播需满足:

$$\varphi|_{x=0.4L_D} \geqslant \varphi_{lb} \tag{4.9}$$

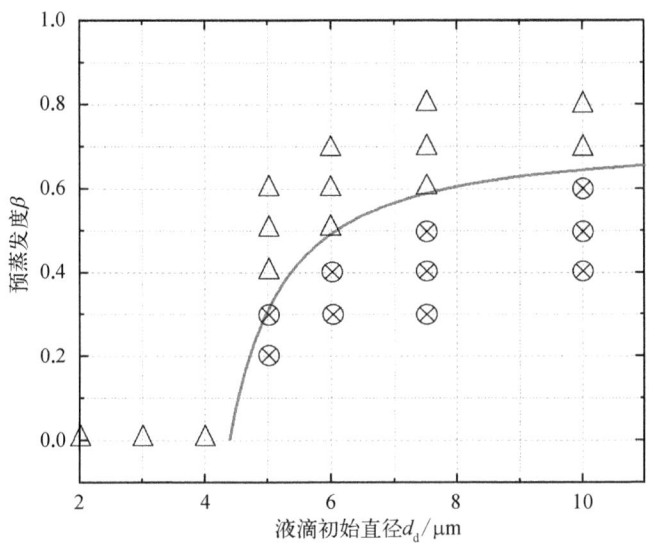

图 4.36 爆震波稳定传播图谱（⊗ 表示爆震最终熄灭，△ 表示爆震能够维持稳定传播，实线为式（4.13）计算所得）

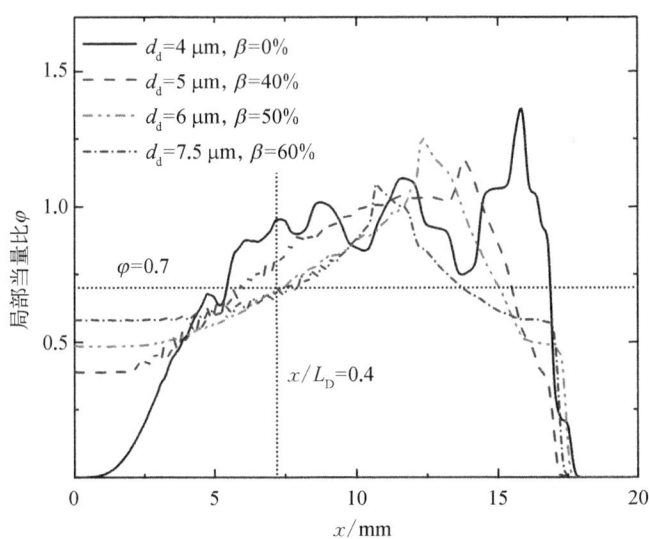

图 4.37 爆震波前燃料蒸气质量分数沿 x 方向瞬时分布曲线

其中，φ_{lb} 为在 $x/L_D = 0.4$ 处的稳定传播当量比下限，它与来流的总温、总压和喷雾当量比有关，在本节设定的来流条件下，$\varphi_{lb} = 0.7$。

忽略液滴初始的预热过程，假设液滴蒸发在生存周期内都满足 d^2 规律，并认为液滴跟随性良好，那么在未燃预混区内的液滴直径 d_d 应为

$$d_{\mathrm{d}} = \left(\frac{L_{\mathrm{v}} - x}{L_{\mathrm{v}}}\right)^{1/2} d_{\mathrm{d},0}, \quad x < L_{\mathrm{v}} \tag{4.10}$$

其中,$d_{\mathrm{d},0}$ 为液滴初始直径。于是在未燃预混区内的局部当量比 φ 为

$$\varphi = \beta + \left[1 - \left(\frac{L_{\mathrm{v}} - x}{L_{\mathrm{v}}}\right)^{3/2}\right](1 - \beta) \tag{4.11}$$

利用式(4.5),可知在 $x = 0.4L_{\mathrm{D}}$ 处的局部当量比 φ 为

$$\varphi\big|_{x=0.4L_{\mathrm{D}}} = \beta + \left[1 - \left(\frac{\Delta - 0.4}{\Delta}\right)^{3/2}\right](1 - \beta) \tag{4.12}$$

因此结合式(4.9),爆震波稳定传播的判据为

$$\beta + \left[1 - \left(\frac{\Delta - 0.4}{\Delta}\right)^{3/2}\right](1 - \beta) \geqslant \varphi_{\mathrm{lb}} \tag{4.13}$$

该判据与液滴的预蒸发度 β 和无量纲参量 Δ 有关,在图 4.36 中以实线给出。可以看到,在实线下方,爆震无法维持稳定传播;而在实线上方,爆震能够稳定传播,这表明了该判据的可靠性。

当预蒸发度 $\beta = 0\%$ 时,式(4.13)简化为

$$\left(\frac{\Delta - 0.4}{\Delta}\right)^{3/2} \leqslant 1 - \varphi_{\mathrm{lb}} \tag{4.14}$$

将 $\varphi_{\mathrm{lb}} = 0.7$ 代入可得

$$\Delta \leqslant 0.72 \tag{4.15}$$

即在没有预蒸发条件下爆震波实现稳定传播所需满足的条件。

4.3 液雾两相非预混燃烧特性

本节研究对象是煤油/空气两相连续旋转爆震非预混燃烧流动。图 4.38 给出了工况示意图,其中黑色圆点为煤油液滴。这里空气的入口条件仍如附录 B.2.1 所述,只有在当地压力小于来流总压时,才会有空气流入。而对于煤油液滴,假设在入口处均匀布满了 N_{s} 个喷孔,燃料液滴在喷孔中以给定的雾化角 θ_{s} 和喷射速度 u_{d} 进行喷射,并假设此处液滴的喷射与当地压力无关。

本节中,喷孔数量给定为 $N_{\mathrm{s}} = 30$,因此喷孔间距 δ_{s} 为 $L_{\mathrm{y}}/N_{\mathrm{s}} = 3.3$ mm。液滴初始速度 u_{d} 给定为 200 m/s,雾化角 θ_{s} 在 60°~150°变化,液滴直径 d_{d} 变化范围为 2~6 μm,液滴的初始温度为 $T_{\mathrm{d}} = 298$ K,总体的喷雾当量比给定为 1。

来流条件和边界条件与工况 C0 设置基本相同，总压 P_0 为 7 atm，出口处的背压给定为 p_b = 0.5 atm。各工况的初始流场均设置为工况 C0 实现稳定工作时的流场。

由于实现非预混燃烧更加困难，因此相较于 4.2 节预混工况，在本节中进一步提高来流预混合气体的总温，设定每个工况下液滴蒸发混合完毕后的总温为 1 000 K。

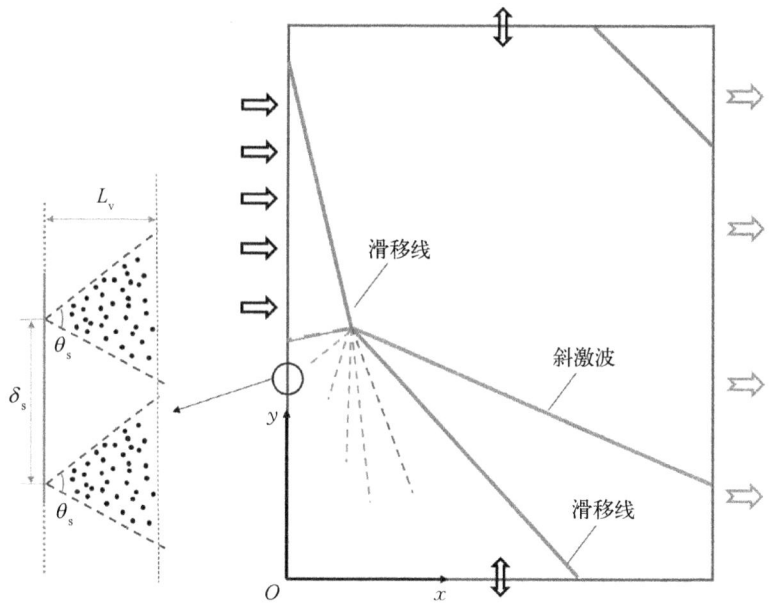

图 4.38　液雾两相连续旋转爆震流场的非预混燃烧示意图

4.3.1　液滴初始直径的影响

本节给定雾化角为 θ_s = 120°，计算不同液滴初始直径工况 GD2～GD6，工况设置如表 4.12 所示。其中只有工况 GD4 和 GD5 能实现爆震波的稳定传播。

表 4.12　工况设置（液滴初始直径的影响）

工况	GD2	GD3	GD4	GD5	GD6
液滴直径 d_d/μm	2	3	4	5	6
预混合气体总温/K	1 140	1 140	1 140	1 140	1 140
液滴蒸发参量 Δ	0.16	0.31	0.34	0.50	0.82
爆震波	熄灭	熄灭	稳定传播	稳定传播	熄灭

绘制不同液滴初始直径条件下燃烧室温度分布图,如图 4.39 所示。由图可知,与之前预混燃烧的结果不同,当液滴直径较小或较大时,爆震波都不能维持稳定传播;只有当液滴直径在适中范围(4 μm 或 5 μm)时,才能实现稳定爆震。并且由于在爆震波后仍然有燃料液滴的喷入、蒸发、混合和燃烧,非预混燃烧的流场更加复杂,温度分布也更加不均匀。图 4.40 给出了工况 GD4 和 GD5 的胞格分布图,可以看到这两种工况下胞格尺寸分布不均匀,并且液滴直径较小时(对应工况 GD4),胞格尺寸也相应更小。

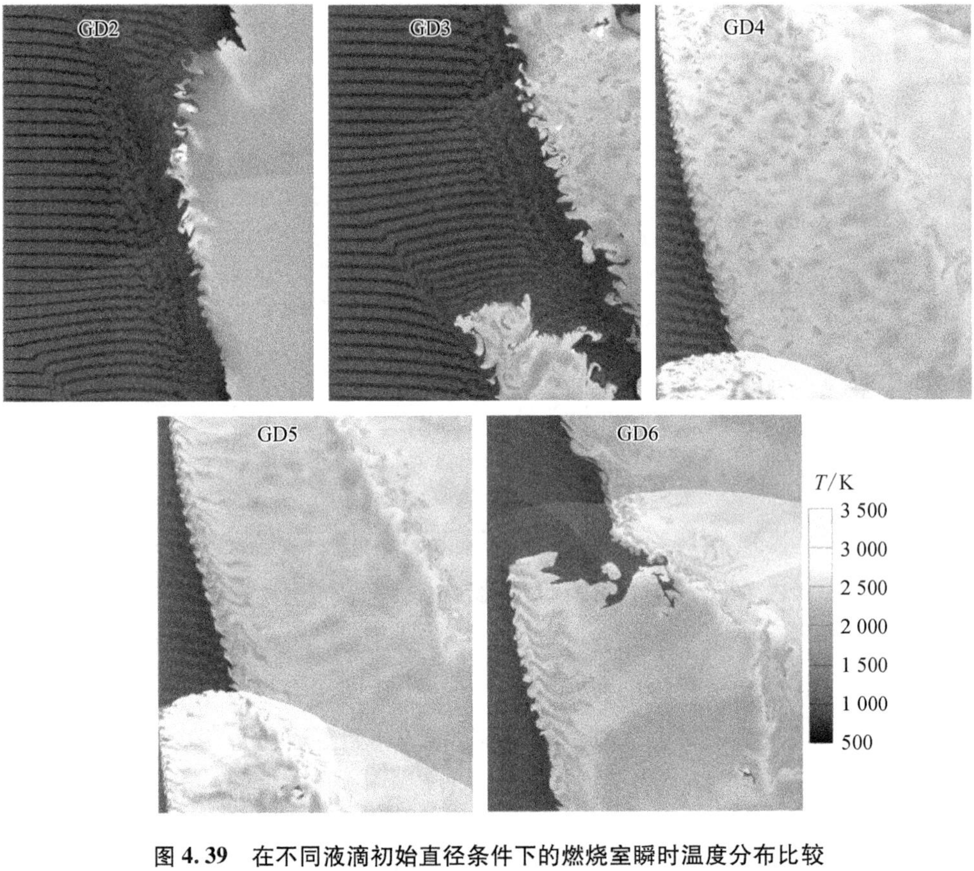

图 4.39 在不同液滴初始直径条件下的燃烧室瞬时温度分布比较

为了进一步探究爆震波熄灭的原因,绘制燃烧室内的煤油蒸气质量分数分布如图 4.41 所示,并检测在 $x = 0.5L_D$ 处,爆震波前的燃料蒸气质量分数和温度分布如图 4.42 所示。可以看到,当液滴直径较小时(对应工况 GD2 和工况 GD3),虽然蒸发速率快,但是掺混效果差,煤油蒸气在局部区域存在聚集的情况。在这些煤油蒸气富集的区域,大量的煤油液滴发生蒸发,从而导致此处局部当量比很高,而且温度也由于冷却效应而急剧下降。与此同时,燃烧室内还存在着大量没有煤油蒸

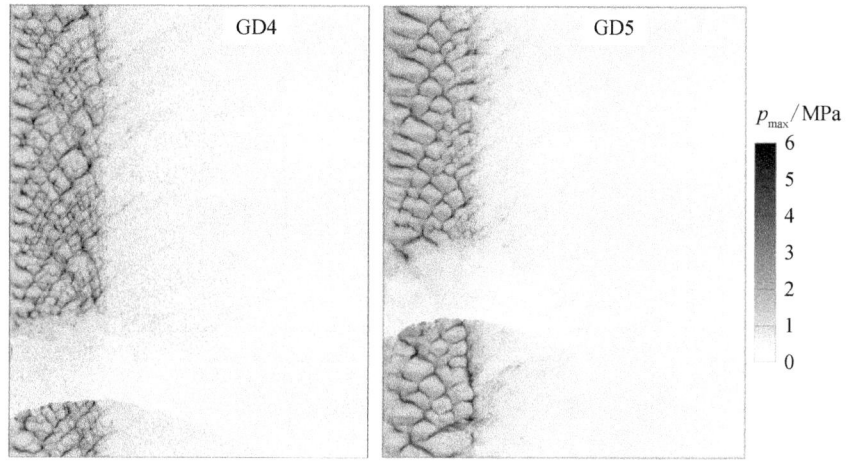

图 4.40　工况 GD4 和工况 GD5 的压力最大值轨迹

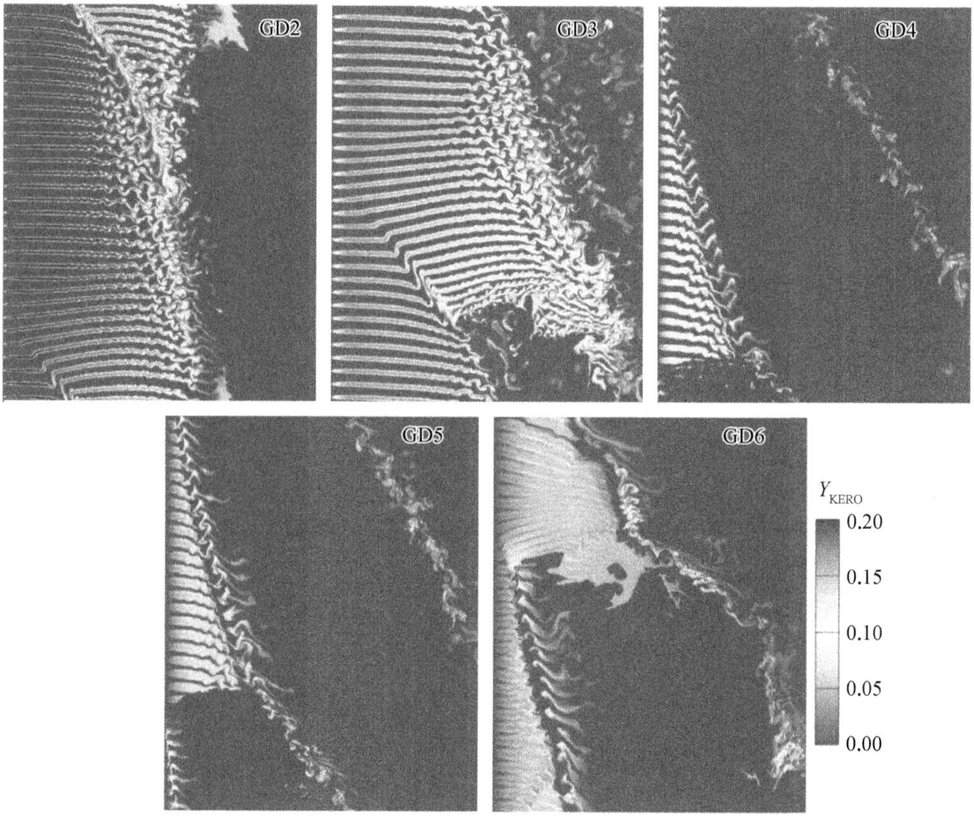

图 4.41　在不同液滴初始直径条件下的燃烧室煤油蒸气质量分数分布比较

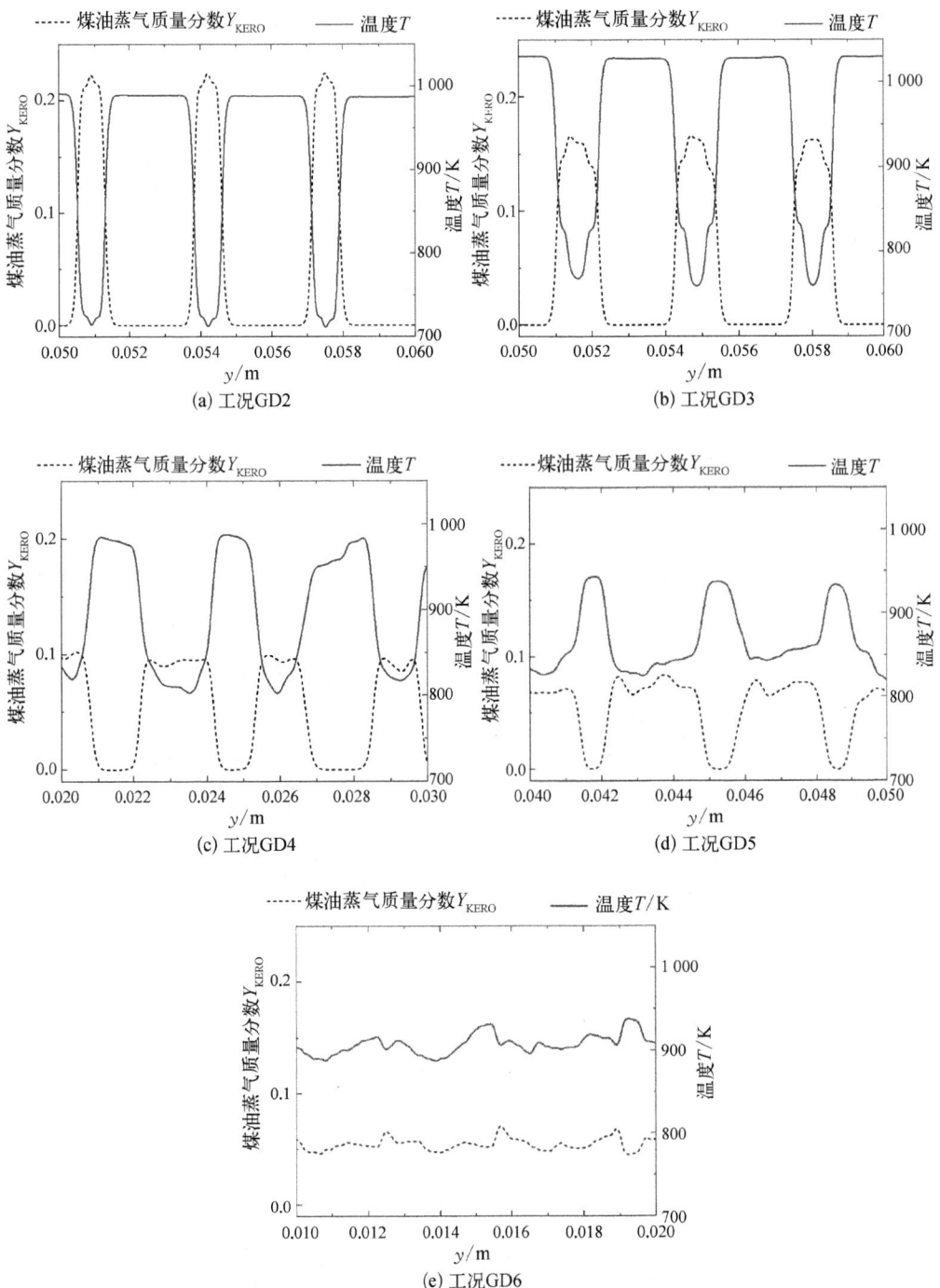

图 4.42 在不同液滴初始直径条件下的煤油蒸气质量分数和温度沿 y 方向分布（$x = 0.5L_D$）

气的区域,当爆震波传播到这些区域时,无法进行化学反应,使得激波与燃烧波解耦,最终导致爆震波熄灭。而随着液滴直径的增加,煤油蒸气质量分数分布越来越均匀,这有助于爆震波的传播。但是,对于液滴直径较大的工况(如工况 GD6),虽然煤油蒸气分布均匀,但是如 4.2 节所述,液滴直径过大会使得在入口处的局部当量比过低,并最终导致爆震波熄灭。

图 4.43 给出了工况 GD4 对应的瞬时煤油液滴颗粒分布。可以看到液滴进入燃烧室后快速蒸发,集中于燃烧室头部。这里定义液滴的流向贯穿长度 $L_{v,x}$ 为液滴进入燃烧室后在流向上最大的生存距离,横向贯穿长度 $L_{v,y}$ 为液滴在垂直流向方向上的分布长度。

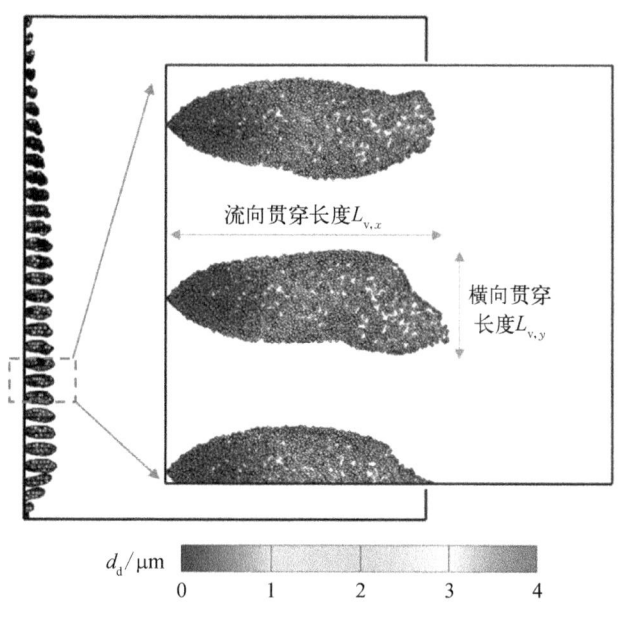

图 4.43 工况 GD4 液滴颗粒分布图

这里同样定义一个关联液滴蒸气在垂直流向方向上分布的无量纲参量 Ψ,其为液滴横向贯穿长度 $L_{v,y}$ 与喷孔间距 δ_s 的比值:

$$\Psi = \frac{L_{v,y}}{\delta_s} \tag{4.16}$$

图 4.44 给出了在不同液滴初始直径条件下,无量纲参量 Δ 和 Ψ 的变化规律。可以看到,随液滴直径增加,二者都会增加。可以初步总结出两相非预混旋转爆震的稳定工作判断准则,除了在 4.2 节讨论过的 Δ 必须小于某个阈值(即式(4.15)),Ψ 也需满足:

$$\Psi > \Psi_{\text{lb}} \tag{4.17}$$

这里 Ψ_{lb} 为 Ψ 的稳定工作下限,对于本节工况条件,Ψ_{lb} 为 0.4~0.5。

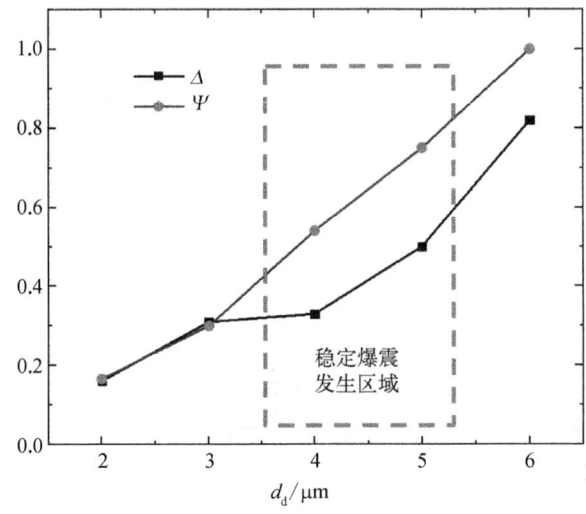

图 4.44　无量纲参量 Δ 和 Ψ 在不同液滴初始直径条件下的变化

在式(4.16)中,横向贯穿长度为最外侧煤油液滴颗粒的 y 方向运动范围,可以通过式(4.18)进行估算:

$$L_{\text{v},y} = 2\varepsilon u_{\text{d},y} t_{\text{e}} = 2\varepsilon u_{\text{d}} \sin(\theta_{\text{s}}/2) t_{\text{e}} \tag{4.18}$$

其中,$u_{\text{d},y}$ 为外侧颗粒的初始 y 方向速度,与雾化角 θ_{s} 有关;ε 为颗粒阻力因子,表示由于受到气体阻力,燃料液滴在下游区域的 y 方向速度减小的效应,斯托克斯数 St 越大,颗粒所受到的阻力效应就越小,ε 也越接近于 1;t_{e} 为颗粒蒸发时间,近似与液滴直径平方 d^2 成正比。

综上所述,当液滴直径较小或较大时,爆震波都不能实现稳定传播。当颗粒较小时,颗粒快速完成蒸发,煤油蒸气在局部区域富集。而与此同时,燃烧室内还存在着大量没有煤油蒸气的区域,在这些区域化学反应无法发生,会使前导激波与燃烧波发生解耦,最终使爆震波熄灭。针对这一机制,定义无量纲参量 Ψ 为液滴横向贯穿长度与喷孔间距的比值,以表征液滴蒸气在垂直流向方向上分布的均匀性。只有当 $\Psi > \Psi_{\text{lb}}$ 时(在本节工况下,Ψ_{lb} 为 0.4~0.5),爆震波才能实现稳定传播。

4.3.2　雾化角的影响

为进一步验证 4.3.1 节的结论,本节给定液滴初始直径 $d_{\text{d}} = 5~\mu\text{m}$,通过改变雾化角 θ_{s},分别计算不同的工况 GA1~GA4,工况设置如表 4.13 所示。

表 4.13 工况设置(雾化角的影响)

工况	GA1	GA2	GA3	GA4
雾化角 $\theta_s/(°)$	60	90	120	150
预混合气体总温/K	1 140	1 140	1 140	1 140
液滴蒸发参量 Δ	0.61	0.54	0.50	0.45
参量 Ψ	0.47	0.59	0.73	0.88
爆震波	熄灭	稳定传播	稳定传播	稳定传播

图 4.45 给出了在不同液滴初始直径条件下燃烧室的温度分布。其中工况 GA1 爆震波最终熄灭,工况 GA2~GA4 都能实现爆震波的稳定传播。随着雾化角 θ_s 的增加,外侧颗粒的初始 y 方向速度 $u_{d,y}$ 显著增大,由式(4.18)可知液滴的横

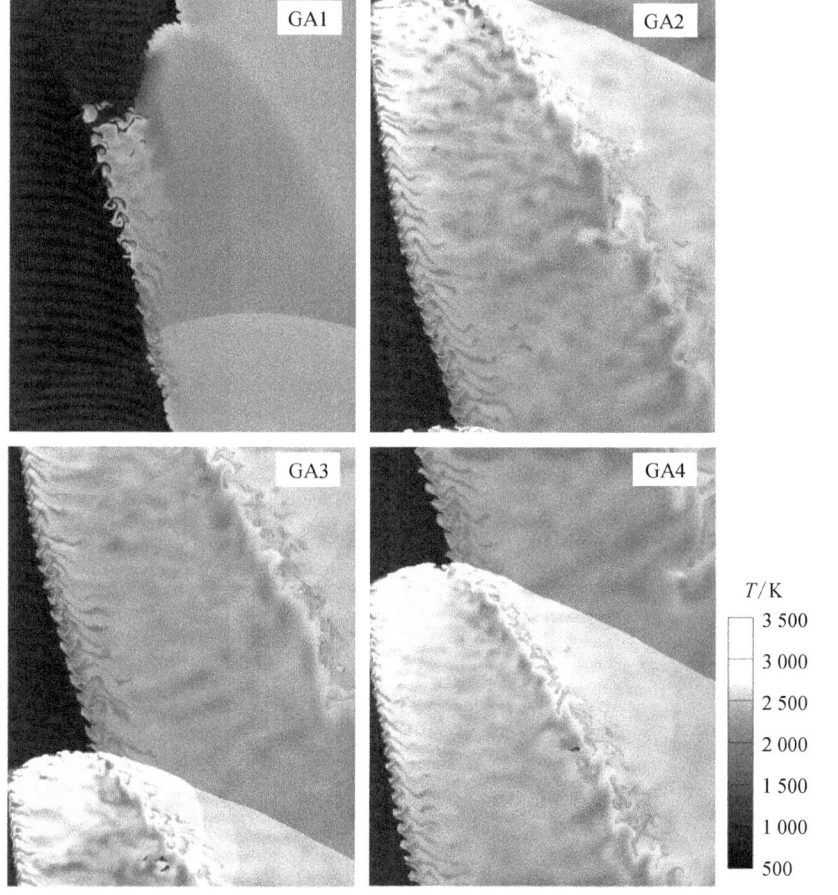

图 4.45 在不同雾化角下燃烧室瞬时温度分布比较

向贯穿长度也相应增加,因此无量纲参量 Ψ 随着雾化角 θ_s 的增大而增大,如表 4.13 所示。与此同时,大多数液滴颗粒(除了中心线上的液滴)的初始 x 方向速度 $u_{d,x}$ 也减小,因此液滴蒸发参量 Δ 随着雾化角 θ_s 的增大而略微下降。这两方面的因素都使得爆震波的传播稳定性随着雾化角 θ_s 的增加而增加。

绘制不同雾化角工况下的胞格分布图,如图 4.46 所示。可知这三个工况下胞格尺寸基本一致,表明胞格尺寸基本与无量纲参量 Ψ 无关。

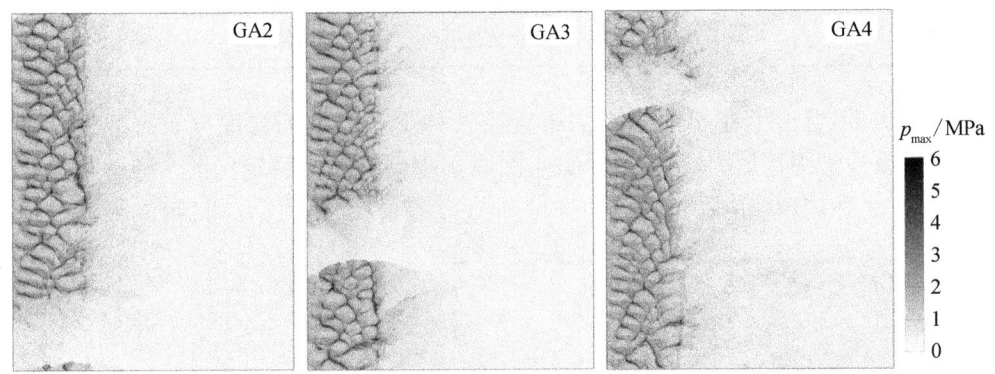

图 4.46 工况 GA2、GA3 和 GA4 的压力最大值轨迹

综上所述,提高雾化角可以有效增加液滴的横向贯穿长度,并减小液滴的流向贯穿长度,从而提高爆震波传播的稳定性。

参考文献

[1] 王兵.气粒两相后台阶流动中颗粒弥散规律与脉动特征的研究[D].北京:清华大学,2004.
[2] 任兆欣.超声速混合层液雾燃烧特性的数值模拟研究[D].北京:清华大学,2017.
[3] Nakamura M, Akamatsu F, Kurose R, et al. Combustion mechanism of liquid fuel spray in a gaseous flame [J]. Physics of Fluids, 2005, 17(12): 123301.

第 5 章
展　望

本章首先讨论旋转爆震中涉及的关键科学问题和技术难题,随后概述旋转爆震几种典型动力装置型式,即旋转爆震火箭发动机、旋转爆震涡轮发动机和燃气轮机、旋转爆震冲压发动机的工程前沿进展。

5.1　连续旋转爆震发动机关键技术及展望

在旋转爆震发动机的环形燃烧室内,爆震波被约束在径向封闭的空间内,通过高速的周向旋转得以传播和维持。旋转爆震燃烧过程中包含着复杂的物理和化学过程,且这些过程之间也存在着相互作用和影响。

图 5.1 展示了旋转爆震燃烧过程中的多物理因素以及这些因素之间的相互影响。一方面,氧化剂和燃料通过燃烧室的喷注口分别进入燃烧室(箭头 1),燃烧室的喷注影响了燃料和氧化剂的掺混行为(箭头 2)。掺混过程的高效进行是保证爆

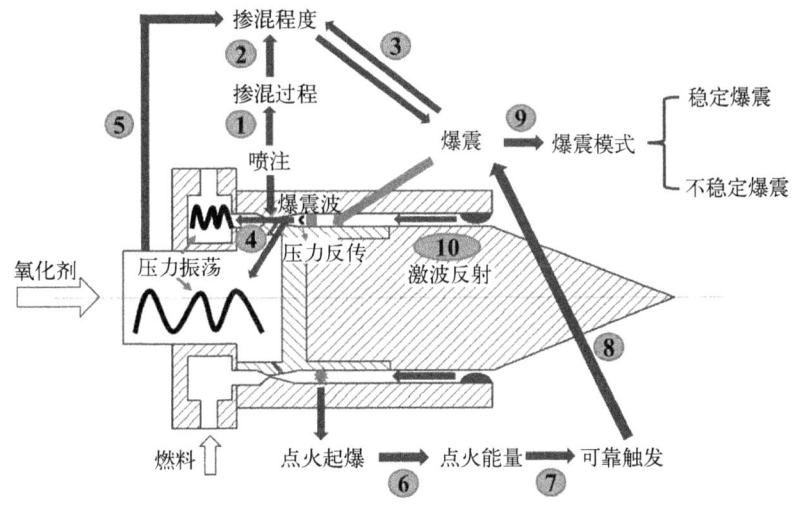

图 5.1　旋转爆震燃烧过程中的影响因素及相互作用

震燃烧顺利进行的关键,同时燃烧过程也会对掺混产生影响(箭头3),对采用煤油等液态碳氢燃料的两相旋转爆震而言,还存在两相雾化喷注过程对旋转爆震燃烧稳定性的影响。另一方面,爆震燃烧的自增压特性,爆震波会通过喷注口向上游传播(箭头4),进而导致上游的集气腔出现压力振荡。由于集气腔内的压力振荡,燃料和氧化剂的喷注出现不稳定,从而影响掺混程度(箭头5)。此外,点火方式决定了点火能量(箭头6),从而很大程度上决定了燃烧室内形成的可燃混合气体能否被成功起爆(箭头7),并且发展成可自持的爆震燃烧过程(箭头8)。在喷注和点火方式确定的情况下,质量流量和当量参数的变化还会导致燃烧室内出现爆震燃烧模式的变化(箭头9),当爆震燃烧室存在喉部时,出现的激波反射也会影响旋转爆震燃烧过程(箭头10),引起燃烧模式之间的相互转换。

因此,喷注、掺混、点火起爆、燃烧室结构、压力反传和爆震燃烧模式之间存在着紧密的联系和相互影响。接下来,分别针对旋转爆震燃烧室中喷注掺混、液雾两相雾化喷注、点火起爆、燃烧室结构、压力反传和旋转爆震燃烧模式的研究进展进行阐述。

5.1.1 喷注与掺混

不同的喷注条件会使得燃料和氧化剂在燃烧室内存在不同的掺混行为,从而影响燃料和氧化剂的掺混程度,进一步对爆震燃烧过程产生影响。

Frolov 等[1]针对燃料与氧化剂独立喷注的旋转爆震燃烧室中三维旋转爆震波流场开展了数值模拟研究,数值结果表明,燃烧室内可同时存在多个不同强度的旋转爆震波。Rankin 等[2]则借助 OH 基化学发光成像手段(图 5.2(a))研究了空气喷注面积和燃料喷注方案对旋转爆震波结构的影响。实验结果表明,随着空气喷注缝隙尺寸的增加,旋转爆震波的锋面相对于填充区域变得更加凹陷,爆震锋面和燃料喷注面(爆震锋面前)之间的角度也变得更陡峭。然而,减少燃料喷注口的数量也会对旋转爆震波的结构产生影响,如发生单波向双波的转换等。同时,他们还认为燃料和氧化剂非理想的混合是导致燃烧室内产生两个反向传播爆震波的主要原因。

Anand 等[3]针对相同旋转爆震燃烧室的三种不同燃料喷注方案和两种空气喷注方案开展了旋转爆震燃烧室稳定工作范围以及爆震波传播速度特性方面的实验研究。实验结果表明,燃料喷注口的长径比和空气喷注方式决定了旋转爆震燃烧室能否稳定工作。他们还发现燃料喷注口的长径比在 12.8~17 变化,质量流量在 0.2~0.5 kg 变化会导致旋转爆震的工作模式出现变化。Schwer 等[4]通过数值模拟研究了不同喷注口长径比对旋转爆震发动机性能的影响。研究结果表明,随着喷注口长径比的增加,旋转爆震燃烧室的推力逐渐变得不稳定。Lin 等[5]采用两种不同空气喷注尺寸(0.4 mm 和 0.2 mm)对旋转爆震发动机开展了实验研究,他们在实验中观测到了爆震波三种典型的传播模式：单波、单双波交替和双波。通过对时域及频率域的分析后发现当空气喷注口尺寸为 0.4 mm 时，不断增加空气的质量流量，旋转爆震燃烧室内通常只能观测到单个爆震波，但有时也会出现其他两种传播模式：单双波交替模式和双波模式。Wang 等[6]在实验中观测到不稳定喷注所导致的质量流量的波动会引起当量比的波动，从而使得爆震波的传播速度和频率出现波动。研究结果表明，只有保证喷注口上游空气及燃料集气腔内流场的稳定，才能确保进入燃烧室内燃料和氧化剂的稳定。Wu 等[7]则通过三维数值模拟研究了喷注总压变化对旋转爆震波稳定性的影响，数值模拟结果表明，随着反应物喷注总压的增加，爆震燃烧室中旋转爆震波的传播也将变得不稳定。当喷注总压足够高时，爆震燃烧室内的旋转爆震波出现了强弱交替的周期性振荡。同时发现，在单爆震波的工作模式下，高喷注总压条件极易导致旋转爆震波出现振荡特征。

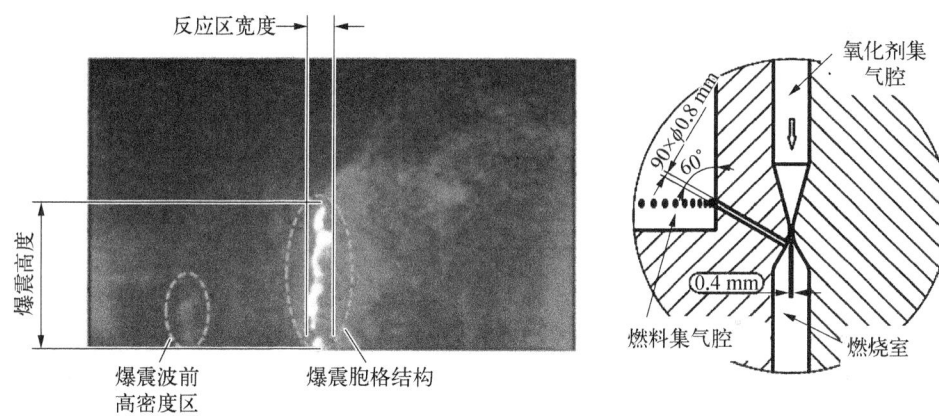

(a) OH 基化学发光成像获得的旋转爆震波结构[2]　　(b) 旋转爆震燃烧室中的典型环缝-小孔喷注结构[5]

图 5.2　OH 基化学发光成像获得的旋转爆震波结构[2]和旋转爆震燃烧室中的典型环缝-小孔喷注结构[5]

上述研究表明喷注尺寸和喷注条件的变化影响到燃烧室内旋转爆震的燃烧特性，这实际取决于进入燃烧室的燃料和氧化剂的掺混过程及掺混程度。

Driscoll 等[8]对燃烧室内燃料/氧化剂的混合性能进行了三维数值仿真(图 5.3)。研究结果表明，反应物主要通过在交叉流动中形成的反向旋转涡对完成混合，其中径向注入的空气环绕在氢气喷射流的周围，通过剪切作用使得氢气进入涡结构中与空气进行混合。进一步，他们还对喷注参数，包括反应物流率、喷注面积以及燃料喷注口分布进行了研究，通过改变这些参数来评估其对掺混特性的影响。结果表明，减小空气和氢气的喷注面积能有效增加掺入空气流中氢气的量，从而增强环形燃烧室结构中氢气-空气的掺混效果。研究还发现，随着燃料喷注孔数量的减少,漩涡掺混机制将变得更加有效。相反,随着燃料喷注孔数量的不断增加,燃料射流会形成一堵燃料墙,从而阻止空气环绕燃料。这种阻塞效应导致燃料向环形燃烧室的内壁发生偏移,从而降低了燃料和氧化剂整体掺混效率。

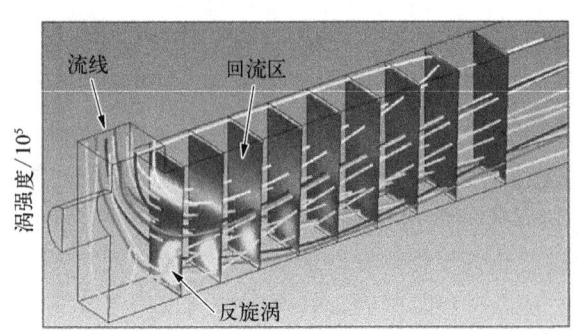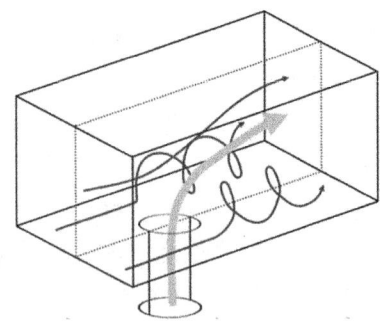

图 5.3　旋转爆震燃烧室喷注流场结构[8]

人们发现由喷注导致的燃料/氧化剂的不均匀掺混,使得燃烧室内燃料/氧化剂的混合气体存在一定的浓度梯度,从而对爆震波的传播行为产生影响。Thomas 等[9]通过实验研究了反应物浓度梯度对爆震波行为的影响。他们发现,当爆震波传播至燃料浓度梯度变化的区域时,爆震波的传播速度和锋面结构会出现显著变化,不光滑的浓度梯度也会促使这种现象发生,但不光滑的浓度梯度可能导致前导激波和反应区分离,从而使爆震波溃灭。Ishii 等[10]实验研究了爆震波在有浓度梯度的反应物中的传播特性,通过纹影技术观测到爆震波锋面的倾转角随着浓度梯度的增强而不断增加。Boeck 等[11]实验研究了爆震波在氢气/空气混合气体横向浓度梯度条件下的传播规律,较低的氢气浓度梯度将导致单头爆震波。然而,较高的氢气浓度梯度将导致多头爆震波的产生。Boulal 等[12]实验研究了爆震波在不均匀的混合气体(丙烷/氧气)中的动力学行为。实验借助了高频压力传感器、烟幕片、纹影和可视化 OH 基化学发光技术,指出爆震波的纵向传播速度、胞格宽度、爆震锋面结构、传播模式及爆震波溃灭取决于混合物的浓度分布以及局部当量比条件。如果减小当量比,在大浓度梯度条件时,爆震波就会突然溃灭。

总之,喷注与掺混是组织燃烧的重要步骤,燃料与氧化剂掺混的好坏和掺混的速度决定了爆震波的形成过程与维持机制。因此,喷注与掺混始终是旋转爆震燃烧室设计与研究的重要内容。

5.1.2　液雾两相雾化喷注

相较于气相爆震,液雾爆震的爆震波传播速度和爆震胞格结构(尺寸)都有所变化,并且爆燃到爆震的转捩时间增长。此外,在脉冲爆震研究中,由于爆震管壁面的约束作用,压力不易衰减,所以较容易实现。而对于旋转爆震,压力会在爆震

波传播的垂直方向上发散衰减,因此维持旋转爆震波稳定传播更为困难。现阶段液雾两相旋转爆震燃烧技术的主要难点包括以下几点:

(1) 需要设计合理的燃油喷嘴,实现良好雾化,以获得更加合理分布的液滴颗粒;

(2) 需要设计合理的混合喷注,实现液态燃料与氧化剂快速且良好掺混;

(3) 不同于气相爆震,需要较大的点火能量引发液雾爆震;

(4) 对于常温的液态燃料/空气,难以达到爆震稳定传播的条件。

目前,研究发现包括加热液滴或提高空气温度、对燃料液滴进行预蒸发、在预混合气体中添加氧气或氢气等措施,都有利于实现稳定传播的液雾两相旋转爆震燃烧。

Bykovskii 等[13,14]以煤油为燃料、富氧空气为氧化剂,通过实验测试,较早地研究了两相旋转爆震的特性。他们发现,当气体中的含氧量降低时,爆震波的传播速度逐渐下降,相应的爆震强度也会降低。实验表明,只有在氧化剂中氧气和氮气的体积比超过 1 时,燃烧室中才能实现稳定的旋转爆震。

波兰华沙理工大学的 Kindracki 等[15]基于液态煤油、空气和氢气,通过实验研究了起爆及旋转爆震波的传播过程,如图 5.4 所示,空气从环形燃烧室狭缝中流入,氢气和煤油分别从小孔和离心式喷嘴中注入燃烧室。结果表明,如果不对煤油或空气进行预加热,仅使用液态煤油与空气就不能实现爆震波稳定自持传播。只有在空气中添加部分氢气后,爆震波才能成功起爆,此时所测得的爆震波传播速度为 1 350~1 550 m/s,速度亏损为 20%~25%。

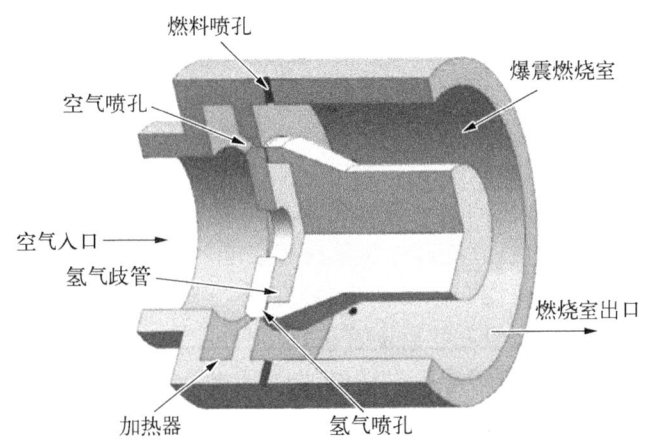

图 5.4　Kindracki 两相旋转爆震燃烧室示意图

新加坡国立大学的 Li 等[16]采用 JetA-1 液态燃料,分别采用预混和非预混两种喷注方式进行实验,研究了旋转爆震液雾燃烧的可行性。在预混喷注中,高速摄影图像显示燃烧波的速度在圆周方向上逐渐变慢,并且逐渐转为轴向传播。所测得的燃烧波速度约为 485 m/s,未能实现稳定旋转爆震,但通过压力传感器测得了许多压力峰值。在非预混喷注中，他们发现这种喷注方式能够成功地防止回火现象，并通过可调谐二极管激光吸收光谱（TDLAS）技术测量得出气相 Jet A-1 的浓度确实高于爆炸上限。他们认为该研究可以说明在预混或非预混喷注系统中，均能成功实现两相旋转爆震燃烧。

南京理工大学的郑权等[17]采用液态汽油为燃料，富氧空气（氧气和空气质量流量比约为1:2）为氧化剂，通过实验研究了当量比对旋转爆震液雾燃烧的影响，成功起爆并实现了爆震波的自持传播。在当量比为1.1附近时，他们测得了最大的爆震波压力，此时爆震波传播速度为 1 022.2~1 171.8 m/s，存在较大的速度亏损，并且在时间序列中也发现了单波、双波和多波的混合传播模态。他们还着重研究了两相旋转爆震发动机在双波对撞模态下的推力性能[18]。结果表明，在汽油质量流量为 0.82、当量比为 0.82 时，爆震波平均传播速度为 1 051 m/s，有效推力为 607.3 N，比冲为 735 s。

国防科技大学的王迪等[19]以煤油为燃料，富氧空气作为氧化剂，对两相旋转爆震燃烧室进行了实验研究，并且采用激光多普勒技术测量了喷注器下游的煤油液滴直径分布。结果表明，随着气流剪切距离的增加，液滴雾化程度和均匀度都变好。在离出口 70 mm 处的液滴直径接近于正态分布，平均值约为 18 μm。当以纯氧作为氧化剂（当量比为 1.22）时，煤油燃烧较为剧烈，爆震波以双波模态进行传播，速度为 1 848 m/s。当以富氧空气为氧化剂（当量比为 0.8~0.9）时，随着氧气含量的增加，爆震波速度从 850 m/s 逐渐增加到 2 440 m/s。他们指出，提高氧气含量能够增加化学反应的活性，并且提高爆震波波头区域的温度，这有助于煤油液滴的破碎和蒸发，从而能更好地维持爆震波的传播。

5.1.3 点火起爆

一般而言，引燃爆震波的主要方式分为直接起爆和间接起爆两种。直接起爆需要提供较大的起爆能量；间接起爆虽然对起爆能量的要求较低，但是从起爆到形成爆震则需要经历一段爆燃向爆震转换的过程。旋转爆震的起爆方式目前主要有火花塞、高能点火器、预爆管和热射流管等。

早期的研究发现，在旋转爆震发动机的环形燃烧室中的点火起爆容易形成两个反向传播的爆震波，而这两个反向传播的爆震波在发生碰撞后很可能会导致爆震波溃灭，从而降低点火成功率[20]。因此，Nicholls 等[20]尝试采用阻挡膜片提高起爆成功率并控制爆震波的传播方向，虽然开展了大量的实验测试，但是实验的结果并不理想。Braun 等[21]设计了一种旋流喷注起爆方式，如图 5.5(a)所示，主要依靠时序控制来实现对爆震波传播方向的控制，但是这种起爆方式在实际应用方面的难度很大。Bykovskii 等[22]则设计了一种径向涡流室（图 5.5(b)）来实现旋转爆震波的点火起爆，实验中以径向涡流室产生的激波及低功率的脉冲热射

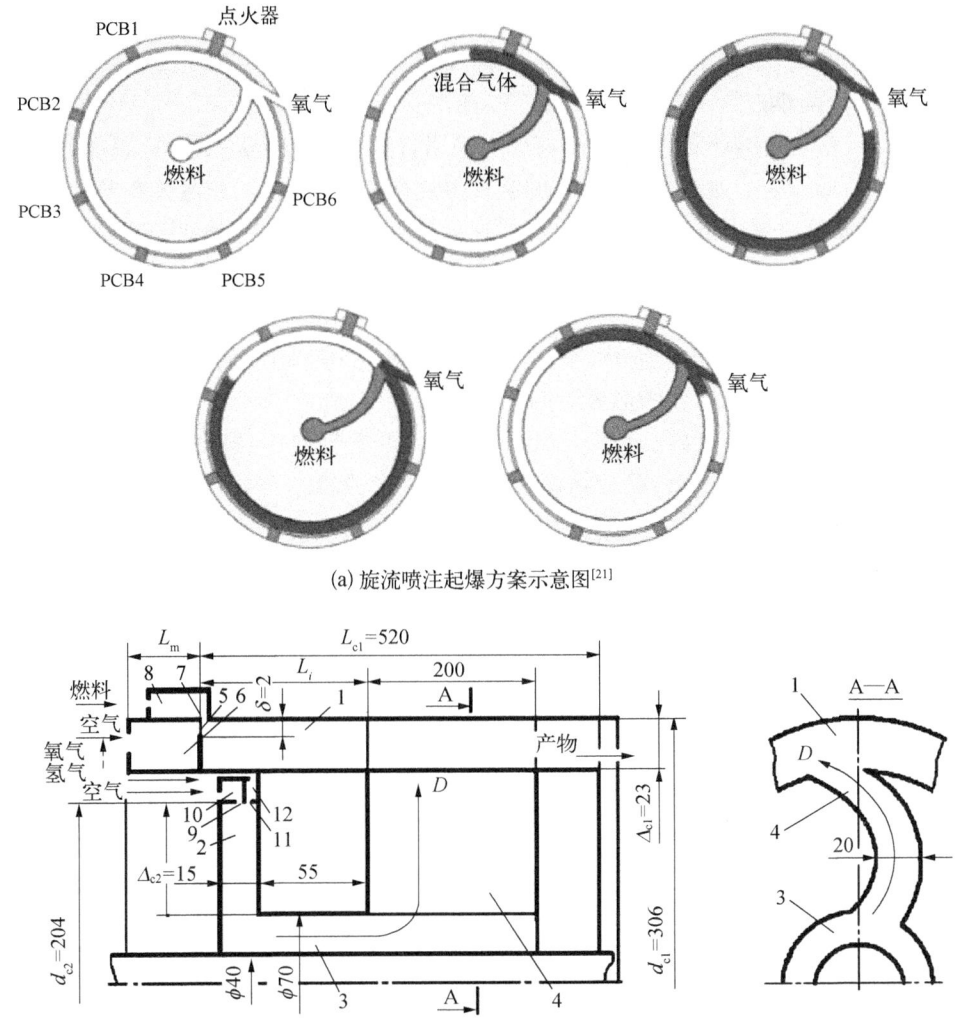

(a) 旋流喷注起爆方案示意图[21]

(b) 采用径向涡流室的旋转爆震燃烧室结构[22]　（单位：mm）

图 5.5　旋转喷注起爆方案示意图及采用径向涡流室的旋转爆震燃烧室结构

流作为点火源,成功实现了爆震波起爆,但是这种设计不能有效地控制爆震波的传播方向。

还有研究者对预爆管起爆方式开展了研究工作。在预爆管中填充氧化剂/燃料预混合气体,采用小能量点火预爆管内经历 DDT 过程产生爆震波,爆震波沿切向进入环形燃烧室,实现对燃烧室内爆震波的起爆,同时能够实现对爆震波传播方向的控制。Lu 等[23]采用了预爆管起爆的方式,认为预爆管与爆震燃烧室切向相连是最直接有效的起爆方式。Kindracki 等[15]对比研究了普通火花塞和预爆管的起爆可靠性,实验统计结果表明预爆管的起爆成功率达到了 90%,要明显高于普通火花塞。其他研究者[24,25]采用了切向预爆管起爆方式,虽然预爆管起爆成功率高,但是每次使用都需要填充预混合气体实现旋转爆震波的起爆,给工程应用带来很大困难。

Braun 等[21]、Dyer 等[26]和 Peng 等[27]采用普通火花塞实现了旋转爆震波的成功起爆。Yang 等[25]基于氢气-空气的旋转爆震燃烧室,比较了普通火花塞、高能点火器和预爆管对爆震波起爆后稳定传播速度特性的影响,结果表明三种点火方式下爆震波的传播速度并未发生变化。Peng 等[27]采用普通火花塞实现了氢气/空气的旋转爆震波的成功起爆。研究指出,从火花塞点火至爆震波的形成之间经历了复杂的 DDT 过程,且 DDT 经历时间是随机的。Yang 等[25]还通过实验表明预爆管能有效缩短点火至爆震波的形成时间。

对于大多数气态燃料,高能火花塞是有效、可重复使用且简单可靠的点火方式。然而,不同点火能量对混合物点火从而发展形成稳定传播爆震波的影响规律依然是重要的研究内容,通过点火策略有效控制爆震波的传播方向也是研究方向之一。

5.1.4　燃烧室结构

早期,旋转爆震燃烧室的结构主要以无收敛喷口结构的扁平盘式燃烧室为主,但由于盘式结构的燃烧室径向尺寸大,不利于用作推进装置。如今,旋转爆震燃烧室一般以圆柱环形燃烧室结构为主,并由此扩展出类似的外圆环嵌入实心圆柱、外圆环内嵌入锥形体等结构形式。研究表明,燃烧室几何结构对爆震波的产生和稳定传播过程有显著的影响。

Bykovskii 等[13,28-30]较早地针对不同旋转爆震燃烧室的几何结构,分别使用不同的燃料(气态和液态)、氧化剂(空气和氧气)组合,开展了大量的实验研究和理论分析,指出只有当环形燃烧室通道宽度 W_{ch} 和爆震波胞格尺寸 λ 处在同一个数量级时,环形燃烧室内才能产生稳定传播的爆震波,并通过实验给出了满足稳定爆震产生条件的环形燃烧室的临界宽度为 0.5λ。进一步研究指出,当环形燃烧室通道宽度尺寸 W_{ch} 小于临界尺寸时,燃烧室内会出现一种类似于脉冲爆震的不稳定爆震燃烧模式,表现为压力和速度的不规则脉动[30]。

Frolov 等[31]将旋转爆震发动机环形燃烧室的空气入口尺寸从 2 mm 扩大到 15 mm 后,发现燃烧室内存在的爆震波数量由原来的 4 个减少为 1 个。实验研究表明增大旋转爆震发动机的环状间隙尺寸,一方面会对爆震波产生不利的影响,减小了爆震波稳定存在的质量流量和当量工作区间及稳定性(因为对爆震波的约束减弱);另一方面,在保持爆震波稳定传播的情况下,如果间隙尺寸足够大,就能起到增加总压增益的作用,减少压力损失。Driscoll 等[32]通过实验研究指出,燃烧室的环形宽度不仅能影响爆震波的形成,还关系到爆震波能否稳定自持传播。同时,他们还发现旋转爆震燃烧室内反应物的填充高度及沿轴向的爆震波胞格数量与横波的相互作用有关。

5.1.5 压力反传

燃烧室内的爆震波诱导的压缩波反传至集气腔中,会引起集气腔内的压力振荡,从而影响喷注过程,进而影响旋转爆震波的产生与稳定传播过程。

Anand 等[33]对旋转爆震燃烧室进行实验时,观测到了一种低频的周期性不稳定爆震波,分析指出这种现象产生的原因可能是空气集气腔处的低频振荡,也可能是由于旋转爆震波诱导空气集气腔中出现了 Helmholtz 共振。进一步,针对旋转爆震燃烧室空气和燃料集气腔的行为特性开展了实验研究。实验观测到在空气集气腔出现了来自旋转爆震波的强压力反传现象,其表现形式为一定频率范围的正弦振荡(与在燃烧室内观察到的盈亏不稳定性中压力的振荡类似),燃料集气腔的压力反传则相对较弱。实验中他们还发现空气集气腔的压力振荡幅度为 45%~75%,而燃料集气腔内的压力振荡幅度则相对小了很多,大约为 20%。他们还通过实验进一步测试了较宽范围的空气质量流量和当量比条件下是否会出现压力反传现象,结果表明在空气集气腔仍旧可以观测到低频的压力振荡,并且振荡的频率基本恒定在 235(±2.5) Hz,进一步研究表明空气集气腔中压力振荡只与集气腔中产生的 Helmholtz 共振有关。Naples 等[34]实验研究了旋转爆震燃烧室中燃料集气腔的动力学特性(燃料喷注瞬时速度和压力)。他们在实验中发现爆震燃烧室的主频、集气腔压力和集气腔的流速之间存在相互关系。

Schwer 等[35]模拟研究了三种不同喷注条件下旋转爆震波的压力反传对反应区集气腔的影响。结果表明,当喷注口喉部与喷注口面积比为 0.2 时,在旋转爆震燃烧室喷注口处出现的压力反传现象相对较少。当喷注口喉部与喷注口面积比为 0.4 时,在旋转爆震燃烧室喷注口处则出现严重的压力反传现象。Schwer 等[36]还数值模拟研究了不同的喷注口几何构型(圆柱式、倾斜式等)对爆震波压力反传的抑制作用,结果表明,倾斜构型的喷注加剧了爆震波压力反传的影响。Fotia 等[37]将圆环形的旋转爆震燃烧室展开以构建可视化的二维旋转爆震实验台,采用高速纹影技术研究了旋转爆震燃烧室中的爆震波对燃料集气腔的影响,实验观测到爆震波的压力反传会导致反应物集气腔中出现扰动,从而影响了燃料再填充。

总之,在旋转爆震燃烧室工作过程中爆震波的压力反传至集气腔,会对燃料和氧化剂等供给过程产生较强的影响,在一些情况下甚至使得燃料与氧化剂的供给过程与燃烧系统声学特性发生耦合,产生不稳定性。这种不稳定性导致爆震波的形式或传播过程的不稳定性。

5.1.6 旋转爆震燃烧模式

人们通过实验和数值模拟多次发现,在一些特定的质量流量或当量比条件下,爆震燃烧室内会出现单波、双波、多波,以及它们之间的相互转变,还会出现爆震波转向等多种复杂的燃烧模式。

Frolov 等[31]将旋转爆震发动机的环形燃烧室空气喷注口尺寸由 2 mm 增加至 15 mm 后,发现燃烧室内同时存在的爆震波数量从 4 个减少为 1 个,在连续爆震燃烧室出口处安装喉部能够增加燃烧室内爆震波的数量。进一步,Frolov 等的数值计算结果表明,燃烧室内可存在多个强度不同的爆震波。Anand 等[38]对自主设计的旋转爆震燃烧室进行实验研究时,观测到了四种不稳定的爆震燃烧现象,包括:混乱不稳定性,其特点是压力波动强烈随时间随机变化;盈亏不稳定性,其特征表现为低频率、带有周期性的爆震波峰值增强和减弱的变化过程;同时在实验中还观测到燃烧模式转换,以及脉冲爆震模式。对于脉冲爆震模式,研究者认为空气的喷注速度小于声速是主要原因,也与燃烧室出口处压力波反射有关。Anand 等[39]进一步实验研究了具有低频周期性振荡特性的盈亏不稳定性,给出了盈亏不稳定性在多个周期内的爆震波数量变化情况,并利用爆震波压力幅值的标准差来表征这种低频振荡规律。Pan 等[40]研究了旋转爆震波与燃烧室切向不稳定性之间的关系,通过逐渐减小旋转爆震燃烧室内圆柱筒长度,从而在一个类似中空的燃烧室内实现了氢气/空气的旋转爆震。Anand 等[41]在实验研究不同喷注方案时观测到了"pop-out"的不稳定燃烧现象的影响,他们发现当空气质量流量不断增大时,旋转爆震燃烧室出现了多个爆震波。

Yao 等[42]则通过带反应源项的三维欧拉方程从数值上验证了旋转爆震燃烧室内产生多个爆震波的可行性,并研究了多爆震波稳定传播的过程。Suchocki 等[43]实验研究表明在较大空气质量流量条件下旋转爆震燃烧室能够由单个爆震波分裂成两个爆震波。Lin 等[44]通过实验研究了不同质量流量和当量比条件下旋转爆震燃烧室中存在的四种典型爆震波传播模式。他们发现在旋转爆震燃烧室内通常只观测到单个爆震波的传播模态,但是在少数情况下也会出现其他两种传播模态:单双波交替和双波。随着氢气喷注流量逐渐降低,爆震燃烧室内还会开始出现双波碰撞的现象。Lin 等[44]还进一步探讨了在双波和单波模态下旋转爆震发动机的推进性能,结果表明,相比于单波模态,双波模态能使燃烧室内压力更加均匀,高频推力曲线的振荡幅值也会更小,爆震波头个数增多有利于推力的稳定。

刘世杰等[45,46]还对旋转爆震波以单波模态和双波模态稳定自持传播过程的典型波形特征和时域、频域特征进行了研究。Liu 等[47]采用氢气-空气的旋转爆震燃烧室开展实验研究,在空气质量流量为 280 g/s 和当量比为 1.227 的富燃条件下观测到了稳定的单波模式,在空气质量流量为 370.5 g/s 和当量比为 0.962 的贫燃条件下观测到了单双混合模式,在空气质量流量为 413.3 g/s 和当量比为 0.912 的贫燃条件下观测到了双波模式。实验结果表明,爆震波传播模态和频率主要受燃烧室总的质量流量和当量比的影响。Rankin 等[2]借助 OH 基化学发光成像手段对采用可视化石英外壳的非预混旋转爆震发动机开展了实验研究,实验观测到大多数情况下旋转爆震发动机中会产生两个同向传播的爆震波,只有少部分情况会产生两个反向传播的爆震波。

燃烧模式与稳定性相互关联,实验研究发现了不同数量、传播方向的爆震波的存在规律,爆震波的分裂、碰撞、合并机制决定了复杂的燃烧模式,这与燃烧室声学、爆震波稳定性以及燃烧流场都有关系,是旋转爆震燃烧技术中最复杂,也是最难理解的研究课题。

5.2 连续旋转爆震发动机应用展望

目前,主流的旋转爆震动力装置主要包括三种型式,即旋转爆震火箭发动机、旋转爆震涡轮发动机和燃气轮机、旋转爆震冲压发动机。本节将简要介绍这三种旋转爆震动力型式的应用研究进展。

5.2.1 旋转爆震火箭发动机

旋转爆震火箭发动机是目前最为常见、研究最为广泛的一种旋转爆震动力型式。各国学者针对不同尺寸、推进剂组合的旋转爆震火箭发动机设计方案开展了实验研究,并测量了其基本性能。例如,Frolov 等[31]测试的发动机(图 5.6(a))采用氢气/空气气相推进剂,其燃烧室外径 406 mm,最大燃料流量高达 7.5 kg/s,发动机推力达 6 kN;Hargus 等[48]测试的发动机(图 5.6(b))采用 CH_4/GOX 气相推进剂,燃烧室外径 76 mm,测得最佳比冲约为 175 s;Kubicki 等[49]则研制了采用 H_2O_2/

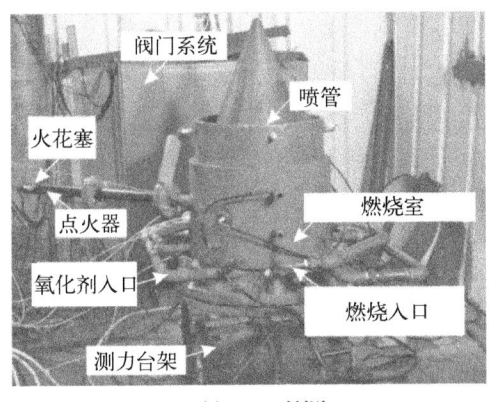

(a) Frolov 等[31]　　　　　　　　　　(b) Hargus 等[48]

图 5.6　Frolov 等[31] 和 Hargus 等[48] 测试的旋转爆震火箭发动机

$C_8H_{18}O_4$ 液相推进剂的发动机,燃烧室外径 94 mm。

目前,一些研究团队已经开展并完成了旋转爆震火箭发动机的实际飞行测试。日本名古屋大学研究团队于 2016 年开始着手旋转爆震火箭发动机的空间实验(图 5.7(a)),2018 年完成了原理样机的地面实验[50],发动机采用 CH_4/O_2 气相推进剂,地面测试中比冲最大达 304 s;2021 年 7 月,他们利用 S-520 型探空火箭将测试的旋转爆震火箭发动机送至距地面 235 km 的轨道,发动机点火工作运行约 6 s,产生推力 500 N,所测试的发动机外径 78 mm,燃烧室内外壁采用 C/C 复合材料进行热防护[51-53]。之后不久,2021 年 9 月,波兰华沙理工大学团队完成了采用盘式旋转爆震火箭发动机的小型探空火箭的发射实验[54](图 5.7(b)),实验发动机采用液态 C_3H_8/N_2O 推进剂,比冲达 200 s,发动机工作 3.2 s,火箭飞行高度达 450 m。

(a) 日本名古屋大学研究团队的旋转
爆震火箭发动机空间测试

(b) 波兰华沙理工大学团队的
旋转爆震小型探空火箭

图 5.7　日本名古屋大学研究团队的旋转爆震火箭发动机空间测试和波兰华沙理工大学团队的旋转爆震小型探空火箭

5.2.2　旋转爆震涡轮发动机和燃气轮机

旋转爆震涡轮发动机和燃气轮机设计的关键在于旋转爆震燃烧室的非定常、非均匀流动与上游压气机和下游涡轮的匹配,设计不匹配不仅会大幅降低发动机性能,还会对压气机或涡轮造成损伤。早期的爆震涡轮发动机和燃气轮机大多采用开式工作方式,即采用旋转爆震燃气驱动涡轮、但涡轮不直接驱动压气机的实验方案,主要用于研究旋转爆震燃烧室和下游涡轮的匹配特性。DeBarmore 等[55]开展了 T63 型燃气轮机涡轮与旋转爆震燃烧室的匹配实验,实验中采用 H_2 为燃料获得了稳定的旋转爆震波,但高温燃气在较短时间内即损坏了涡轮叶片。随后 Naples 等[56]开展了基于 T63 型燃气轮机开式工作实验(图 5.8(a)),实验中采用了引射空气与高温燃气掺混,不仅大幅降低了涡轮前温度,也改善了温度分布不均匀性,从而实现了发动机的 5 min 长时间工作。Wolański 等[57]则基于 GTD-350 涡轴发动机改造并开展了开式工作实验(图 5.8(b)),测试使用了 H_2、煤油等燃料,

并在采用 H_2 为燃料时获得了 5%~7% 的热力循环效率的提升。最近,Baratta 等[58]设计测试了一台用于燃气轮机发电装置的旋转爆震燃烧室,并特别设计了一种进气道/喷注结构,保证集气腔到燃烧室的总压损失小于 7%,同时设计了一种空气引射装置,以使燃烧室可在低当量比条件下稳定工作,通过测试分析,他们认为基于该套旋转爆震燃烧室的燃气轮机发电装置的总效率可达 66.4%。

(a) 基于T63燃气轮机改造的旋转爆震涡轮发动机[56]

(b) 基于GTD-350涡轴发动机改造的旋转爆震涡轮发动机[57]

图 5.8　基于 T63 燃气轮机改造的旋转爆震涡轮发动机[56]和基于 GTD-350 涡轴发动机改造的旋转爆震涡轮发动机[57]

5.2.3　旋转爆震冲压发动机

由于在旋转爆震冲压发动机中,爆震波与上下游的进排气匹配、热防护等问题较为简单,且诸多理论分析认为,旋转爆震冲压发动机性能在较宽的飞行马赫数范围(1.5~5)内均优于传统冲压发动机[59,60]。因此,近年来包括中国在内的多个国家的研究机构均在积极开展旋转爆震冲压发动机的工程化研究。

国防科技大学的 Wang 等[61]首先在直连式实验中测试了模拟飞行马赫数 4 状态下的旋转爆震冲压发动机(图 5.9(a)),实验采用 H_2 为燃料,燃烧室来流马赫数 1.94、总温 860 K,实验中获得了稳定的旋转爆震波。随后,Liu 等[62]进一步开展了自由射流实验,所测试发动机燃烧室外径 120 mm,实验模拟了马赫数 4.5、高度 18.5 km 的飞行条件,并在未优化喷管的条件下获得了推力 824 N、比冲 2 510 s 的性能参数。俄罗斯科学院的 Frolov 等[63-65]针对旋转爆震冲压发动机开展了一系列的地面自由射流实验研究(图 5.9(b)),所测试发动机以 H_2 为燃料,燃烧室外径尺寸为 310 mm。他们首先研究了飞行马赫数对燃烧模态和发动机性能的影响,实验所模拟的马赫数覆盖 4~8,在 $Ma=5$ 时获得了最大比冲 3 600 s 和推力 2 200 N,但在 $Ma=8$ 时未获得稳定的旋转爆震[65]。随后,针对固定的 Ma 5.7 状态点研究了当量比对燃烧模态的影响,并在当量比小于 1.4 时形成了稳定的旋转爆震模态[63]。

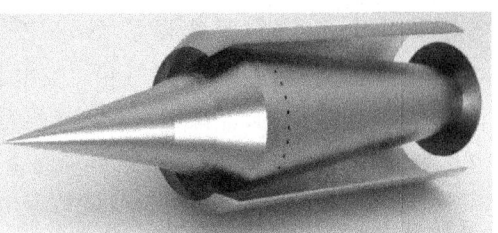

(a) 国防科技大学Liu等[62]测试的
旋转爆震冲压发动机

(b) 俄罗斯科学院Frolov等[63-65]测试的
旋转爆震冲压发动机

图5.9　国防科技大学Liu等[62]和俄罗斯科学院Frolov等[63-65]
测试的旋转爆震冲压发动机(根据原文重新绘图)

总之,得益于对旋转爆震燃烧相关机理和规律的掌握,近年来各国研究者在旋转爆震动力与推进装置的工程研制上取得了长足的进步。应当指出的是,尽管目前各国旋转爆震动力装置的研发工作正如火如荼地开展,但是根据公开资料分析发现,目前大多数旋转爆震动力装置仍处于原理样机阶段,包括结构优化、性能提升、部件匹配、热防护设计、长时工作可靠性考核等在内的大量工程化问题亟待完善。此外,为最终实现高性能、实用化的旋转爆震动力装置,还需要在旋转爆震稳定性调控、总压增益的工程实现等问题上持续攻关。

参考文献

[1] Frolov S M, Dubrovskii A V, Ivanov V S. Three-dimensional numerical simulation of the operation of a rotating-detonation chamber with separate supply of fuel and oxidizer [J]. Russian Journal of Physical Chemistry B, 2013, 7(1): 35 - 43.

[2] Rankin B A, Richardson D R, Caswell A W, et al. Chemiluminescence imaging of an optically accessible non-premixed rotating detonation engine [J]. Combustion and Flame, 2017, 176: 12 - 22.

[3] Anand V, St George A, Driscoll R, et al. Investigation of rotating detonation combustor operation with H_2-air mixtures [J]. International Journal of Hydrogen Energy, 2016, 41(2): 1281 - 1292.

[4] Schwer D, Kailasanath K. Numerical investigation of the physics of rotating-detonation-engines [J]. Proceedings of the Combustion Institute, 2011, 33(2): 2195 - 2202.

[5] Lin W, Zhou J, Liu S J, et al. Experimental study on propagation mode of H_2/air continuously rotating detonation wave [J]. International Journal of Hydrogen Energy, 2015, 40(4): 1980 - 1993.

[6] Wang Y H, Wang J P. Effect of equivalence ratio on the velocity of rotating detonation [J]. International Journal of Hydrogen Energy, 2015, 40(25): 7949 - 7955.

[7] Wu D, Zhou R, Liu M, et al. Numerical investigation of the stability of rotating detonation engines [J]. Combustion Science and Technology, 2014, 186(10 - 11): 1699 - 1715.

[8] Driscoll R, Aghasi P, St George A, et al. Three-dimensional, numerical investigation of

[9] Thomas G O, Sutton P, Edwards D H. The behavior of detonation waves at concentration gradients [J]. Combustion and Flame, 1991, 84(3-4): 312-322.

[10] Ishii K, Kojima M. Behavior of detonation propagation in mixtures with concentration gradients [J]. Shock Waves, 2007, 17(1): 95-102.

[11] Boeck L R, Berger F M, Hasslberger J, et al. Detonation propagation in hydrogen-air mixtures with transverse concentration gradients [J]. Shock Waves, 2016, 26(2): 181-192.

[12] Boulal S, Vidal P, Zitoun R. Experimental investigation of detonation quenching in non-uniform compositions [J]. Combustion and Flame, 2016, 172: 222-233.

[13] Bykovskii F A, Mitrofanov V V, Vedernikov E F. Continuous detonation combustion of fuel-air mixtures [J]. Combustion, Explosion and Shock Waves, 1997, 33(3): 344-353.

[14] Bykovskii F A, Zhdan S A, Vedernikov E F. Continuous detonation of the liquid kerosene: Air mixture with addition of hydrogen or syngas [J]. Combustion, Explosion, and Shock Waves, 2019, 55(5): 589-598.

[15] Kindracki J, Wolański P, Gut Z. Experimental research on the rotating detonation in gaseous fuels-oxygen mixtures [J]. Shock Waves, 2011, 21(2): 75-84.

[16] Li J M, Chang P H, Li L, et al. Investigation of injection strategy for liquid-fuel rotating detonation engine [C]. AIAA Aerospace Sciences Meeting, Kissimmee, 2018: AIAA2018-0403.

[17] 郑权,翁春生,白桥栋.当量比对液体燃料旋转爆轰发动机爆轰影响实验研究[J].推进技术,2015,36(6): 947-952.

[18] 郑权,李宝星,翁春生,等.双波对撞模态下的液态燃料旋转爆轰发动机推力测试研究[J].兵工学报,2017,38(4): 679-689.

[19] 王迪,周进,林志勇.煤油两相连续旋转爆震燃烧室工作特性试验研究[J].推进技术,2017,38(2): 471-480.

[20] Nicholls J A, Cullen R E, Ragland K W. Feasibility studies of a rotating detonation wave rocket motor [J]. Journal of Spacecraft and Rockets, 1966, 3(6): 893-898.

[21] Braun E, Dunn N, Lu F. Testing of a continuous detonation wave engine with swirled injection [C]. The 48th AIAA Aerospace Sciences Meeting Including the New Horizons Forum and Aerospace Exposition, Orlando, 2010: AIAA2010-146.

[22] Bykovskii F A, Zhdan S A, Vedernikov E F. Initiation of detonation of fuel-air mixtures in a flow-type annular combustor [J]. Combustion, Explosion, and Shock Waves, 2014, 50(2): 214-222.

[23] Lu F K, Braun E M. Rotating detonation wave propulsion: Experimental challenges, modeling, and engine concepts [J]. Journal of Propulsion and Power, 2014, 30(5): 1125-1142.

[24] Lentsch A, Bec R, Serre L, et al. Overview of current french activities on PDRE and continuous detonation wave rocket engines [C]. The 13th International Space Planes and Hypersonics Systems and Technologies Conference, Capua, 2005: AIAA2005-3232.

[25] Yang C L, Wu X S, Ma H, et al. Experimental research on initiation characteristics of a

[26] Dyer R, Naples A, Kaemming T, et al. Parametric testing of a unique rotating detonation engine design [C]. The 50th AIAA Aerospace Sciences Meeting Including the New Horizons Forum and Aerospace Exposition, Nashville, 2012: 121.

[27] Peng L, Wang D, Wu X S, et al. Ignition experiment with automotive spark on rotating detonation engine [J]. International Journal of Hydrogen Energy, 2015, 40(26): 8465-8474.

[28] Bykovskii F A, Vedernikov E F. Continuous detonation of a subsonic flow of a propellant [J]. Combustion, Explosion and Shock Waves, 2003, 39(3): 323-334.

[29] Bykovskii F A, Zhdan S A, Vedernikov E F. Continuous spin detonation in annular combustors [J]. Combustion, Explosion and Shock Waves, 2005, 41(4): 449-459.

[30] Bykovskii F A, Zhdan S A, Vedernikov E F. Continuous spin detonations [J]. Journal of Propulsion and Power, 2006, 22(6): 1204-1216.

[31] Frolov S M, Aksenov V S, Ivanov V S, et al. Large-scale hydrogen-air continuous detonation combustor [J]. International Journal of Hydrogen Energy, 2015, 40(3): 1616-1623.

[32] Driscoll R B, Anand V, St George A C, et al. Investigation on RDE operation by geometric variation of the combustor annulus and nozzle exit area [C]. The 9th U. S. National Combustion Meeting, Cincinnati Ohio, 2015: 1-10.

[33] Anand V, St George A, Driscoll R, et al. Analysis of air inlet and fuel plenum behavior in a rotating detonation combustor [J]. Experimental Thermal and Fluid Science, 2016, 70: 408-416.

[34] Naples A, Hoke J, Schauer F. Rotating detonation engine interaction with an annular ejector [C]. The 52nd Aerospace Sciences Meeting, National Harbor, 2014: AIAA2014-0287.

[35] Schwer D, Kailasanath K. Effect of inlet on fill region and performance of rotating detonation engines [C]. The 47th AIAA/ASME/SAE/ASEE Joint Propulsion Conference & Exhibit, San Diego, 2011: AIAA2011-6044.

[36] Schwer D, Corrigan A, Taylor B, et al. On reducing feedback pressure in rotating detonation engines [C]. The 51st AIAA Aerospace Sciences Meeting Including the New Horizons Forum and Aerospace Exposition, Texas, 2013: AIAA2013-1178.

[37] Fotia M, Hoke J, Schauer F. Propellant plenum dynamics in a two-dimensional rotating detonation experiment [C]. The 52nd Aerospace Sciences Meeting, National Harbor, 2014: AIAA2014-1013.

[38] Anand V, St George A, Driscoll R, et al. Characterization of instabilities in a rotating detonation combustor [J]. International Journal of Hydrogen Energy, 2015, 40(46): 16649-16659.

[39] Anand V, St George A C, Driscoll R B, et al. Statistical treatment of wave instability in rotating detonation combustors [C]. The 53rd AIAA Aerospace Sciences Meeting, Kissimmee, 2015: 1103.

[40] Pan Z H, Fan B C, Zhang X D, et al. Wavelet pattern and self-sustained mechanism of gaseous detonation rotating in a coaxial cylinder [J]. Combustion and Flame, 2011, 158

(11): 2220-2228.

[41] Anand V, St George A, Driscoll R, et al. Investigation of rotating detonation combustor operation with H_2-air mixtures [J]. International Journal of Hydrogen Energy, 2016, 41(2): 1281-1292.

[42] Yao S B, Liu M, Wang J P. Numerical investigation of spontaneous formation of multiple detonation wave fronts in rotating detonation engine [J]. Combustion Science and Technology, 2015, 187(12): 1867-1878.

[43] Suchocki J, Yu S T, Hoke J, et al. Rotating detonation engine operation [C]. The 50th AIAA Aerospace Sciences Meeting Including the New Horizons Forum and Aerospace Exposition, Nashville, 2012: 119.

[44] Lin W, Zhou J, Liu S J, et al. Experimental study on propagation mode of H_2/air continuously rotating detonation wave [J]. International Journal of Hydrogen Energy, 2015, 40(4): 1980-1993.

[45] 刘世杰,刘卫东,林志勇,等.连续旋转爆震波传播过程研究(Ⅰ):同向传播模式[J].推进技术,2014,(1): 138-144.

[46] 刘世杰,林志勇,刘卫东,等.连续旋转爆震波传播过程研究(Ⅱ):双波对撞传播模式[J].推进技术,2014,(2): 269-275.

[47] Liu S J, Lin Z Y, Liu W D, et al. Experimental and three-dimensional numerical investigations on H_2/air continuous rotating detonation wave [J]. Proceedings of the Institution of Mechanical Engineers, Part G: Journal of Aerospace Engineering, 2012, 227(2): 326-341.

[48] Hargus W A, Schumaker S A, Paulson E J. Air force research laboratory rotating detonation rocket engine development [C]. Joint Propulsion Conference, Cincinnati, 2018: 4876.

[49] Kubicki S W, Anderson W, Heister S D. Further experimental study of a hypergolically-ignited liquid-liquid rotating detonation rocket engine [C]. AIAA Scitech 2020 Forum, Orlando, 2020: 0196.

[50] Goto K, Nishimura J, Higashi J, et al. Preliminary experiments on rotating detonation rocket engine for flight demonstration using sounding rocket [C]. AIAA Aerospace Sciences Meeting, Kissimmee, 2018: 0157.

[51] Goto K, Matsuoka K, Matsuyama K, et al. Flight demonstration of detonation engine system using sounding rocket S-520-31: Performance of rotating detonation engine [C]. AIAA SCITECH 2022 Forum, San Diego, 2022: AIAA2022-0232.

[52] Watanabe H, Matsuyama K, Matsuoka K, et al. Flight demonstration of detonation engine system using sounding rocket S-520-31: Flight path and attitude [C]. AIAA SCITECH 2022 Forum, San Diego, 2022: AIAA2022-0231.

[53] Itouyama N, Matsuyama K, Matsuoka K, et al. Flight demonstration of detonation engine system using sounding rocket S-520-31: History from development to flight [C]. AIAA SCITECH 2022 Forum, San Diego, 2022: 0230.

[54] Kawalec M, Perkowski W, Łukasik B, et al. Applications of the continuously rotating detonation to combustion engines at the Łukasiewicz—Institute of aviation [J]. Combustion Engines, 2022: 1-6.

[55] DeBarmore N, King P, Schauer F, et al. Nozzle guide vane integration into rotating detonation engine [C]. The 51st AIAA Aerospace Sciences Meeting Including the New Horizons Forum and Aerospace Exposition, Grapevine, 2013: 1030.

[56] Naples A, Hoke J, Battelle R, et al. Rotating detonation engine implementation into an open-loop T63 gas turbine engine [C]. AIAA SciTech Forum—AIAA Aerospace Sciences Meeting, Grapevine, 2017: 1747.

[57] Wolański P, Kalina P, Balicki W, et al. Development of Gasturbine with Detonation Chamber [M]. Cham: Springer International Publishing, 2017.

[58] Baratta A, Stout J. Demonstrated low pressure loss inlet and low equivalence ratio operation of a rotating detonation engine (RDE) for power generation [C]. AIAA Science and Technology Forum, 2020: 1173.

[59] Braun E M, Lu F K, Wilson D R, et al. Airbreathing rotating detonation wave engine cycle analysis [J]. Aerospace Science and Technology, 2013, 27(1): 201-208.

[60] Kaemming T A, Fotia M L, Hoke J, et al. Quantification of the loss mechanisms of a ram rotating detonation engine [C]. AIAA Scitech 2020 Forum, Orlando, 2020: 0927.

[61] Wang C, Liu W D, Liu S J, et al. Experimental verification of air-breathing continuous rotating detonation fueled by hydrogen [J]. International Journal of Hydrogen Energy, 2015, 40(30): 9530-9538.

[62] Liu S J, Liu W D, Wang Y, et al. Free jet test of continuous rotating detonation ramjet engine [C]. The 21st AIAA International Space Planes and Hypersonics Technologies Conference, Xiamen, 2017: 2282.

[63] Frolov S M, Zvegintsev V I, Ivanov V S, et al. Hydrogen-fueled detonation ramjet model: Wind tunnel tests at approach air stream Mach number 5.7 and stagnation temperature 1 500 K [J]. International Journal of Hydrogen Energy, 2018, 43(15): 7515-7524.

[64] Frolov S M, Zvegintsev V I, Ivanov V S, et al. Continuous detonation combustion of hydrogen: Results of wind tunnel experiments [J]. Combustion, Explosion, and Shock Waves, 2018, 54(3): 357-363.

[65] Frolov S M, Zvegintsev V I, Ivanov V S, et al. Wind tunnel tests of a hydrogen-fueled detonation ramjet model at approach air stream Mach numbers from 4 to 8 [J]. International Journal of Hydrogen Energy, 2017, 42(40): 25401-25413.

附录 A
连续旋转爆震燃烧实验技术

本附录介绍典型的旋转爆震燃烧实验系统设计和实验测量方法。

A.1　实验系统及测试台架

图 A.1 给出了一种典型的连续旋转爆震实验测试系统构成示意图。整个实验系统主要由五个部分组成，即燃料/氧化剂供给系统、点火起爆系统、时序控制系统、数据采集系统及实验数据后处理系统。

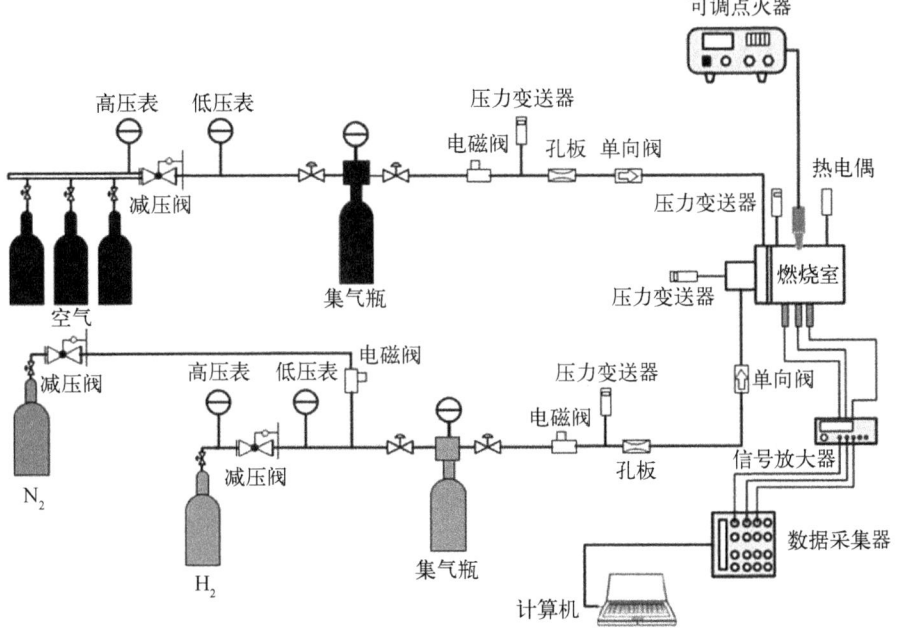

图 A.1　连续旋转爆震实验系统

下面分别对各个子系统进行介绍。

A.1.1 燃料/氧化剂供给系统

连续旋转爆震实验台共有三路供应管路,分别是一路燃料供应管路、一路氧化剂供给管路以及一路氮气吹除管路。实验台的燃料供应管路供给氢气,氧化剂供给管路可分别供给空气和富氧空气,氮气吹除管路仅用于供给氮气,保证在实验结束后能够对燃料管路和燃料集气腔中残余的氢气进行吹除。实验台的燃料供给由 2 瓶氢气串联作为气源,最大供给能力达到 30 g/s,氧化剂可由 5 瓶空气通过汇联排串联作为气源,管路最大供给能力为 300 g/s,气源装置如图 A.2(a) 所示。为了防止回火的发生,在实验台燃料供应管路上设置有单向阀门。此外,在燃料和氧化剂的气路中还分别设置了 40 L 容积的集气瓶,主要用于控制燃料和氧化剂的质量流量和稳定气体供应压力,实验中的集气瓶如图 A.2(b) 所示。图 A.3 给出了燃

(a) 氧化剂供气源　　　　　　　(b) 集气瓶

图 A.2　连续旋转爆震实验台氧化剂供气源及集气瓶

图 A.3　限流孔板流量控制器

料和氧化剂气路中的限流孔板流量控制器,通过限流孔板上流的压力和孔板标定系数可确定实验中的质量流量。因此,在限流孔板确定的条件下,也可以通过调节集气瓶的压力实现质量流量的控制。

A.1.2 点火起爆系统

连续旋转爆震实验台中配备了两种点火起爆装置。第一种为高能点火系统,主要由 KT 高能点火控制器、点火头及高压电缆组成,KT 高能点火控制器如图 A.4 所示[1]。KT 高能点火控制器中的电容值是固定不变的,通过调整放电电压实现对点火能量的控制。KT 高能点火控制器还可实现对两种不同点火器的控制,即普通火花塞和高能火花塞,两种火花塞如图 A.5 所示。普通火花塞的点火能量控制范围为 35 mJ ~ 3 J;高能火花塞的输入电压为 220 V,消耗功率最高达 200 W,点火频率为 4~20 Hz 可调,点火能量控制范围则为 3~20 J,其点火器头可耐温度最高达到 1 300℃。

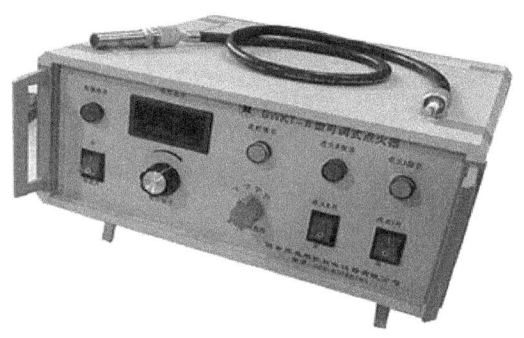

图 A.4　KT 高能点火控制器[1]

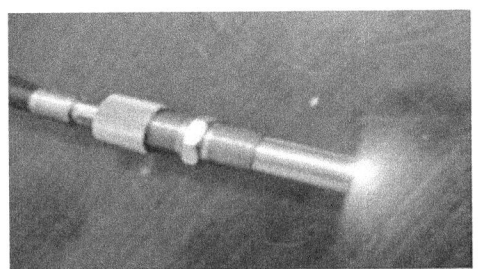

(a) 普通火花塞　　　　　　　　(b) 高能点火器

图 A.5　KT 高能点火控制器控制的两种点火器

第二种为低温等离子体点火系统,主要由 CTP2000K 低温等离子体电源、调压器、信号发生器以及等离子体点火器组成。图 A.6(a) 展示了低温等离子体实验电源[2],该电源可提供实现稳定的介质阻挡放电的不同电压条件,其输出电压为 0~30 kV,频率的可选择范围为 1~100 kHz,输出功率为 500 W。低温等离子体实验电源内设置有控制单元,可通过连接外部信号发生器对其点火频率进行控制。实验中所使用的信号发生器型号为安捷伦 33250A,它使用直接数字合成技术,可产生稳定、精确的各种波形的输出电压信号,并且具有高至 1 μHz 的分辨率。实验中通过该信号发生器实现对低温等离子体点火器点火频率的准确控制。低温等离子体实验电源还需要配置调压器来对电源电压进行调节,其可调电压范围为 0~220 V,调压器如图 A.6(b)所示。

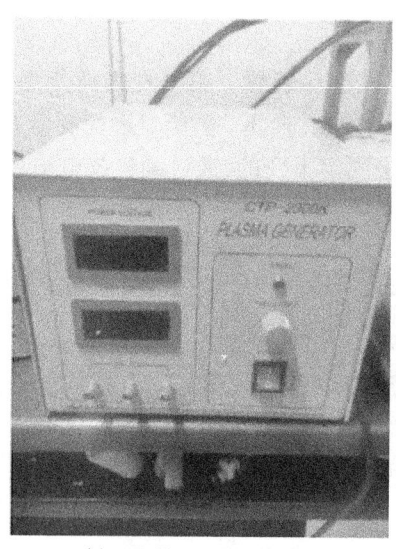 

(a) 低温等离子体实验电源　　　　　　(b) 调压器

图 A.6　低温等离子体点火系统部件[2]

A.1.3　时序控制系统

图 A.7 给出了实验台控制电路连线图和控制柜实物图。连续旋转爆震实验台的时序控制系统主要由可编辑控制程序和多通路的继电开关控制柜组成。可编辑控制程序能够对多通道继电开关进行控制,从而实现对电磁阀和点火器的准确控制。该控制程序基于 MCGS 软件编程实现,通过设定时序参数来控制继电器进行有序开关,进而实现氢气-空气电磁阀以及点火器的有序动作。图 A.8 给出了连续旋转爆震实验的工作时序。在整个实验过程中,氢气-空气管路电磁阀和点火的工作时序均可通过控制程序进行调节控制。

实验中,连续旋转爆震燃烧测试的工作流程如下。

首先,打开空气管路电磁阀,使空气进入燃烧室,紧接着打开燃料管路电磁阀,使燃料进入燃烧室,并与空气在燃烧室头部进行掺混形成可燃混合气体,在打开空气管路电磁阀的同时,高频数据采集系统开始记录燃烧室内的全程压力变化;然后,使用点火器对燃烧室头部形成的可燃混合气体进行点火起爆,用压力传感器等对燃烧室内的压力瞬变过程进行数据采集;最后,借助压力信号后处理程序对实验测量结果进行处理,分析不同实验工况条件下的燃烧过程与特性。

附录 A　连续旋转爆震燃烧实验技术　161

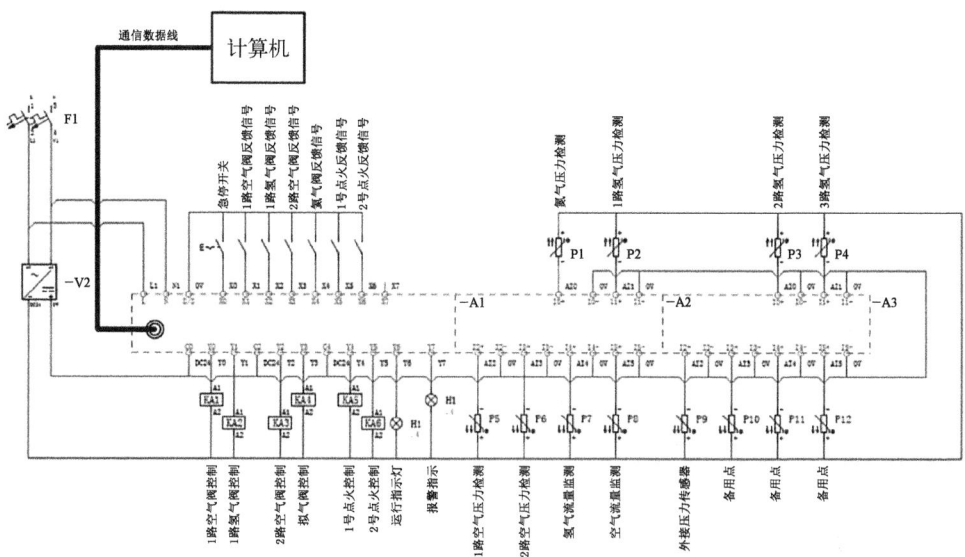

(a) 控制电路线路图

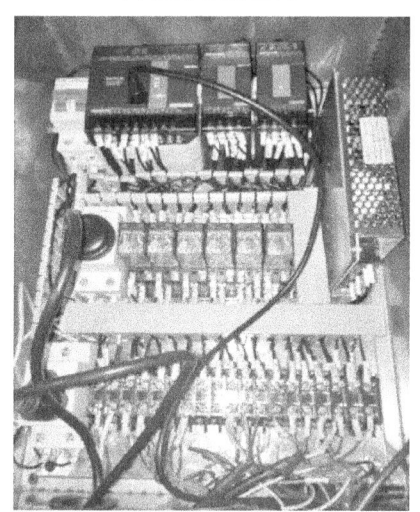

(b) 控制柜实物图

图 A.7　连续旋转爆震实验台控制系统

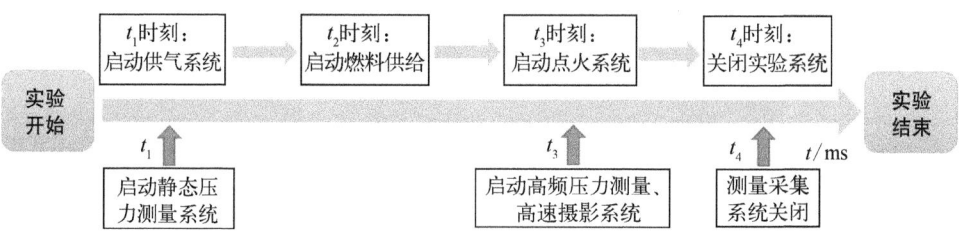

图 A.8　连续旋转爆震实验工作时序

A.1.4 数据采集系统

连续旋转爆震实验台的数据采集系统主要由数据采集卡和静/动态压力传感器组成。

图 A.9 展示了采集卡实物图,其型号为 National Instruments (NI) USB-6366[3],具备 8 通道 ACD16 位分辨率的采集接口,采样时间分辨率为 10 ns,并且可实现单通道最大 2MS/s 的数据采集。

连续旋转爆震实验台的采集程序基于 LabVIEW 平台开发,通过可视化界面实现了简易操作,并且与控制程序进行了耦合,一旦数据采集卡接收到来自电磁阀的开关信号,程序的采集功能即被激活,从而实现供气、点火控制和数据采集的同步,数据采集系统可视化界面如图 A.10 所示。

图 A.9 National Instruments USB-6366 数据采集卡[3]

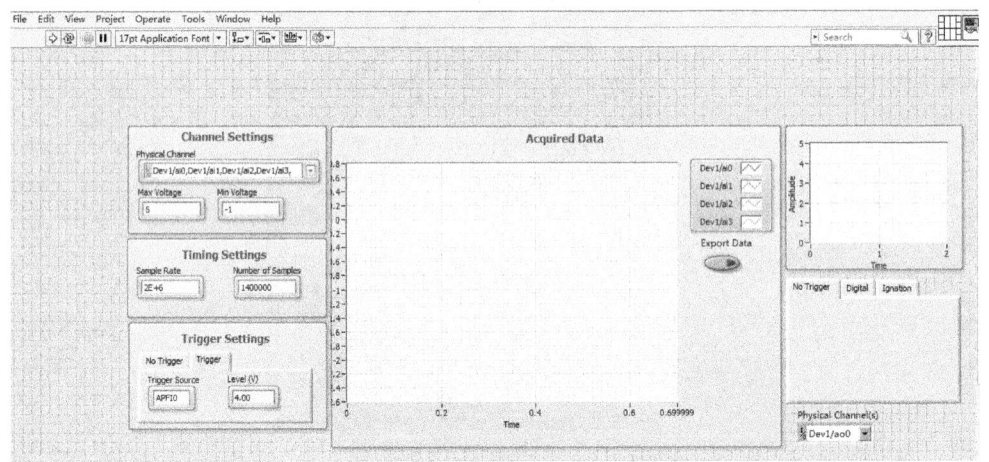

图 A.10 连续旋转爆震实验数据采集系统可视化界面

A.2 高频压力传感器及光学测试技术

A.2.1 高频压力传感器

图 A.11(a) 给出了实验台采用的动态压力传感器为石英压电式传感器,其型号为 PCB 113B24[4],测量量程为 0~6.9 MPa,灵敏度为 0.725 mV/kPa,上升时间小于或等于 1 μs,响应频率为 500 kHz,输出电压为 0~5 V。在实验过程中还配备了交流供电感应耦合等离子体传感器信号适调仪对 PCB 动态压力传感器采集的信号进行电压放大处理,其型号为 482C05[5]。主要技术参数如下:输出电压范围±10 V,低频响应小于 0.1 Hz,高频响应 1 000 Hz。

图 A.11(b)给出的实验中静态压力传感器采用压阻式压力传感器,其型号为 Omega PX409[6],主要技术参数为:测量量程 0~3.45 MPa,响应时间小于 1 ms,输出电压范围 0~5 V,测量精度 0.05%。

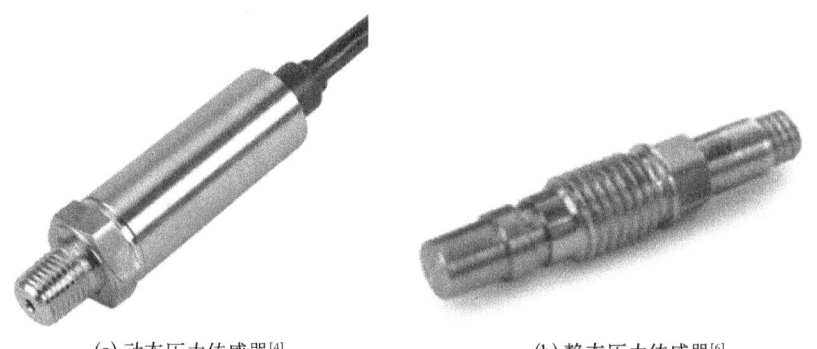

(a) 动态压力传感器[4]　　　　(b) 静态压力传感器[6]

图 A.11　连续旋转爆震实验的压力传感器

A.2.2　高速摄像技术

连续旋转爆震发动机工作过程的摄影图像可采用美国的 Phantom V711 彩色高速摄像机[7]进行拍摄,如图 A.12 所示。

旋转爆震波本身产生强的自发光,一部分自发光透过高速相机成像系统的成像物镜后,扫在光电成像敏感器的像感面上,光电敏感器件会对像感面上的物体像产生快速响应,即根据像感面上的旋转爆震波像光能量的分布,在各像素点上产生相应大小的电荷包,从而完成图像的光电转换。再由信号处理后传输至计算机中,在计算机中对采集的图像进行处理分析。

图 A.12　Phantom V711 彩色高速摄像机[7]

实验中采用的 Phantom V711 彩色高速摄像机提供了宽屏(1 280×720)像素高清图像的 CMOS(互补金属氧化物半导体)感光传感器和在全分辨率下实现 7 530 帧/s 的高速图像捕捉能力。在较低的分辨率条件下,Phantom V711 彩色高速摄像机可以实现高达 680 000 帧/s 或 1 400 000 帧/s 的采样率。Phantom V711 彩色高速摄像机的自曝光功能可使得相机自动适应外界不断变化的光线条件。此外,其独特的基于图像的自动触发功能可实现相机的自动触发。

考虑到连续旋转爆震发动机的工作特性,实验中选择屏宽为(256×256)像素的分辨率。该分辨率条件下的 Phantom V711 彩色高速摄像机可实现最高 79 000 帧/s 的拍摄,相机的曝光时间设置为 10 μs。为了保护高速摄像机免受连续旋转爆震发动机高速排出的高温燃气的影响,实验中采用尼康 300 mm 长焦大光圈镜头和防护板相结合的方式进行拍摄,如图 A.13 所示。

图 A.13　实验过程中的 Phantom V711 彩色高速摄像机布置

A.2.3　平面激光诱导荧光技术

平面激光诱导荧光(planar laser induced fluorescence, PLIF)技术可用于对煤油两相旋转爆震燃烧室中煤油的喷雾掺混流场进行测量。如图 A.14 所示,一个典型的 PLIF 测量系统主要包括激光光源系统、片光生成系统、荧光探测系统[8,9]。

为了在煤油喷雾流场中通过发射的激光诱导出荧光,通常在液相中添加一定质量分数的丙酮或其他物质作为示踪剂,以对液相浓度分布进行定性表征。丙酮在常温常压下吸收光谱为 225~320 nm 连续谱,因此需要选择一定激光波长的激光器,如 283.56 nm 激光器。Nd:YAG 固体激光器[10]作为泵浦光源满足要求,且其可产生频率为 10 Hz、脉宽为 1~2 ns、脉冲能量为 2.5 J 的激光光束,该光束通过燃料激光器及倍频晶体后可产生波长为 283.56 nm、脉冲能量为 10 mJ 的激光,然后经过柱面镜等一系列光学镜组后形成激光片光,最终入射进喷雾流场并

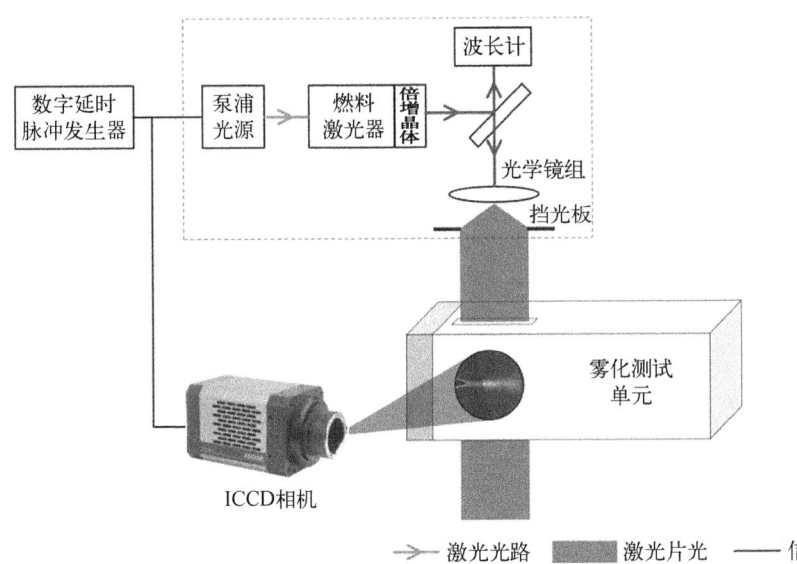

图 A.14 一种典型的基于 PLIF 的喷雾测量实验系统原理图

激发丙酮荧光。

荧光图像采用与激光片片光平行布置的增强型电荷耦合器件(ICCD)相机进行拍摄,ICCD 相机镜头前安装 370~400 nm 窄带滤光片,以阻断除丙酮荧光外的其他杂散光的干扰。ICCD 相机和激光系统通过数字延时脉冲发生器进行同步控制。

参考文献

[1] BWKT-Ⅱ 可调式点火器[EB/OL]. https://www.baoweirankong.com/511/100073.html [2024-08-20].

[2] 低温等离子体实验电源[EB/OL]. http://www.coronalab.net/product/showproduct.php?id=102 [2024-08-20].

[3] USB-6366 [EB/OL]. https://www.ni.com/zh-cn/shop/model/usb-6366.html [2024-08-20].

[4] Model 113B24 [EB/OL]. https://www.pcb.com/products?m=113b24 [2024-08-20].

[5] Model 482C05 [EB/OL]. https://www.pcb.com/products?m=482c05 [2024-08-20].

[6] PX409-Series Configurable, High Accuracy Pressure Transducers [EB/OL]. https://www.omega.com/en-us/pressure-measurement/pressure-transducers/p/PX409-Series [2024-08-20].

[7] v711[EB/OL]. http://www.highspeedcameras.com.cn/Good/detail/id/3018.html [2024-08-20].

[8] Wen H. Research on stability and pressure-gain performance of rotating detonation combustion fueled by kerosene [D]. Beijing: Tsinghua University, 2022.

[9] Liu H, Song F L, Jin D, et al. Experimental investigation on spray and detonation initiation characteristics of premixed/non-premixed RDE [J]. Fuel, 2023, 331: 125949.

[10] Spectra-Physics Quanta-Ray PRO-350 [EB/OL]. https://www.laserresale.com/?fa=app.view&it=6495 [2024-08-20].

附录 B
连续旋转爆震燃烧数值模拟技术

本附录介绍连续旋转爆震燃烧研究中常用的数值模拟技术,介绍适用于液雾两相旋转爆震燃烧数值模拟的控制方程、数值格式及离散算法,随后还介绍在旋转爆震数值模拟中常用的初边值条件。

B.1 气液两相强可压缩数值模拟方法及验证

B.1.1 气相控制方程及数值离散算法

1. 气相控制方程

不考虑体积力的情况下,非定常可压缩的多组分守恒型 Navier-Stokes 方程可以写成如下形式:

$$\frac{\partial \rho}{\partial t} + \frac{\partial \rho u_j}{\partial x_j} = S_M \tag{B.1}$$

$$\frac{\partial \rho u_i}{\partial t} + \frac{\partial (\rho u_i u_j + p \delta_{ij})}{\partial x_j} = \frac{\partial \tau_{ij}}{\partial x_j} + S_{F,i} \tag{B.2}$$

$$\frac{\partial \rho E}{\partial t} + \frac{\partial (\rho E + p) u_j}{\partial x_j} = \frac{\partial \tau_{ij} u_i}{\partial x_j} + \frac{\partial q_j}{\partial x_j} + S_E \tag{B.3}$$

$$\frac{\partial \rho Y_k}{\partial t} + \frac{\partial \rho Y_k u_j}{\partial x_j} = \frac{\partial}{\partial x_j}\left(\rho D_k \frac{\partial Y_k}{\partial x_j}\right) + \dot{\omega}_k + S_{Y_k} \tag{B.4}$$

其中,t 为时间;$x_j(j=1,2,3)$ 分别为直角坐标系三个方向的坐标值;ρ 为密度;u_i 为第 i 个方向的速度;p 为气体压力;Y_k 为第 k 种组分的质量分数;τ_{ij} 为黏性剪切应力张量,表示为

$$\tau_{ij} = \mu\left(\frac{\partial u_i}{\partial x_j} + \frac{\partial u_j}{\partial x_i} - \frac{2}{3}\frac{\partial u_k}{\partial x_k}\delta_{ij}\right) \tag{B.5}$$

总能 E 为各组分内能和动能之和,表示为

$$E = \frac{1}{2}u_j u_j + \sum_{k=1}^{N_s} Y_k \left(\int_{T_0}^{T} c_{v,k}(\overline{T}) \, d\overline{T} + h_{f,k} \right) \tag{B.6}$$

其中，$c_{v,k}$ 为第 k 种组分的定容比热容；$h_{f,k}$ 为第 k 种组分在参考温度 T_0 下的标准生成焓；T 为温度。

热扩散通量 q_j 包含温度不均引起的热扩散和组分扩散引起的热扩散两部分，表示为

$$q_j = \lambda \frac{\partial T}{\partial x_j} - \sum_{k=1}^{N_s} \rho h_k D_k \frac{\partial Y_k}{\partial x_j} \tag{B.7}$$

其中，λ 为气体导热系数；h_k 为第 k 种组分的显焓。

$\dot{\omega}_k$ 为第 k 种组分的质量反应速率，表示为

$$\dot{\omega}_k = W_k \sum_{j=1}^{M} v_{kj} Q_j \tag{B.8}$$

其中，W_k 为第 k 种组分的摩尔质量；v_{kj} 为第 j 个反应中组分 k 的摩尔系数；Q_j 为第 j 个反应的摩尔反应速率。

为了封闭上述控制方程，这里还假设了多组分理想气体的状态方程：

$$p = \rho R_u T \sum_{k=1}^{N_s} \frac{Y_k}{W_k} \tag{B.9}$$

其中，R_u 为通用气体常数，等于 $8.314 \, \text{J}/(\text{mol} \cdot \text{K})$。

在离散形式下，控制方程右端源项 S 通过统计求和在单个气相网格中，所有液滴（数量为 N_d）所引起的气相质量、动量、质量和组分变化计算得到：

$$S_M = -\frac{1}{\Delta V} \sum_{N_d} \dot{m}_d \tag{B.10}$$

$$S_{F,i} = -\frac{1}{\Delta V} \sum_{N_d} (F_{d,i} + \dot{m}_d u_{d,i}) \tag{B.11}$$

$$S_E = -\frac{1}{\Delta V} \sum_{N_d} \left[Q_d + \dot{m}_d \left(\frac{u_{d,i} u_{d,i}}{2} + h_{vp} \right) \right] \tag{B.12}$$

$$S_{Y_k} = \begin{cases} -\dfrac{1}{\Delta V} \sum\limits_{N_d} \dot{m}_d, & \text{对于煤油气} \\ 0, & \text{对于其他组分} \end{cases} \tag{B.13}$$

其中，$\dot{m}_d = dm_d/dt$ 是液滴质量随时间的变化率；$u_{d,i}$ 是液滴在第 i 方向的速度；ΔV 是单个气相网格的体积；$F_{d,i}$ 是液滴在第 i 方向受到的阻力；Q_d 是气相施加在液滴的对流换热；h_{vp} 是燃料蒸气的显焓。

2. 输运系数和热力学参数的计算

由于燃烧的存在,气体的温度和组分分布存在较大的梯度变化,因此输运系数和热力学参数在流场中也存在较大变化。而这些参数会影响燃料液滴的蒸发过程,同时也会影响燃料和空气的混合、着火和熄灭过程,所以准确计算出输运系数和热力学参数对爆震燃烧计算的准确性起着关键性作用。

采用关于温度的五阶多项式计算第 k 种气体组分的比焓 h_k:

$$h_k = \frac{R}{W_k}\left(h_{0,k} + h_{1,k}T + \frac{h_{2,k}T^2}{2} + \frac{h_{3,k}T^3}{3} + \frac{h_{4,k}T^4}{4} + \frac{h_{5,k}T^5}{5}\right) \quad (\text{B.14})$$

可以得到第 k 种气体组分的定压比热容 $c_{\text{p},k}$ 和定容比热容 $c_{\text{v},k}$:

$$c_{\text{p},k} = \frac{\partial h_k}{\partial T} = \frac{R}{W_k}(h_{1,k} + h_{2,k}T + h_{3,k}T^2 + h_{4,k}T^3 + h_{5,k}T^4) \quad (\text{B.15})$$

$$c_{\text{v},k} = c_{\text{p},k} - R_k = c_{\text{p},k} - \frac{R_{\text{u}}}{W_k} \quad (\text{B.16})$$

目前计算三个输运系数(黏性系数、导热系数、组分扩散系数)最准确的方法是动理论方法,这里所采用的也是该方法,具体的计算公式如下(更详细的介绍可见参考文献[1])。

1) 黏性系数

对于单组分气体,由 Chapman-Enskog 一阶近似黏度方程可得到黏性系数为

$$\mu = \frac{26.69(MT)^{1/2}}{\sigma^2 \Omega_{\text{v}}} \quad (\text{B.17})$$

其中,黏性系数的单位是 μPa;M 为气体摩尔质量,g/mol;T 为气体温度,K;σ 为硬球直径,Å;Ω_{v} 为碰撞积分,无量纲。

为了计算碰撞积分,首先定义无量纲温度 T^*:

$$T^* = \frac{kT}{\varepsilon} \quad (\text{B.18})$$

其中,k 为 Boltzmann 常数;ε 为分子对位能的最小值。根据 Neufield 所提出的计算碰撞积分的经验公式可得

$$\Omega_{\text{v}} = [A(T^*)^{-B}] + C(\exp(-DT^*)) + E(\exp(-FT^*)) \quad (\text{B.19})$$

其中,$A = 1.16145$; $B = 0.14874$; $C = 0.52487$; $D = 0.77320$; $E = 2.16178$; $F = 2.43787$。此式适用于 $0.3 \leq T^* \leq 100$。

而对于具有 n 种组分的混合气体,在忽略二阶效应的前提下,Wilke 提出混合气体的黏性系数可近似为

$$\mu_m = \sum_{i=1}^{n} \frac{y_i \mu_i}{\sum_{i=1}^{n} y_i \phi_{ij}} \qquad (B.20)$$

其中

$$\phi_{ij} = \frac{[1 + (\mu_i/\mu_j)^{1/2} (M_j/M_i)^{1/4}]^2}{[8(1 + M_i/M_j)]^{1/2}} \qquad (B.21)$$

其中,y_i 为第 i 种组分的摩尔分数;μ_i 为根据式(B.19)计算得到的第 i 种组分的黏性系数;M_i 为第 i 种组分的摩尔质量。

2) 导热系数

对于单组分气体,导热系数可近似为

$$\lambda = \frac{\mu c_v}{M}\left(1.32 + \frac{1.77}{c_v/R_u}\right) \qquad (B.22)$$

其中,λ 为导热系数,W/(m·K);μ 为黏性系数,N·s/m²;c_v 为定容比热容,J/(mol·K);M 为摩尔质量,kg/mol。

对于具有 n 种组分的混合气体的导热系数,可近似为

$$\lambda_m = \sum_{i=1}^{n} \frac{y_i \lambda_i}{\sum_{i=1}^{n} y_i A_{ij}} \qquad (B.23)$$

其中

$$A_{ij} = \frac{[1 + (\lambda_i/\lambda_j)^{1/2} (M_j/M_i)^{1/4}]^2}{[8(1 + M_i/M_j)]^{1/2}} \qquad (B.24)$$

这里 λ_i 为根据式(B.22)计算得到的第 i 种组分的导热系数。

3) 组分扩散系数

通过求解 Boltzmann 方程,可以得到关于组分 A 和组分 B 的二元扩散系数为

$$D_{AB} = \frac{0.00266 T^{3/2}}{p M_{AB}^{1/2} \sigma_{AB}^2 \Omega_D} \qquad (B.25)$$

其中,D_{AB} 为扩散系数,cm²/s;T 为温度,K;p 为压力,bar;$M_{AB} = 2/(1/M_A + 1/M_B)$,$M_A$、$M_B$ 为组分 A 和 B 的摩尔质量,g/mol;$\sigma_{AB} = (\sigma_A + \sigma_B)/2$ 为特征长度,σ_A 和 σ_B 分别是组分 A 和 B 的 Lennard-Jones 特征长度;Ω_D 为扩散碰撞积分,可由 Neufield 给出的关系式得到:

$$\Omega_D = \frac{A}{(T^*)^B} + \frac{C}{\exp(DT^*)} + \frac{E}{\exp(FT^*)} + \frac{G}{\exp(HT^*)} \qquad (B.26)$$

其中，$T^* = kT/\varepsilon_{AB}$，这里 ε_{AB} 为 $(\varepsilon_A + \varepsilon_B)^{1/2}$，$\varepsilon_A$ 和 ε_B 分别是组分 A 和 B 的 Lennard - Jones 特征能量；A = 1.603 6；B = 0.156 10；C = 0.193 00；D = 0.476 35；E = 1.035 87；F = 1.529 96；G = 1.764 74；H = 3.894 11。

目前对三元及以上混合物的扩散系数的研究还很少有人开展，这里采用 Blanc 定律来计算第 i 种组分的扩散系数 $D_{i,m}$

$$D_{i,m} = (1 - y_i) \left(\sum_{j \neq i} \frac{y_j}{D_{ij}} \right)^{-1} \tag{B.27}$$

3. 数值离散方法

黏性扩散项的计算采用六阶中心差分格式，即对黏性项中含导数项的计算采用如下形式：

$$f_j' = \frac{45(f_{j+1} - f_{j-1}) - 9(f_{j+2} - f_{j-2}) + (f_{j+3} - f_{j-3})}{60\Delta x} \tag{B.28}$$

时间推进项采用 TVD 型的三阶龙格-库塔(Runge - Kutta)积分算法。对于 $dU_j = L_j(U)dt$ 这种半离散形式的微分方程，从计算步 n 到 $n+1$ 的时间推进可写为如下形式：

$$\begin{aligned} U_j^{(1)} &= U_j^n + \Delta t L_j(U^n) \\ U_j^{(2)} &= \frac{3}{4}U_j^n + \frac{1}{4}U_j^{(1)} + \frac{1}{4}\Delta t L_j(U_j^{(1)}) \\ U_j^{n+1} &= \frac{1}{3}U_j^n + \frac{2}{3}U_j^{(2)} + \frac{2}{3}\Delta t L_j(U_j^{(2)}) \end{aligned} \tag{B.29}$$

在超声速流动中，会存在激波这一复杂而又重要的非线性现象。在实际物理中，激波是具有若干个分子自由程的间断。而在数值计算中，通常不考虑激波的物理结构，而将其看成一种强间断，常用的数值处理方法包括激波装配(shock fitting)方法和激波捕捉(shock capturing)方法。

在激波装配方法中，需事先将流场分为多个计算子域。在计算子域内，流场是光滑的，可以用任何可压缩计算程序来处理；而在计算子域和计算子域之间由激波拼接，通过 Rankine - Hogoniot 守恒关系来联系。该方法的优点是能够较精确地计算出激波的位置，但计算过程较为复杂，网格需要随激波的位置进行调整。

而在激波捕捉方法中，无须对计算域进行划分，而是统一求解整个流场，这里所采用的也是这种方法。激波捕捉格式需要满足守恒条件，故一般对 Navier - Stokes 方程的守恒形式进行求解。为了更好地分辨计算流场中的激波结构，通常需要高阶精度的格式；另外，为了抑制在激波附近产生的 Gibbs(非物理)振荡，需要格式具有一定的耗散性。其中，WENO 格式(weighted essentially non-oscillatory scheme)是目前广泛使用的高分辨率、鲁棒性良好的激波捕捉格式,最早由 Liu 等[2]在 1994 年提出,他们构造了一种三阶有限体积方法的 WENO 格式。1996 年,Jiang 等[3]进一步给出了构造任意精度的有限差分方法的 WENO 格式。这里所使用的是 Hu 等[4]发展的一种六阶自适应中心-迎风(adaptive central-upwind) WENO 格式。该格式的核心思想是在光滑流场区采用中心格式减少数值耗散,在流场间断区采用迎风格式消除伪数值振荡,保证计算的鲁棒性。下面以一维双曲型方程为例进行简要说明:

$$\frac{\partial u}{\partial t} + \frac{\partial}{\partial x} f(u) = 0 \tag{B.30}$$

这里假设特征速度 $\mathrm{d}f(u)/\mathrm{d}u > 0$。在均匀网格中,将上述方程在空间上离散可得

$$\frac{\mathrm{d}u_i}{\mathrm{d}t} = -\frac{\partial f}{\partial x}\bigg|_{x=x_i} = -\frac{1}{\Delta x}(h_{i+1/2} - h_{i-1/2}), \quad i = 0, 1, 2, \cdots, N \tag{B.31}$$

这里 $h(x)$ 满足:

$$f(x) = \frac{1}{\Delta x}\int_{x-\Delta x/2}^{x+\Delta x/2} h(\xi)\,\mathrm{d}\xi \tag{B.32}$$

进一步,可以将式(B.31)近似写为

$$\frac{\mathrm{d}u_i}{\mathrm{d}t} \approx -\frac{1}{\Delta x}(\hat{f}_{i+1/2} - \hat{f}_{i-1/2}) \tag{B.33}$$

这里半点通量 $\hat{f}_{i+1/2}$ 是 $h_{i+1/2}$ 的近似,通过 4 个基准模板组合得到:

$$\hat{f}_{i+1/2} = \sum_{k=0}^{3} \omega_k \hat{f}_{k,\,i+1/2} \tag{B.34}$$

其中,基准模板的数值通量 $\hat{f}_{k,\,i+1/2}$,表示为

$$\begin{aligned}
\hat{f}_{0,\,i+1/2} &= \frac{1}{6}(2f_{i-2} - 7f_{i-1} + 11f_i) \\
\hat{f}_{1,\,i+1/2} &= \frac{1}{6}(-f_{i-1} + 5f_i + 2f_{i+1}) \\
\hat{f}_{2,\,i+1/2} &= \frac{1}{6}(2f_i + 5f_{i+1} - f_{i+2}) \\
\hat{f}_{3,\,i+1/2} &= \frac{1}{6}(11f_{i+1} - 7f_{i+2} + 2f_{i+3})
\end{aligned} \tag{B.35}$$

权重 ω_k 表示为

$$\omega_k = \frac{\alpha_k}{\sum_{i=0}^{3} \alpha_k}, \quad \alpha_k = d_k \left(C + \frac{\tau_6}{\beta_k + \varepsilon} \right) \quad \text{(B.36)}$$

这里 d_k 为理想权重，其中 $d_0 = 0.05$，$d_1 = 0.45$，$d_2 = 0.45$，$d_3 = 0.05$；C 为常数；ε 为一个极小的正数取，为 10^{-40}；光滑因子 β_k 取为

$$\begin{aligned}
\beta_0 &= \frac{1}{4}(f_{i-2} - 4f_{i-1} + 3f_i)^2 + \frac{13}{12}(f_{i-2} - 2f_{i-1} + f_i)^2 \\
\beta_1 &= \frac{1}{4}(f_{i-1} - f_{i+1})^2 + \frac{13}{12}(f_{i-1} - 2f_i + f_{i+1})^2 \\
\beta_2 &= \frac{1}{4}(3f_i - 4f_{i+1} + f_{i+2})^2 + \frac{13}{12}(f_i - 2f_{i+1} + f_{i+2})^2 \\
\beta_3 &= \frac{1}{120\,960}[f_{i-2}(271\,779f_{i-2} - 2\,380\,800f_{i-1} + 4\,086\,352f_i \\
&\quad - 3\,462\,252f_{i+1} + 1\,458\,762f_{i+2} - 245\,620f_{i+3}) + f_{i-1}(5\,653\,317f_{i-1} \\
&\quad - 20\,427\,884f_i + 17\,905\,032f_{i+1} - 7\,727\,988f_{i+2} + 1\,325\,006f_{i+3}) \\
&\quad + f_i(19\,510\,972f_i - 35\,817\,664f_{i+1} + 15\,929\,912f_{i+2} - 2\,792\,660f_{i+3}) \\
&\quad + f_{i+1}(17\,195\,652f_{i+1} - 15\,880\,404f_{i+2} + 2\,863\,984f_{i+3}) \\
&\quad + f_{i+2}(3\,824\,847f_{i+2} - 1\,429\,976f_{i+3}) + 139\,633f_{i+3}^2]
\end{aligned}$$

(B.37)

参考光滑因子(reference smoothness indicator) τ_6 计算公式为

$$\tau_6 = \beta_3 - \frac{1}{6}(\beta_0 + 4\beta_1 + \beta_2) \quad \text{(B.38)}$$

Hu 等[4] 通过一系列数值实验，发现当 C 取为 20 时，该格式具有良好的激波捕捉特性和鲁棒性，同时又能实现较小的耗散。因此，这里将 C 设为 20。

对于多维 Navier-Stokes 方程的求解，则需要先进行特征分解，在特征空间中进行求解，具体过程和公式可参考文献[5]。

B.1.2 液雾相控制方程及数值离散方法

对于气液两相流动，主要存在两种研究方法[6]。一种是欧拉-欧拉方法(Eulerian-Eulerian method)，该方法将液滴颗粒也当成流体进行求解，液滴相和气相在空间中共存和相互渗透，同时在欧拉坐标系中进行描述。这种方法不用单独去求解液滴的运动，计算量较小，但需要给出液滴相和气相通用的状态方程，并且

只适用于极小规模液滴数目的工况。

另一种方法是欧拉-拉格朗日方法（Eulerian-Lagrangian method），该方法将气相作为连续相,在欧拉坐标系下求解;另外将液滴颗粒作为离散体系,在拉格朗日坐标系下建立液滴颗粒的质量、速度和温度的控制方程,也称为颗粒轨道法（particle trajectory method）。该方法适用于大规模液滴数目的计算,在液雾燃烧系统中广泛使用[7]。这里考虑了气相和液滴相之间的质量、动量和能量交换,即双向耦合（two-way coupling）。由于本研究对象仍然属于稀疏颗粒两相流的范畴,因此没有考虑颗粒与颗粒之间的相互作用。另外,还假设液滴的温度分布是均匀的,并且不考虑液滴的破碎现象。

1. 液滴控制方程

这里将液滴看成没有体积的质点（点源模型）,并且忽略液滴所受到的 Saffman 力、热泳力、Basset 力等带来的影响,液滴的控制方程可以写成如下形式[8]:

$$\frac{dx_{d,i}}{dt} = u_{d,i} \tag{B.39}$$

$$\frac{du_{d,i}}{dt} = \frac{F_{d,i}}{m_d} = \left(\frac{f_1}{\tau_d}\right)(u_i - u_{d,i}) \tag{B.40}$$

$$\frac{dT_d}{dt} = \frac{Q_d + \dot{m}_d L_V}{m_d c_L} = \left(\frac{f_2}{\tau_d}\right)\left(\frac{Nu}{3Pr}\right)\left(\frac{c_p}{c_L}\right)(T - T_d) + \left(\frac{\dot{m}_d}{m_d}\right)\frac{L_V}{c_L} \tag{B.41}$$

$$\frac{dm_d}{dt} = -m_d\left(\frac{1}{\tau_d}\right)\left(\frac{Sh}{3Sc}\right)\ln(1 + B_M) \tag{B.42}$$

其中,$x_{d,i}$ 为液滴 i 方向的坐标;$u_{d,i}$ 为液滴 i 方向的速度;T_d 为液滴的温度;m_d 为液滴的质量;τ_d 为液滴运动的弛豫特征时间,且

$$\tau_d = \frac{\rho_d d_d^2}{18\mu} \tag{B.43}$$

其中,d_d 为液滴的直径;ρ_d 为液滴的密度。式(B.40)中只考虑了液滴所受到的气动阻力,阻力系数 f_1 是结合实验数据,对斯托克斯定律的进一步修正:

$$f_1 = \frac{Re_d}{24}\left[\frac{24}{Re_d}(1 + 0.15Re_d^{0.687}) + \frac{0.42}{1 + 42\,500Re_d^{-1.16}}\right], \quad Re_d \leqslant 2 \times 10^5 \tag{B.44}$$

其中,Re_d 为基于气液两相滑移速度所定义的当地液滴雷诺数,且

$$Re_d = \frac{\rho |\vec{u} - \vec{u}_d| d_d}{\mu} \tag{B.45}$$

本研究的燃料液滴直径较小（$d_\mathrm{d} < 20~\mu\mathrm{m}$），因此假定燃料液滴内部温度瞬间平衡，不存在温度梯度。如式（B.41）所示，液滴温度受气液间对流换热和液滴自身蒸发两部分影响，这里 c_L 为燃料液滴的比热容，Pr 和 Nu 分别为气体的普朗特（Prandtl）数和努塞特（Nusselt）数，且

$$Pr = \frac{\mu c_p}{\lambda}, \quad Nu = 2 + 0.552 Re_\mathrm{d}^{0.5} Pr^{1/3} \tag{B.46}$$

f_2 为液滴蒸发过程对对流换热的修正项：

$$f_2 = \frac{\beta}{\mathrm{e}^\beta - 1} \tag{B.47}$$

这里无量纲蒸发系数 β 定义为

$$\beta = -1.5 Pr \tau_\mathrm{d} \left(\frac{\dot{m}_\mathrm{d}}{m_\mathrm{d}} \right) \tag{B.48}$$

L_V 是燃料液滴的蒸发潜热，计算中采用 Watson 给出的经验公式[9]：

$$L_\mathrm{V} = L_{\mathrm{V},T_\mathrm{B}} \left(\frac{T_{\mathrm{C,L}} - T_\mathrm{d}}{T_{\mathrm{C,L}} - T_\mathrm{B}} \right)^{0.38} \tag{B.49}$$

其中，T_B 为液体在标准状态下的沸点温度；$L_{\mathrm{V},T_\mathrm{B}}$ 为液体在沸点温度下的蒸发潜热；$T_{\mathrm{C,L}}$ 为液体的临界温度。

在液滴质量变化方程（B.42）中，Sc 和 Sh 分别是气体的施密特（Schmidt）数和舍伍德（Sherwood）数：

$$Sc = \frac{\mu}{\rho D}, \quad Sh = 2 + 0.552 Re_\mathrm{d}^{0.5} Sc^{1/3} \tag{B.50}$$

B_M 为传质系数

$$B_\mathrm{M} = \frac{Y_{\mathrm{sf}} - Y_\mathrm{V}}{1 - Y_{\mathrm{sf}}} \tag{B.51}$$

其中，Y_V 为液滴所在位置的气体中的燃料蒸气质量分数；液滴表面的燃料蒸气质量分数 Y_{sf} 通过液滴表面的燃料蒸气摩尔分数 χ_{sf} 计算得到：

$$Y_{\mathrm{sf}} = \frac{\chi_{\mathrm{sf}}}{\chi_{\mathrm{sf}} + (1 - \chi_{\mathrm{sf}}) W/W_\mathrm{V}} \tag{B.52}$$

W 为液滴所在位置的混合气体摩尔质量；W_V 为燃料蒸气的摩尔质量；燃料蒸气摩

尔分数的计算公式为

$$\chi_{sf} = \frac{p_{atm}}{p} \exp\left(\frac{L_V}{R_u/W_V} \left(\frac{1}{T_{B,L}} - \frac{1}{T_d} \right) \right) \quad (B.53)$$

p_{atm} 为一个标准大气压力,101.2 kPa;$T_{B,L}$ 为当环境压力为 P 时液滴的沸腾温度,由 Kitano 等[10]的经验公式给出:

$$T_{B,L} = \left(\frac{P^{0.119} - C}{11.9} \right)^{1/0.119} \quad (B.54)$$

其中,C 为经验常数,对于煤油可取为 22.4;这里 P 的单位是 mmHg。

Xu 等[11]通过微重力实验研究了单个正癸烷(煤油的主要成分)液滴在环境温度为 633 K 时的蒸发特性。这里参照相应的实验工况,在环境压力为 1 atm 的条件下,对初始直径分别为 1.57 mm、1.23 mm 和 0.92 mm 的单个液滴的蒸发过程进行了数值计算。图 B.1 给出了在单液滴蒸发过程中直径平方随时间的变化,可以发现在经历初始加热后,液滴直径平方随时间单调递减,遵循单液滴蒸发的 d^2 规律。而且数值结果与实验结果较为接近,表明采用的液滴蒸发模型能较好地描述液滴的蒸发过程。

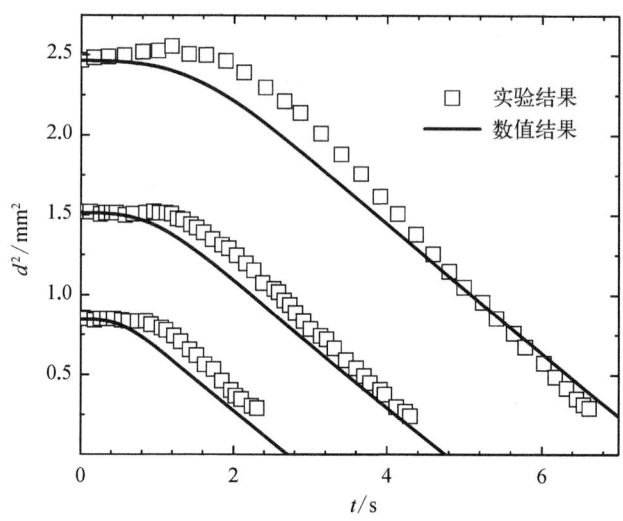

图 B.1　单液滴蒸发过程中直径平方随时间变化的实验[11]和数值结果对比

2. 液滴控制方程求解方法

上述控制方程的求解还需要获得液滴所在位置的气体速度、温度、黏性项等物理量的信息,这里采用二阶拉格朗日插值方法得到液滴所在坐标对应的气相物理量,方法如下。

给定矩形网格的坐标为 $x_i(i = 1, 2, \cdots, m)$ 和 $y_j(j = 1, 2, \cdots, n)$,物理量 f 在网格点上对应的值为 $f_{i,j} = f(x_i, y_j)$,下面计算插值点 (u, v) 处的物理值 $f(u, v)$。首先分别找到 x 方向和 y 方向上 u 和 v 的邻近网格点坐标:

$$x_p < x_{p+1} < u < x_{p+2} < x_{p+3} \tag{B.55}$$

$$y_q < y_{q+1} < v < y_{q+2} < y_{q+3} \tag{B.56}$$

然后,由二阶拉格朗日插值公式,$f(u, v)$ 可近似为

$$f(u, v) = \sum_{i=p}^{p+3} \sum_{j=q}^{q+3} \left(\prod_{k \neq i} \frac{u - x_k}{x_i - x_k} \right) \left(\prod_{l \neq j} \frac{v - y_l}{y_i - y_l} \right) f_{i,j} \tag{B.57}$$

由于式(B.39)～式(B.42)是关于时间 t 的常微分方程,可以采用二阶 Adams 方法进行求解,即对于 $df/dt = g$ 方程有

$$\begin{aligned} f^{(1)} &= f^{(n)} + \Delta t g^{(n)} \\ f^{(n+1)} &= f^{(1)} + \frac{\Delta t}{2}(3g^{(1)} - g^{(n)}) \end{aligned} \tag{B.58}$$

其中,Δt 为时间步长。

3. 化学反应模型

在航空航天推进领域,液态煤油是一种常用的碳氢燃料。煤油的成分非常复杂,不同类型的煤油组成也不相同,通常采用某种特定碳氢比例的碳氢化合物进行近似。这里采用 Franzelli 等[12]给出的煤油组分近似和两步总包化学反应机理,具体如下。

煤油中包含 $C_{10}H_{22}$、C_9H_{12} 和 C_9H_{18} 等组分,按照质量分数可近似为 $C_{10}H_{20}$。两步反应机理为

$$\text{KERO} + 10\text{O}_2 \longrightarrow 10\text{CO} + 10\text{H}_2\text{O} \tag{B.59}$$

$$\text{CO} + 0.5\text{O}_2 \longleftrightarrow \text{CO}_2 \tag{B.60}$$

这里 KERO 表示煤油,式(B.59)为煤油的不可逆反应,式(B.60)为 $\text{CO}-\text{CO}_2$ 的平衡反应,它们的正向反应速率为

$$k_1 = A_1 f_1(\phi) \exp(-E_1/RT) [\text{KERO}]^{n_{\text{KERO}}} [\text{O}_2]^{n_{\text{O}_2,1}} \tag{B.61}$$

$$k_2 = A_2 f_2(\phi) \exp(-E_2/RT) [\text{CO}]^{n_{\text{CO}}} [\text{O}_2]^{n_{\text{O}_2,2}} \tag{B.62}$$

其中,A_i 为指前因子;E_i 为活化能;n_i 为反应级数。具体数值如表 B.1 所示。

表 B.1　煤油两步总包反应参数(单位为 mol, cm^3 和 cal/mol)

项　目	指前因子	活化能	反应级数
煤油氧化	8.00×10^{11}	4.15×10^4	$n_{KERO}=0.55, n_{O_2}=0.90$
$CO-CO_2$ 平衡	4.50×10^{10}	2.00×10^4	$n_{CO}=1.00, n_{O_2}=0.50$

这里 f_1 和 f_2 是基于当量比 φ,对反应速率的修正函数,具体形式见参考文献[12]。

对于爆震燃烧的数值模拟,机理的着火特性起着重要作用。Franzelli 等[12]验证了在较宽范围内(压力 $p \in [1,12]$ atm,新鲜预混合气体温度 $T_0 \in [900, 1600]$ K,当量比 $\varphi \in [0.5,2]$),该机理预报的着火延迟时间与实验结果符合良好,因此适用于本研究。

B.1.3　验证算例

由于对连续旋转爆震液雾燃烧的相关实验研究很少,只能基于有限的实验和理论结果验证上述数值方法的可靠性。验证分为三个部分,在第一部分中考虑到爆震流场中存在丰富的激波、燃烧波、膨胀波和爆震波等各波系的相互作用,因此首先计算了激波管问题,以验证数值方法对复杂波系的分辨能力;然后对于煤油蒸气/空气的一维和二维爆震波传播问题进行数值计算,并与实验测得的爆震波速和胞格尺寸进行对比。

1. 激波管问题

为了验证数值格式计算分辨复杂波系的能力,这里分别计算两个典型的激波管问题:Sod 问题[13]和 Lax 问题[14]。

其中 Sod 问题的初始分布 ($t=0$) 为

$$(\rho, u, p) = \begin{cases} (1, 0, 1), & 0 \leq x < 0.5 \\ (0.125, 0, 0.1), & 0.5 \leq x \leq 1 \end{cases} \quad (B.63)$$

计算终止时间为 0.2 s。

Lax 问题的初始分布 ($t=0$) 为

$$(\rho, u, p) = \begin{cases} (0.445, 0.689, 3.528), & 0 \leq x < 0.5 \\ (0.5, 0, 0.571), & 0.5 \leq x \leq 1 \end{cases} \quad (B.64)$$

计算终止时间为 0.14 s。

以上两个激波管问题在 $t>0$ 后,流场中会发展出膨胀波、激波和接触间断,在图 B.2 给出了上述激波管问题数值解和精确解的比较,可以看到二者在膨胀波和接触间断处吻合较好,并且在激波间断处压力和密度几乎没有振荡,表明所采用的数值方法可以用于计算带有激波、膨胀波等复杂波系的流场。

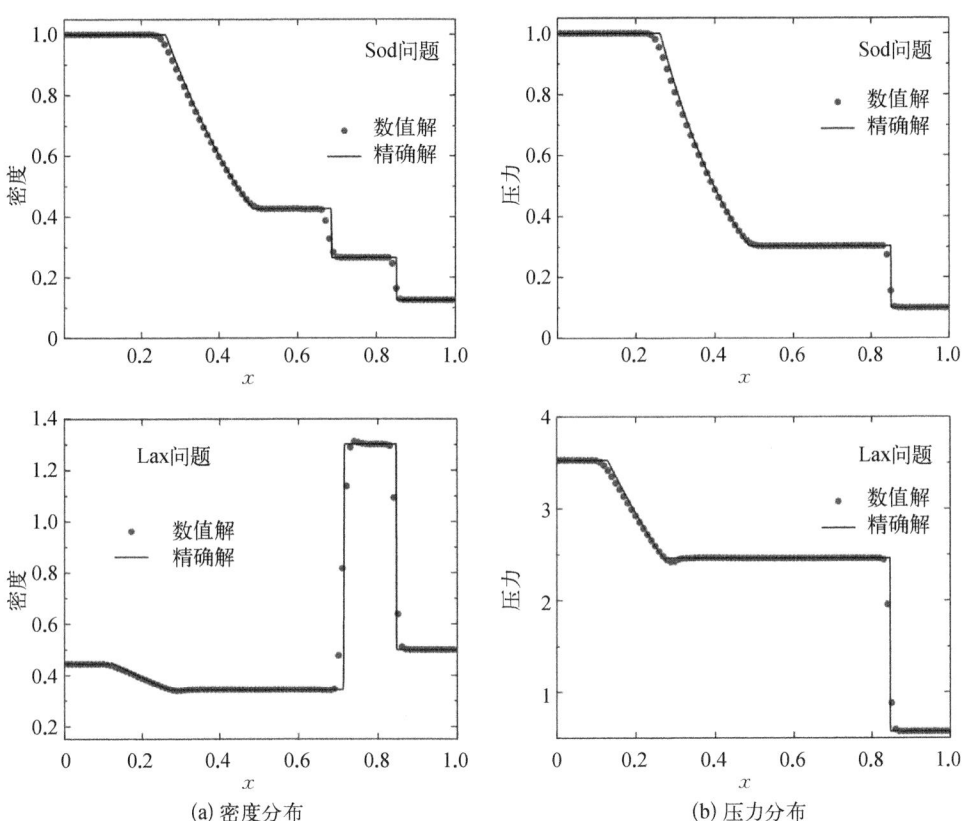

(a) 密度分布　　　　　　　　　　　(b) 压力分布

图 B.2　Sod 和 Lax 激波管问题(数值计算网格数为 100)

2. 一维气相爆震波传播

Shao 等[15]通过对连续旋转爆震的数值研究,发现爆震波的速度和压力决定爆震波最主要的特征,因此这里对一维爆震波传播过程进行数值模拟,以验证计算程序是否能够较好地预测爆震波的速度和压力。

在以下计算工况中,初始时刻爆震管中充满了煤油蒸气和空气的混合气体,压力为 1 atm,温度为 373 K,当量比 $\varphi \in [0.7, 1.4]$。点火区域位于爆震管左侧,压力和温度分别设定为 20 atm 和 3 000 K。左侧边界为反射壁面,右侧边界则采用无反射出流条件。

表 B.2 给出了在当量比为 1 的条件下,分别采用 200 μm、100 μm 和 50 μm 的网格尺寸计算得到的爆震波传播速度 u_D、冯·诺依曼压力(von Neumann pressure) p_s、C-J 压力 p_{CJ}。在不同网格分辨率下,爆震波传播速度几乎一致,冯·诺依曼压力和 C-J 压力也相差不大。从图 B.3 中也可以看到,在不同网格分辨率下压力分布几乎是相同的。

表 B.2　不同网格分辨率计算得到的一维爆震波传播特性

网格尺度/μm	u_D/(m/s)	p_s/MPa	p_{CJ}/MPa
200	1 838	2.27	1.64
100	1 840	2.61	1.68
50	1 836	2.68	1.65

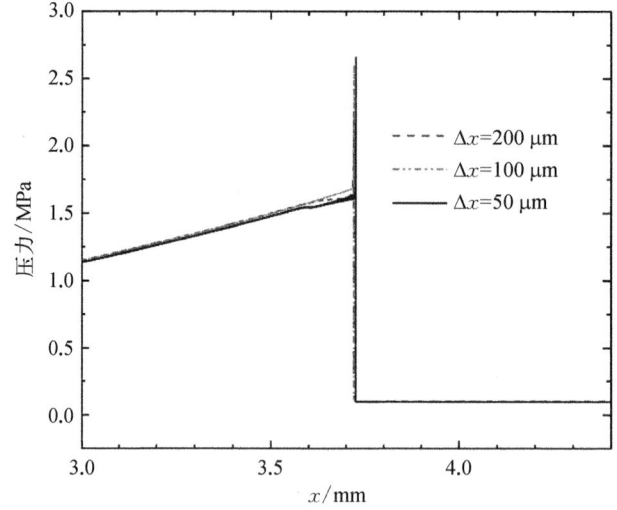

图 B.3　不同网格分辨率下一维爆震波传播的压力分布比较

图 B.4 给出了在不同当量比下爆震波传播速度的数值计算结果,并与 STANJAN 平衡计算程序[16]及 Schauer 等[17]的实验结果进行了对比。可以看到一维数值模拟计算得到的爆震波速度与 STANJAN 计算得到的结果吻合良好;尽管实验测量具有较大的误差范围,数值结果和实验结果也表现出较好的一致性。

3. 二维气相爆震波传播

本节进一步验证数值程序是否能够准确预报爆震的胞格尺寸。为此,这里开展二维气相爆震波传播的数值模拟,初始时刻的气体参数与 Austin 等[18]的实验设置相同,其中压力为 1 atm,温度为 353 K 的,当量比 $\varphi \in [0.7, 1.4]$,计算网格尺寸为 100 μm。

图 B.5 给出了在当量比为 1 的条件下,计算得到的流场压力最大值分布图,可以看到由于煤油气可爆性较差,胞格结构也较不规则。图 B.6 给出了在不同当量比下,胞格尺寸的数值计算结果和实验结果[18]的比较。可以看到二者较为一

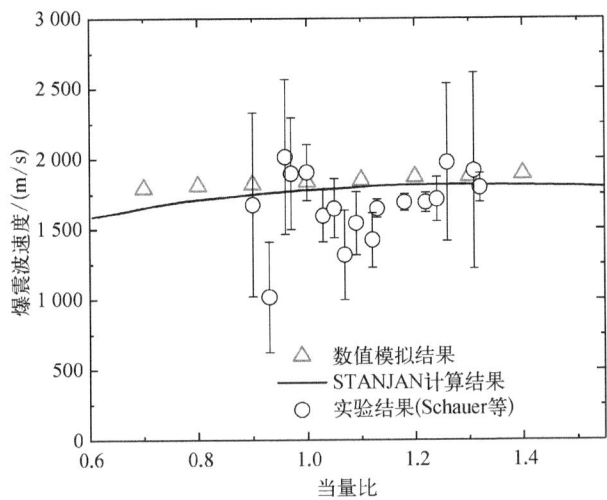

图 B.4　爆震波传播速度的数值模拟结果与实验结果[17]对比

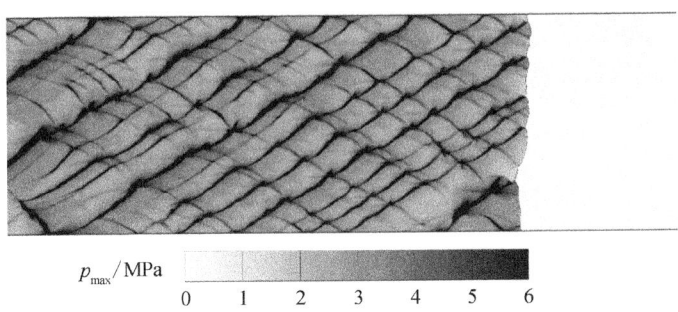

图 B.5　二维爆震波传播流场压力最大值分布

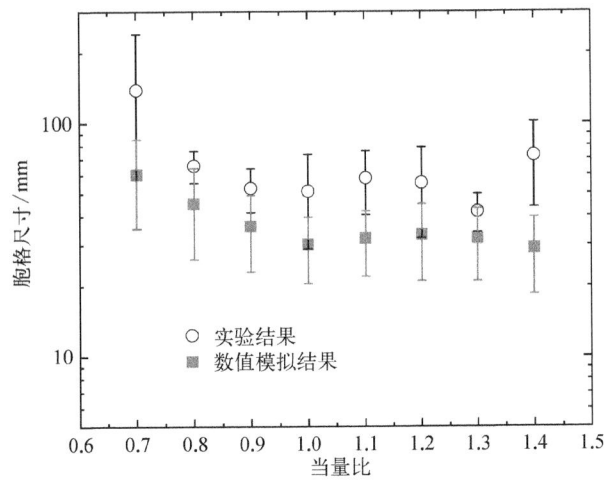

图 B.6　爆震胞格尺寸的数值模拟结果与实验结果[18]对比

致,但由于数值上采用两步总包反应,化学反应速率的计算存在误差,因此数值计算和实验测量得到的胞格尺寸也存在一定偏差。

B.2 连续旋转爆震数值模拟初边值条件

B.2.1 边界条件

如图 B.7 所示,研究中忽略曲率的变化,将环形爆震燃烧室沿着周向展开,从而获得旋转爆震燃烧室的二维计算模型,其上下为周期边界,左侧为入口,右侧为出口,并且对于预混燃烧假定在入口处煤油液滴和空气混合后喷注进入燃烧室。

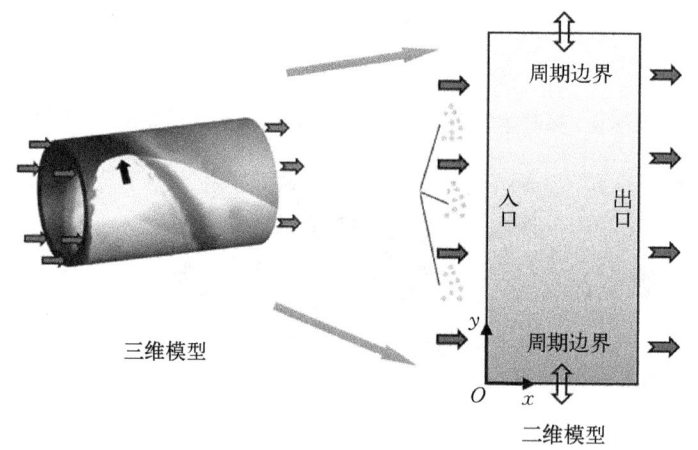

图 B.7 二维数值计算模型

在计算中由于爆震波的存在,入口处压力在时间上和空间上都有非常大的变化,因此需要根据当地压力给定不同的入口条件。这里参考了 Fievisohn 等[19]给出的入口条件,具体实现方式如下。

假定旋转爆震燃烧室入口截面如图 B.8 所示。这里假设预混反应物从高压集

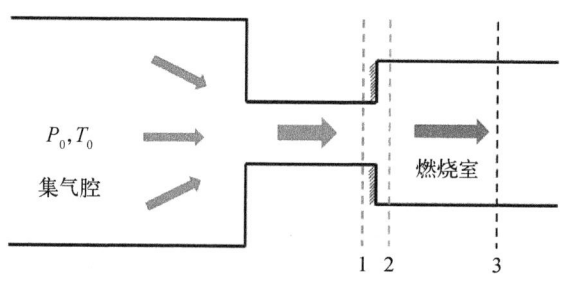

图 B.8 旋转爆震燃烧室入口截面示意图

气腔中经过收缩通道后突然扩张流入燃烧室中,因此在入口处会有较大的总压损失。截面 1 位于喷注喉道,截面 2 是气体刚流出喷嘴的燃烧室截面,截面 3 是喉道后气流速度一致的截面,各截面的物理量分别用相应的下标表示,其中 p、U、ρ 和 M 分别表示静压、速度、密度和马赫数。二维数值计算中的入口与截面 3 重合,因此需要通过静压 p_3 计算得到速度 U_3 和密度 ρ_3,具体过程如下。

给定喉道截面和燃烧室截面的面积分别是 A_1 和 A_3,集气腔预混合气体的总压和总温分别是 P_0 和 T_0,并假定流动过程是绝热的,则由截面 1 到截面 3 的守恒关系式可以得到

$$\begin{aligned}&\rho_1 U_1 A_1 = \rho_3 U_3 A_3 \\ &-\rho_1 U_1^2 A_1 + \rho_3 U_3^2 A_3 = p_1 A_1 + p_2 (A_3 - A_1) - p_3 A_3 \\ &\frac{\gamma}{\gamma-1}\frac{p_1}{\rho_1} + \frac{U_1^2}{2} = \frac{\gamma}{\gamma-1}\frac{p_3}{\rho_3} + \frac{U_3^2}{2} = \frac{\gamma}{\gamma-1}\frac{P_0}{\rho_0}\end{aligned} \quad (\text{B.65})$$

当喉道没有壅塞,即 $0 \leqslant M_1 \leqslant 1$ 时,预混合气体质量流量 $\dot{m}$ 可以写成关于 M_1 的表达式,即

$$\dot{m} = \frac{A_1 P_0}{\sqrt{T_0}}\sqrt{\frac{\gamma}{R}} M_1 \left(1 + \frac{\gamma-1}{2}M_1^2\right)^{-(\gamma+1)/[2(\gamma-1)]} \quad (\text{B.66})$$

而若给定预混合气体质量流量为 $\dot{m}$,则由式(B.65)可得关于 U_3 的二次方程:

$$\frac{1}{2}U_3^2 + \frac{\gamma}{\gamma-1}\frac{p_3 A_3}{\dot{m}}U_3 - \frac{\gamma}{\gamma-1}\frac{P_0}{\rho_0} = 0 \quad (\text{B.67})$$

而 p_2 由式(B.65)也可以写为

$$p_2 = \frac{\dot{m}(U_3 - U_1) - p_1 A_1 + p_3 A_3}{A_3 - A_1} \quad (\text{B.68})$$

其中,p_1 可以通过等熵关系式由 M_1 得到。

为了得到 $\dot{m}$ 和 U_3,还需要对以上等式进行求解。首先假设喉道壅塞($M_1 = 1$),此时可以分别计算得到 p_1 和 p_2。若 p_1 大于 p_2,则喉道确实处于壅塞,无须进一步计算;而若 p_1 小于 p_2,则喉道没有壅塞,需要进一步通过式(B.66)~式(B.68)迭代匹配流量 $\dot{m}$,使得 p_1 等于 p_2,最终由 $\dot{m}$ 得到入口流动参数。

出口条件分为两种情况:当出口处气体速度达到超声速时,边界处的所有物理量由内场外插得到;当出口处气体速度为亚声速时,压力给定为出口背压 p_b,其余物理量由内场外插得到。

B.2.2 初始条件

为了在数值上实现旋转爆震波的单向传播,需要给定合适的初始条件。作为一种可能的实现方式,这里将初始计算域分为四个部分,如图 B.9 所示。其中区域 3 为常温常压的化学恰当比煤油气/空气预混合气体;区域 1 和区域 4 为常温常压的空气;区域 2 为高温高压的空气,用于起爆,气体速度为 0,温度为 3 500 K,压力分布为

$$p = \left[29\left(\frac{y - y_1}{y_2 - y_1}\right)^2 + 1\right] \text{atm} \quad (\text{B.69})$$

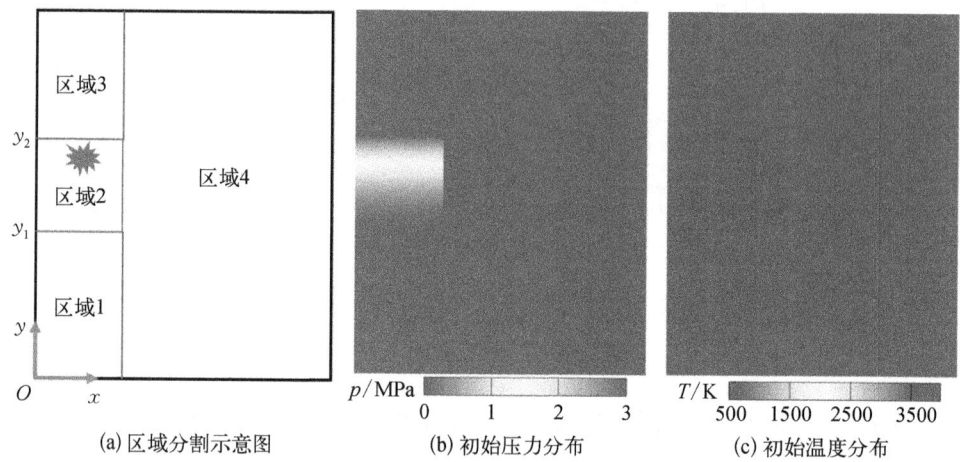

(a) 区域分割示意图　(b) 初始压力分布　(c) 初始温度分布

图 B.9　数值计算初始条件的设定

参考文献

[1] Poling B E, Prausnitz J M, O'connell J P, et al. Properties of Gases and Liquids [M]. Columbus: McGraw-Hill Education, 2001.

[2] Liu X D, Osher S, Chan T. Weighted essentially non-oscillatory schemes [J]. Journal of Computational Physics, 1994, 115(1): 200-212.

[3] Jiang G S, Shu C W. Efficient implementation of weighted ENO schemes [J]. Journal of Computational Physics, 1996, 126(1): 202-228.

[4] Hu X Y, Adams N A, Shu C W. Positivity-preserving method for high-order conservative schemes solving compressible Euler equations [J]. Journal of Computational Physics, 2013, 242: 169-180.

[5] Fedkiw R P, Merriman B, Osher S. High accuracy numerical methods for thermally perfect gas flows with chemistry [J]. Journal of Computational Physics, 1997, 132(2): 175-190.

[6] 周力行. 多相湍流反应流体力学[M]. 北京: 国防工业出版社, 2002.

[7] 任兆欣. 超声速混合层液雾燃烧特性的数值模拟研究[D]. 北京: 清华大学, 2017.

[8] Balachandar S, Eaton J K. Turbulent dispersed multiphase flow [J]. Annual Review of Fluid Mechanics, 2010, 42: 111-133.

[9] Watson K M. Thermodynamics of the liquid state [J]. Industrial & Engineering Chemistry, American Chemical Society, 1943, 35(4): 398-406.

[10] Kitano T, Nishio J, Kurose R, et al. Effects of ambient pressure, gas temperature and combustion reaction on droplet evaporation [J]. Combustion and Flame, Elsevier, 2014, 161(2): 551-564.

[11] Xu G W, Ikegami M, Honma S, et al. Inverse influence of initial diameter on droplet burning rate in cold and hot ambiences: A thermal action of flame in balance with heat loss [J]. International Journal of Heat and Mass Transfer, Pergamon, 2003, 46(7): 1155-1169.

[12] Franzelli B, Riber E, Sanjosé M, et al. A two-step chemical scheme for kerosene-air premixed flames [J]. Combustion and Flame, 2010, 157(7): 1364-1373.

[13] Sod G A. A survey of several finite difference methods for systems of nonlinear hyperbolic conservation laws [J]. Journal of Computational Physics, Academic Press, 1978, 27(1): 1-31.

[14] Lax P D. Weak solutions of nonlinear hyperbolic equations and their numerical computation [J]. Communications on Pure and Applied Mathematics, 1954, 7(1): 159-193.

[15] Shao Y T, Liu M, Wang J P. Numerical investigation of rotating detonation engine propulsive performance [J]. Combustion Science and Technology Technology, 2010, 182(11-12): 1586-1597.

[16] Reynolds W C. STANJAN Chemical Equilibrium Solver. V3.89 IBM PC [R]. Stanford: Stanford University, 1981.

[17] Schauer F R, Miser C L, Tucker K C, et al. Detonation initiation of hydrocarbon-air mixtures in a pulsed detonation engine [J]. The 43rd AIAA Aerospace Sciences Meeting and Exhibit, Reno, 2005: 5271-5280.

[18] Austin J M, Shepherd J E. Detonations in hydrocarbon fuel blends [J]. Combustion and Flame, 2003, 132(1-2): 73-90.

[19] Fievisohn R T, Yu K H. Steady-state analysis of rotating detonation engine flowfields with the method of characteristics [J]. Journal of Propulsion and Power, 2017, 33(1): 89-99.